高职高专土建专业"互联网+"创新规划教材

工程招投标与合同管理实务

U0206537

主　编　杨　锐
副主编　武永峰
参　编　王玮璐

北京大学出版社
PEKING UNIVERSITY PRESS

内 容 简 介

本书系统介绍了建设工程招投标与合同管理的基本理论，重点介绍了建设工程交易过程中招标方和投标方应完成的各项工作，力求学习过程与工作过程相一致。

本书以招投标工作过程为导向，共划分为六个项目：建设工程招投标概述、建筑市场、建设工程招标、建设工程投标、建设工程合同与管理、综合实训。 同时以知识点学习为基础，以技能点训练为手段，结合案例与实训，培养学生的实际应用和操作能力，使学生更加熟悉招投标各项工作过程和操作要点，为其从事招投标工作奠定良好基础。

本书可作为高职高专建筑工程管理相关专业的教材，也可作为工程招投标、工程管理相关人员的学习参考书。

图书在版编目(CIP)数据

工程招投标与合同管理实务/杨锐主编. —北京： 北京大学出版社， 2022.10
高职高专土建专业"互联网+"创新规划教材
ISBN 978-7-301-33456-0

Ⅰ．①工⋯ Ⅱ．①杨⋯ Ⅲ．①建筑工程—招标—高等职业教育—教材②建筑工程—投标—高等职业教育—教材③建筑工程—合同—管理—高等职业教育—教材 Ⅳ．①TU723

中国版本图书馆 CIP 数据核字 (2022) 第 185938 号

书　　　名	工程招投标与合同管理实务	
	GONGCHENG ZHAOTOUBIAO YU HETONG GUANLI SHIWU	
著作责任者	杨　锐　主编	
策 划 编 辑	杨星璐　刘健军	
责 任 编 辑	曹圣洁　伍大维	
数 字 编 辑	蒙俞材	
标 准 书 号	ISBN 978-7-301-33456-0	
出 版 发 行	北京大学出版社	
地　　　址	北京市海淀区成府路 205 号　　100871	
网　　　址	http://www.pup.cn　新浪微博：@北京大学出版社	
电 子 信 箱	pup_6@163.com	
电　　　话	邮购部 010-62752015　发行部 010-62750672　编辑部 010-62750667	
印 刷 者	三河市博文印刷有限公司	
经 销 者	新华书店	
	787 毫米×1092 毫米　16 开本　18.75 印张　450 千字	
	2022 年 10 月第 1 版　2022 年 10 月第 1 次印刷	
定　　　价	50.00 元	

　　随着《中华人民共和国招标投标法实施条例》的颁布，我国工程招投标市场不断完善。工程招投标是市场经济特殊性的表现，以其竞争性发承包的方式，为招标方提供择优手段，为投标方提供竞争平台。招投标制度对于推进市场经济、规范市场交易行为、提高投资效益发挥了重要作用。当前我国建筑业快速发展，公平竞争、公正评判、高效管理是建筑市场健康发展的保证。建设工程招投标是建筑市场中的一项重要工作内容，在建设工程交易中心依法按程序进行。建设工程招投标与合同管理是工程管理人员必须掌握的专业知识和必备的专业能力。

　　本书中结合建设工程招投标市场管理和运行中出现的新政策、新规范、新理念，系统地阐述了建设工程招投标与合同管理的基本理论，以及应遵循的工作程序。依据建设工程交易过程中招标方与投标方的工作程序和工作内容，重点介绍了招标方和投标方应如何做好各项工作。在本书的编写中，编者力求学习过程与工作过程相一致，理论与实际操作相结合，对建设工程招投标与合同管理全过程的实务操作能力进行了系统训练，满足建设工程管理相关技术领域和岗位工作的操作技能要求。

　　本书以招投标工作过程为导向，共划分为六个项目，在每个项目中以任务为引领，训练学生完成实际招投标中各项工作任务的能力，充分体现了工学结合的理念。同时结合案例，以知识点学习为基础，对操作性强的内容设置了技能点训练，培养学生的实际应用和操作能力，使学生更加熟悉招投标各项工作过程和操作要点，为其从事招投标工作奠定良好基础。

　　本书的参考学时为42～54学时，建议采用理论实践一体化教学模式，各项目的参考学时见学时分配表。

学时分配表

项目	课程内容	学时
项目1	建设工程招投标概述	4～6
项目2	建筑市场	4～6
项目3	建设工程招标	12～14
项目4	建设工程投标	10～12
项目5	建设工程合同与管理	10～14
	课程考评	2
项目6	综合实训	课外
学时总计		42～54

  本书由江苏建筑职业技术学院杨锐任主编，武永峰任副主编，王玮璐参编。项目1、项目2、项目6由杨锐编写，项目3由武永峰编写，项目4、项目5由王玮璐编写。全书由杨锐统稿。

  本书在编写过程中参考了大量文献资料，在此谨向相关作者表示衷心的感谢。

  限于编写时间与水平，书中难免存在不足之处，敬请广大读者赐教。

编　者

2022 年 2 月

资源索引

目录
Contents

全书思维导图：

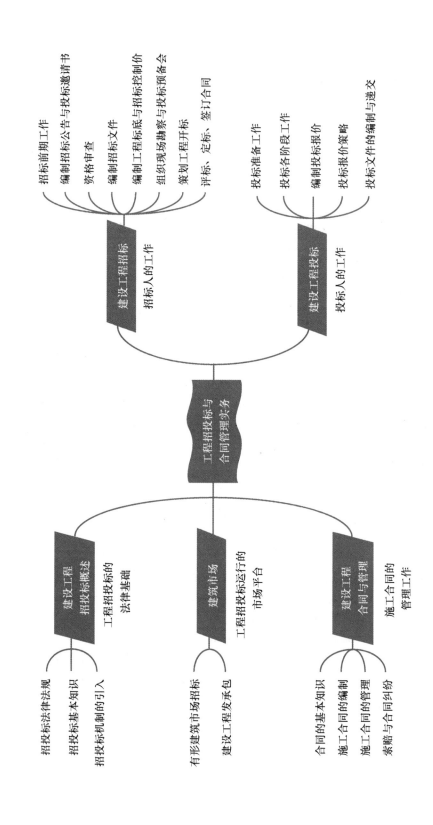

工程招投标与合同管理实务

建设工程招标
招标人的工作
- 招标前期工作
- 编制招标公告与投标邀请书
- 资格审查
- 编制招标文件
- 编制工程标底与招标控制价
- 组织现场勘察与投标预备会
- 策划工程开标
- 评标、定标、签订合同

建设工程投标
投标人的工作
- 投标准备工作
- 投标各阶段工作
- 编制投标报价
- 投标报价策略
- 投标文件的编制与递交

建设工程招投标概述
工程招投标的法律基础
- 招投标法律法规
- 招投标基本知识
- 招投标机制的引入

建筑市场
工程招投标运行的市场平台
- 有形建筑市场招标
- 建设工程发承包

建设工程合同与管理
施工合同的管理工作
- 合同的基本知识
- 施工合同的编制
- 施工合同的管理
- 索赔与合同纠纷

项目1 建设工程招投标概述

思维导图

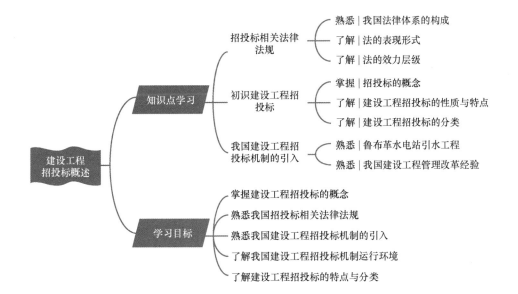

建设工程招投标概述

知识点学习
- 招投标相关法律法规
  - 熟悉 | 我国法律体系的构成
  - 了解 | 法的表现形式
  - 了解 | 法的效力层级
- 初识建设工程招投标
  - 掌握 | 招投标的概念
  - 了解 | 建设工程招投标的性质与特点
  - 了解 | 建设工程招投标的分类
- 我国建设工程招投标机制的引入
  - 熟悉 | 鲁布革水电站引水工程
  - 熟悉 | 我国建设工程管理改革经验

学习目标
- 掌握建设工程招投标的概念
- 熟悉我国招投标相关法律法规
- 熟悉我国建设工程招投标机制的引入
- 了解我国建设工程招投标机制运行环境
- 了解建设工程招投标的特点与分类

课程学习的目的与任务

任务1.1 招投标相关法律法规

知识点学习

招投标是一种在法律规范下进行的市场交易行为，在学习招投标知识之前，我们首先要学习的就是相关法律法规知识。

1.1.1 我国法律体系的构成

法律体系是指一个国家的全部现行法律规范按照一定的标准和原则，划分为不同的法律部门而形成的内部和谐一致、有机联系的统一整体。我国的法律部门通常包括以下内容。

1. 宪法

宪法是国家的根本大法，规定社会制度、国家制度的原则、国家政权的组织及公民基本权利义务等，主要表现形式是《中华人民共和国宪法》。

2. 民法

民法是规定并调整平等主体的公民间、法人间及公民与法人间的财产关系和人身关系的法律规范的总称，主要表现形式是《中华人民共和国民法典》。

3. 商法

商法是调整市场经济关系中商人及其商事活动的法律规范的总称，包括《中华人民共和国公司法》《中华人民共和国保险法》《中华人民共和国招标投标法》等。

4. 行政法

行政法是调整行政主体在行使行政职权和接受行政法制监督过程中而与行政相对人、行政法制监督主体之间发生的各种关系，以及行政主体内部发生的各种关系的法律规范的总称，包括《中华人民共和国行政处罚法》《中华人民共和国行政复议法》《中华人民共和国行政许可法》《中华人民共和国建筑法》等。

5. 经济法

经济法是调整在国家协调、干预经济运行的过程中发生的经济关系的法律规范的总称，包括《中华人民共和国预算法》《中华人民共和国反不正当竞争法》《中华人民共和国价格法》等。

6. 劳动法与社会保障法

劳动法是调整劳动关系的法律，主要包括《中华人民共和国劳动法》。社会保障法是调整有关社会保障和社会福利关系的法律，包括《中华人民共和国安全生产法》《中华人民共和国残疾人保障法》《中华人民共和国职业病防治法》等。

7. 自然资源与环境保护法

自然资源与环境保护法是关于保护环境和自然资源、防治污染和其他公害的法律。自然资源方面的法律包括《中华人民共和国土地管理法》《中华人民共和国节约能源法》等，环境保护方面的法律主要包括《中华人民共和国环境影响评价法》《中华人民共和国环境保护法》《中华人民共和国环境噪声污染防治法》。

8. 刑法

刑法是关于犯罪和刑罚的法律规范的总称，主要表现形式是《中华人民共和国刑法》。

9. 诉讼法

诉讼法是有关各种诉讼活动的法律，其作用是保证实体法的正确实施，包括《中华人民共和国民事诉讼法》《中华人民共和国刑事诉讼法》《中华人民共和国行政诉讼法》《中华人民共和国仲裁法》等。

1.1.2 法的表现形式

建设法规体系是指把已经制定和需要制定的不同层次的建设法律法规衔接起来，形成一个相互联系、相互补充、相互协调的完整统一的体系。我国建设法规体系有如下表现形式。

1. 宪法

宪法是每一个民主国家最根本的法的渊源，其法律地位和效力是最高的。

2. 法律

法律是指由全国人民代表大会和全国人民代表大会常务委员会制定颁布的规范性法律文件，即狭义的法律。建设法律既包括专门的建设领域的法律，也包括与建设活动相关的其他法律，前者有《中华人民共和国城乡规划法》《中华人民共和国建筑法》《中华人民共和国城市房地产管理法》《中华人民共和国招标投标法》等，后者有《中华人民共和国民法典》《中华人民共和国行政许可法》等。

3. 行政法规

行政法规是我国最高国家行政机关国务院依据全国人民代表大会及其常务委员会特别授权，根据宪法和法律，就有关执行法律和履行行政管理职权的问题所制定的规范性文件的总称。现行的建设行政法规主要有《建设工程质量管理条例》《建设工程安全生产管理条例》《建设工程勘察设计管理条例》《城市房地产开发经营管理条例》《中华人民共和国招标投标法实施条例》等。

4. 地方性法规

省、自治区、直辖市的人民代表大会及其常务委员会根据本行政区域的具体情况和实际需要，在不同宪法、法律、行政法规相抵触的前提下，可以制定地方性法规。

5. 行政规章

行政规章是由国家行政机关制定的法律规范性文件，包括部门规章和地方政府规章。

6. 最高人民法院司法解释规范性文件

最高人民法院对法律的系统性解释或对法律适用情况的说明，对法院审判有约束力，具有法律规范的基本性质，在我国司法实践中具有非常重要的地位和作用。

7. 国际公约

国际公约是指国际有关政治、经济、文化、技术等方面的多边条约。公约通常为开放性的，非缔约国可以在公约生效前或生效后的任何时候加入。有的公约由专门召集的国际会议制定，如《保护工业产权巴黎公约》《建筑业安全卫生公约》等。

1.1.3 法的效力层级

建设法规体系中各种法的表现形式，由于制定主体、制定程序、施行时间、适用范围等的不同，具有不同的效力。

1. 纵向效力层级

由高到低，按照《中华人民共和国立法法》的规定，依次为宪法、法律、行政法规、地方性法规、自治条例和单行条例、地方政府规章。

2. 横向效力层级

特殊优于一般。按照《中华人民共和国立法法》的规定，同一机关制定的法律、行政法规、地方性法规、行政规章，特别规定与一般规定不一致的，适用特别规定。

3. 时间序列效力层级

新法优于旧法。从时间序列看，同一机关新规定的效力高于旧规定。

4. 特殊情况处理原则

地方性法规与部门规章之间对同一事项规定不一致，不能确定如何适用时，由国务院提出意见。国务院认为适用地方性法规的，应当决定在该地区适用地方性法规的规定；认为适用部门规章的，应当提请全国人大常委会裁决。

1.1.4 我国招投标相关法律法规

改革开放以来，我国已颁布多项法律法规，从而奠定了建筑市场与建设工程管理的法律基础。我国的招投标制度也是伴随着改革开放和市场经济的发展逐步建立，并在法律法规的指导下不断运行和完善的。我国现行招投标相关的最基本的法律法规包括：《中华人民共和国建筑法》《中华人民共和国招标投标法》《中华人民共和国招标投标法实施条例》《中华人民共和国民法典》。

1. 《中华人民共和国建筑法》

《中华人民共和国建筑法》

为了加强对建筑活动的监督管理，维护建筑市场秩序，保证建筑工程的质量和安全，促进建筑业健康发展，制定《中华人民共和国建筑法》（以下简称《建筑法》）。《建筑法》于1997年11月1日第八届全国人民代表大会常务委员会第二十八次会议通过，1998年3月1日施行。2011年4月22日第十一届全国人民代表大会常务委员会第二十次会议第一次修正，2011年7月1日起施行。2019年4月23日第十三届全国人民代表大会常务委员会第十次会议第二次修正，2019年11月1日起施行。

《建筑法》共分八章。第一章"总则"共六条，是整部法律的纲领性规定，明确立法目的、适用对象、适用范围，对保证质量与安全做出重要规定。

第二章"建筑许可"分两节共八条，是对建筑工程许可制度和从事建筑活动的单位和个人从业资格制度的规定。

第三章"建筑工程发包与承包"分三节共十五条，是有关建筑工程发包与承包活动的规定。

第四章"建筑工程监理"共六条，是对建筑工程监理的范围、程序、依据、内容及工程监理单位和工程监理人员的权利、义务与责任的规定。

第五章"建筑安全生产管理"共十六条，是对建筑安全生产的方针、管理体制、安全责任制度、安全教育培训制度等管理的规定，目的在于保证建筑工程安全和建筑业从业人员的安全。

第六章"建筑工程质量管理"共十二条，确定了在建筑工程质量管理过程中的五项基本法律制度，即建筑工程政府质量监督制度、质量体系认证制度、质量责任制度、竣工验收制度及质量保修制度。

第七章"法律责任"共十七条，是对违反《建筑法》应承担的法律责任的规定。

第八章"附则"共五条，是对《建筑法》的重要补充，主要规定了《建筑法》对其他专业建筑工程的适用情况及本法施行日期。

2.《中华人民共和国招标投标法》与《中华人民共和国招标投标法实施条例》

为了规范招投标活动，保护国家利益、社会公共利益和招投标活动当事人的合法权益，提高经济效益，保证项目质量，1999年8月30日全国人民代表大会常务委员会通过《中华人民共和国招标投标法》（以下简称《招标投标法》），2000年1月1日起施行。2017年12月27日第十二届全国人民代表大会常务委员会第三十一次会议修正，2017年12月28日起施行。

《招标投标法》共分六章。第一章"总则"共七条，对法律适用范围、适用对象、应遵循的原则、招投标活动监督做出规定。

第二章"招标"共十七条，对在我国进行建设工程招标的招标人和招标项目的条件、招标的方式、信息的发布及对招标文件编制、澄清、修改要求等做出规定。

《中华人民共和国招标投标法》

第三章"投标"共九条，对投标人的条件及投标文件的内容、提交、修改要求等做出规定。

第四章"开标、评标和中标"共十五条，主要内容包括开标、评标的相关规定，对评标委员会的要求、确定中标人的条件及合同签订等做出规定。

第五章"法律责任"共十六条，对必须进行招标的项目而不招标的，招标人以不合理的条件限制或者排斥潜在投标人的，投标人相互串通投标或者与招标人串通投标的，以及非法转包、违法分包等的行政处罚等做出规定。

第六章"附则"共四条，对招标活动的监督机构、可以不进行招标的项目范围及本法施行日期做出规定。

《招标投标法》主要修订内容如下：删去第十三条第二款第三项，即招标代理机构应当具备"有能够编制招标文件和组织评标的相应专业力量"的条件；删去第十四条第一款，即"招标代理机构与行政机关和其他国家机关不得存在隶属关系或者其他利益关系"；将第五十条第一款中的"情节严重的，暂停直至取消招标代理资格"修改为"情节严重的，禁止其一年至二年内代理依法必须进行招标的项目并予以公告，直至由工商行政管理机关吊销营业执照"。

《中华人民共和国招标投标法实施条例》

《中华人民共和国民法典》

《中华人民共和国招标投标法实施条例》（以下简称《招标投标法实施条例》）是依据《招标投标法》制定的，2011年11月30日国务院第183次常务会议通过，2012年2月1日起施行。《招标投标法实施条例》分总则，招标，投标，开标、评标和中标，投诉与处理，法律责任，附则，共七章八十五条。《招标投标法实施条例》于2017年3月1日《国务院关于修改和废止部分行政法规的决定》（中华人民共和国国务院令第676号）第一次修订；2018年3月19日《国务院关于修改和废止部分行政法规的决定》（中华人民共和国国务院令第698号）第二次修订；2019年3月2日《国务院关于修改部分行政法规的决定》（中华人民共和国国务院令第709号）第三次修订，并于公布之日起施行。

3.《中华人民共和国民法典》

《中华人民共和国民法典》（以下简称《民法典》）于第十三届全国人民代表大会第三次会议表决通过，自2021年1月1日起施行。《民法典》中涉及招投标内容的条款共六条，分别为第三百四十二条、第三百四十七条、第三百四十八条、第四百七十三条、第六百四十四条、第七百九十条。

第三百四十二条位于《民法典》第二编"物权"第三分编"益物权"第十一章"土地承包经营权"。该条文规定，通过招标、拍卖、公开协商等方式承包农村土地，经依法登记取得权属证书的，可以依法采取出租、入股、抵押或者其他方式流转土地经营权。

第三百四十七条和第三百四十八条位于第二编"物权"第三分编"益物权"第十二章"建设用地使用权"。第三百四十七条规定，设立建设用地使用权，可以采取出让或者划拨等方式。工业、商业、旅游、娱乐和商品住宅等经营性用地以及同一土地有两个以上意向用地者的，应当采取招标、拍卖等公开竞价的方式出让。严格限制以划拨方式设立建设用地使用权。

第三百四十八条规定，通过招标、拍卖、协议等出让方式设立建设用地使用权的，当事人应当采用书面形式订立建设用地使用权出让合同。建设用地使用权出让合同一般包括下列条款：①当事人的名称和住所；②土地界址、面积等；③建筑物、构筑物及其附属设施占用的空间；④土地用途、规划条件；⑤建设用地使用权期限；⑥出让金等费用及其支付方式；⑦解决争议的方法。

第四百七十三条位于第三编"合同"第一分编"通则"第二章"合同的订立"。该条文规定，要约邀请是希望他人向自己发出要约的表示。拍卖公告、招标公告、招股说明书、债券募集办法、基金招募说明书、商业广告和宣传、寄送的价目表等为要约邀请。商业广告和宣传的内容符合要约条件的，构成要约。

第六百四十四条位于第三编"合同"第二分编"典型合同"第九章"买卖合同"。该条文规定，招标投标买卖的当事人的权利和义务以及招标投标程序等，依照有关法律、行政法规的规定进行。

第七百九十条位于第三编"合同"第二分编"典型合同"第十八章"建设工程合同"。该条文规定，建设工程的招投标活动，应当依照有关法律的规定公开、公平、公正地进行。

2020 年 12 月 25 日，最高人民法院审判委员会第 1825 次会议通过《最高人民法院关于审理建设工程施工合同纠纷案件适用法律问题的解释（一）》（法释〔2020〕25 号），自 2021 年 1 月 1 日起施行。本解释是为正确审理建设工程施工合同纠纷案件，依法保护当事人合法权益，维护建筑市场秩序，促进建筑市场健康发展，根据《民法典》《建筑法》《招标投标法》《中华人民共和国民事诉讼法》等相关法律规定，结合审判实践而制定的。

 展开讨论

1. 住房和城乡建设部对违法违规典型案例的通报

案例： 内蒙古自治区呼和浩特市巨华世纪城锦绣园 13♯楼工程，建设单位为内蒙古巨华房地产开发集团有限公司，施工总承包单位为内蒙古巨华集团大华建筑安装有限公司。

主要违法违规事实： 一是工程未取得施工许可证即开工建设；二是施工总承包单位将劳务分包给无相应资质的呼和浩特市洪源劳务有限责任公司，将基坑支护工程分包给无相应资质的内蒙古同观建筑劳务有限责任公司，涉嫌违法分包；三是施工现场混凝土同条件试块留置数量与试验报告中数量不符，涉嫌资料造假；四是混凝土楼板存在大面积裂缝，部分楼梯梁、楼板、剪力墙混凝土存在蜂窝、夹渣、冷缝等质量缺陷；五是作业层电梯井口、楼梯口无临边防护。

主要法律依据： 根据《建筑法》第二十九条，建筑工程主体结构的施工必须由总承包单位自行完成。专业分包单位可以将其承包的劳务作业再分包，但作业承包人不可再分包。该工程施工总承包单位将施工总承包合同范围内工程主体结构的施工分包给其他单位（钢结构工程除外）。该工程专业分包单位将其承包的专业工程中非劳务作业部分再分包，作业承包人将其承包的劳务再分包。

处罚依据：《建筑法》第六十七条，承包单位将承包的工程转包的，或者违反本法规定进行分包的，责令改正，没收违法所得，并处罚款，可以责令停业整顿，降低资质等级；情节严重的，吊销资质证书。承包单位有前款规定的违法行为的，对因转包工程或者违法分包的工程不符合规定的质量标准造成的损失，与接受转包或者分包的单位承担连带赔偿责任。

《建设工程质量管理条例》第六十二条，违反本条例规定，承包单位将承包的工程转包或者违法分包的，责令改正，没收违法所得，对勘察、设计单位处合同约定的勘察费、设计费百分之二十五以上百分之五十以下的罚款；对施工单位处工程合同价款百分之零点五以上百分之一以下的罚款；可以责令停业整顿，降低资质等级；情节严重的，吊销资质证书。

2. 住房和城乡建设部开展工程建设行业专项整治

2020 年 6 月，住房和城乡建设部官网发布通知，开展为期 4 个月的工程建设行业专项整治，整治重点如下。

（1）招标人在招标文件设置不合理的条件，限制或者排斥潜在投标人，或招标人以任何方式规避招标。

（2）投标人相互串通投标或者与招标人、招标代理机构串通投标，或者投标人以向招标人、招标代理机构或者评标委员会成员行贿的手段谋取中标。

（3）投标人以他人名义投标，挂靠、借用资质投标或者以其他方式弄虚

工程建设行业专项整治

作假，骗取中标。

（4）投标人以暴力手段胁迫其他潜在投标人放弃投标，或胁迫中标人放弃中标，强揽工程。

（5）投标人恶意举报投诉中标人或其他潜在投标人，干扰招投标正常秩序。

（6）中标人将中标项目转让给他人，或者将中标项目肢解后分别转让给他人，以及将中标项目违法分包给他人。

（7）党政机关、行业协（学）会等单位领导干部或工作人员利用职权或者职务上的影响干预招投标活动。

 总结分析

招标人在组织招投标活动时，应严格遵守招投标相关法律法规等规范性要求，避免违法招标行为出现。政府部门要规范招投标活动，进一步完善并严格执行招投标制度，规范招标人、投标人、评价人、中介机构等相关方行为，注重标本兼治，做到监督、执纪、问责一体推进，监督、调查、处置一体推进，加强全过程监管，坚决防止交易领域的腐败和非法转包、违法分包行为。严禁通过肢解工程项目、化整为零来规避招标，严防行政力量插手干预、代理机构操纵招投标等"明招暗定"、虚假招标，对陪标、串标、围标等违法违规行为坚决查处、严厉打击。

任务 1.2　初识建设工程招投标

知识点学习

1.2.1　招投标的概念

招投标是在市场经济条件下进行工程建设、货物买卖、财产出租、中介服务等经济活动的一种竞争形式和交易方式，是引入竞争机制订立合同（契约）的一种法律形式。

1. 招标

招标，目前有几种定义，这些定义各从某个侧面对招标进行了解释，均有助于我们更好地理解招标的含义。

（1）招标是业主就拟建工程准备招标文件、发布招标广告或信函以吸引或邀请承包商来购买招标文件，进而使承包商投标的过程。

（2）招标是指招标人（业主）以企业承包项目、建筑工程设计和施工、大宗商品交易等为目的，将拟买卖的商品或拟建工程等的名称、自己的要求和条件、有关的材料或图样等对外公布，招来合乎要求条件的投标人参与竞争，招标人（业主）通过比较论证，选择其中条件最佳者为中标人并与之签订合同。

（3）招标是利用报价的经济手段择优选购商品的购买行为。

（4）招标是一种买卖方法，是业主选择最合理供货商、承建商或劳务提供者的一种手段，是实施资源最优、合理配置的前提，招标全过程是选择实质性响应标的过程，因而招标也是各方面利益比较、均衡的过程。

（5）招标是将项目的要求和条件公开告示，让合乎要求和条件的承包单位（各种经济形式的企业）参与竞争，从中选择最佳对象为中标人，然后双方订立合同的过程。

2. 投标

投标，目前也有以下几种流行说法。

（1）所谓投标，是对招标的回应，是竞争承包的行为。它是指竞标人按照招标公告的要求与条件提出投标方案的法律行为。

（2）投标是利用报价的经济手段竞争销售商品的交易行为。

（3）一般情况下，投标是在投标人详细、认真研究招标文件内容的基础上，并充分调查情况之后，根据招标文件所列的条件、要求，开列清单、拟出详细方案并提出自己要求的价格等有关条件，在规定的投标期限内向招标人投函申请参加竞选的过程。

3. 建设工程招标

建设工程招标，是指建设单位（招标人）在发包工程建设项目前，发布招标公告，由多家工程承包单位（咨询公司、勘察设计单位、建筑公司、安装公司等）前来投标，最后由建设单位（招标人）从中择优选定承包人的一种经济行为。

4. 建设工程投标

建设工程投标，一般是指经过特定审查而获得投标资格的建设项目承包单位，按照招标文件的要求，在规定的时间内向招标单位填报投标文件，并争取中标的法律行为。

5. 建筑装饰工程招标

建筑装饰工程招标，是指招标人根据拟装饰工程的规模、内容、条件和要求编制招标文件，通过招标公告（或投标邀请书）的方式招请投标人来参加该工程的招标竞争，招标人择优选定承包人的活动。

6. 建筑装饰工程投标

建筑装饰工程投标，是指投标人获得装饰工程项目招标信息后，根据招标文件所提出的各项条件和要求，结合本企业的具体情况编制投标文件，向招标人投递投标文件，通过投标竞争获得承包工程资格的活动。

7. 招标标的

招标标的是指招标的项目。由于涉及的范围广泛，招标标的正处于被不断修正的过程。从中国的招标实践看，招标标的可以分为货物、工程和服务三类。在货物方面，主要是指机电设备和大宗原辅材料；在工程方面，主要包括工程建设和安装；在服务方面，主要包括科研课题、工程监理、工程咨询、承包租赁等项目。

1.2.2 建设工程招投标的性质与特点

建设工程招投标是有序竞争，实现了优胜劣汰，可以优化资源配置，提高社会和经济效益。招投标的竞争性是其根本特性，是社会主义市场经济的本质要求。随着我国市场经济体制改革的不断深入，招投标这种反映公平、公正、有序竞争的有效方式也得到不断地完善，呈现出如下特点。

（1）程序规范。按照目前各国做法及国际惯例，招投标程序和条件由招标机构率先拟定，在招投标双方之间具有法律效力，一般不能随意改变。当事人双方必须严格按既定程序和条件进行招投标活动。招投标程序由固定的招标机构组织实施。

（2）多方位开放，透明度高。招标的目的是在尽可能大的范围内寻找合乎要求的中标人，一般情况下，邀请投标人的参与是无限制的。为此，招标人一般要在指定或选定的报刊或其他媒体上刊登招标公告，邀请所有潜在的投标人参加投标；提供给投标人的招标文件必须对拟招标的工程做出详细的说明，使投标人有共同的依据来编写投标文件；招标人事先要向投标人明确评价和比较投标文件及选定中标人的标准（仅以价格来评定，或加上其他的技术性或经济性标准）；在提交投标文件的最后截止日公开开标；严格禁止招标人与投标人就投标文件的实质内容单独谈判。这样，招投标活动就完全置于公开的社会监督之下，可以防止不正当的交易行为。

（3）投标过程统一，实施有效监管。大多数依法必须进行强制招标的招标项目必须在有形建筑市场内部进行，招标过程统一，透明度高。建设工程招投标是招投标双方按照法定程序进行交易的，双方的行为都受法律约束，在建筑市场内实施有效监管。

（4）公平、客观。招投标全过程自始至终按照事先规定的程序和条件，本着公平竞争的原则进行。在招标公告或投标邀请书发出后，任何有能力或有资格的投标人均可参加投标。招标人不得有任何歧视某一投标人的行为。同时，评标委员会的组建必须公正、客观，其在组织评标时也必须公平、客观地对待每一个投标人；中标人的确定由评委会负责，能在很大程度上减少腐败行为的发生。

（5）双方一次成交。一般交易往往在进行多次谈判之后才能成交，招投标则不同，双方需一次成交，禁止交易双方面对面讨价还价。交易主动权掌握在招标人手中，投标人只能应邀进行一次性报价，并以合理的价格定标。

1.2.3 建设工程招投标的分类

建设工程招投标多种多样，按照不同的标准可以进行不同的分类。

1. 按照工程建设程序分类

按照工程建设程序，可以将建设工程招投标分为建设项目可行性研究招投标、工程勘察设计招投标、工程施工招投标。建设项目可行性研究招投标，是指对建设项目的可行性研究任务进行的招投标。中标的承包人要根据中标的条件和要求，向发包人提供可行性研究报告，并对其负责。承包人提供的可行性研究报告应获得发包人的认可。工程勘察设计招投标，是指对工程建设项目的勘察设计任务进行的招投标。中标的承包人要根据中标的条件和要求，向发包人提供勘察设计成果，并对其负责。工程施工招投标，是指对工程建设项目的施工任务进行的招投标。中标的承包人必须根据中标的条件和要求提供建筑产品。

2. 按照行业业务性质分类

按照行业业务性质，可以将建设工程招投标分为勘察招投标、设计招投标、施工招投标、工程咨询服务招投标、监理招投标、工程设备安装招投标、货物采购招投标等。

3. 按照工程建设项目的构成分类

按照工程建设项目的构成，可以将建设工程招投标分为建设项目招投标、单项工程招投标、单位工程招投标。建设项目招投标，是指对一个工程建设项目（如一所学校）的全部工程进行的招投标。单项工程招投标，是指对一个工程建设项目中所包含的若干单项工程进行的招投标。单位工程招投标，是指对一个单项工程中所包含的若干单位工程进行的招投标。

4. 按照工程发包承包的范围分类

按照工程发包承包的范围，可以将建设工程招投标分为工程总承包招投标、建筑安装工程招投标、专项工程招投标。

5. 按照有无涉外关系分类

按照有无涉外关系，可以将建设工程招投标分为国际招标和国内招标。我国国家经济贸易委员会将国际招标界定为"符合招标文件规定的国内、国外法人或其他组织，单独或联合其他法人或者其他组织参加投标，并按招标文件规定的币种结算的招标活动"；国内招标则为"符合招标文件规定的国内法人或其他组织，单独或联合其他国内法人或其他组织参加投标，并用人民币结算的招标活动"。

 扩展阅读

从 20 世纪 80 年代初开始，中国逐步实行了招投标制度，先后在国外贷款、机电设备进口、建设工程发包、科研课题分配、出口商品配额分配等领域推行。从中国招投标活动的发展进程与特点来看，大致可分为四个发展阶段。

1. 中华人民共和国成立前：萌芽时期

早在 19 世纪初，一些资本主义国家就先后形成了较为完善的招投标制度，主要用于土建方面。当时的中国由于受到外国资本的入侵，商品经济有所发展，工程招投标也曾成为土建方面的主要方式。据史料记载，1902 年张之洞创办湖北制革厂时，采用了招商比价（招投标）方式承包工程，五家营造商参加开价比价，结果张同升以 1270.1 两白银的开价中标，并签订了以质量保证、施工工期、付款办法为主要内容的承包合同。1918 年，汉阳铁厂的两项扩建工程曾在《汉口新闻报》刊登通告，公开招标。1929 年，当时的武汉市采办委员会曾公布招标规则，规定公有建筑或一次采购物料大于 3000 元者，均须通过招标决定承办厂商。但是，当时中国特殊的封建、半封建社会形态遏制了这项事业的发展，致使招投标在中国近代并未像西方社会那样得到发展。

2. 中华人民共和国成立到十一届三中全会召开：停滞时期

中华人民共和国成立以后，逐渐形成了高度集中的计划经济体制。在这一体制下，政府部门、国有企业及相关公共部门，其基础建设和采购任务都由行政主管部门用指令性计划下达，企业经营活动由主管部门安排，招投标一度被中止了。

3. 1979—1999 年：恢复与全面展开时期

我国正式进入国际招标市场是在 1979 年以后。1979 年，我国几家大的土建安装企业最先参与国际市场竞争，以国际招标方式，在亚洲、非洲等开展国际工程承包业务，取得了国际工程投标的经验与信誉。

世界银行在 1980 年提供给中国第一笔贷款，即发展大型项目时，以国际竞争性招标方式在中国开展其项目采购与建设活动。在以后的几年里，中国先后利用国际招标完成了许多大型项目的建设与引进。例如，中国南海莺歌海盆地石油资源的开采，华北平原盐碱地改造项目，八城市淡水养鱼项目，云南鲁布格水电站工程等。

1980 年 10 月 17 日，国务院在《关于开展和保护社会主义竞争的暂行规定》中首次将招投标合法化，即为了改革现行经济管理体制，进一步开展社会主义竞争，对一些适宜于承包的生产建设项目和经营项目，可以试行招投标的方法。1981 年，吉林省吉林市和广东省深圳市率先试行工程招投标，取得了良好效果，这个尝试在全国起到了示范作用。

1983 年 6 月 7 日，原国家城乡建设环境保护部颁布了《建筑安装工程招标投标试行办法》。该办法规定"凡经国家和省、市、自治区批准的建筑安装工程，均可按本办法的规定，通过招标，择优选定施工单位"。这是建设工程招投标的第一个部门规章，为中国推行招投标制度奠定了法律基础，从此全面拉开了中国招投标制度的序幕。

1984 年 9 月 18 日，国务院颁布《关于改革建筑业和基本建设管理体制若干问题的暂行规定》，提出"大力推行工程招标承包制，要改革单纯用行政手段分配建设任务的老办法，实行招标投标"；1984 年 11 月，原国家计划委员会和城乡建设环境保护部联合制定了《建设工程招标投标暂行规定》。从"试行办法"到"暂行规定"，招投标行为从"均可通过招标"到"均按规定进行招标"，标志着我国基本建设领域招投标走上了制度化的轨道。

随着国际招标业务在中国的进一步发展，中国机械进出口（集团）有限公司、中国化工建设有限公司、中国仪器进出口集团有限公司相继成立了国际招标公司。1985 年，国务院决定成立中国机电设备招标中心，并在主要城市建立招标机构，对进口机电设备全面推行招标采购。到 1986 年 6 月，我国能够独立参加国际招标的公司数量上升到 70 多家。通过在国际招标市场的锻炼，中国企业对外投标的竞争能力得到加强，由原来只对一些小金额项目的投标，发展到对一亿美元以上的大项目的投标。

1992 年 12 月 30 日，原国家建设部发布《工程建设施工招标投标管理办法》，规定"凡政府和公有制企业、事业单位投资的新建、改建、扩建和技术改造工程项目的施工，除某些不适宜招标的特殊工程外，均应按本办法实行招标投标"。

1999 年 8 月 30 日，国家颁布《招标投标法》，于 2000 年 1 月 1 日起施行。《招标投标法》以法规的形式确立了招投标的法律地位，标志着我国建设工程招投标进入了法制化、程序化时代。1999 年 12 月 24 日，原国家建设部、工商行政管理局发布了《建设工程施工合同（示范文本）》（GF—1999—0201），为规范合同的签订提供依据。1999 年，全国实行招标的工程已占应招标工程的 98%，2000 年以后，全国已全面实行工程招投标。

4. 2000 年至今：法制管理时期

自《招标投标法》实施之后，我国建设工程招投标工作开始进入法制管理时期。建设行政主管部门先后制定了招标代理管理办法、评标专家库管理办法等，建立与健全有形建筑市场，下发了建设工程施工招标文件及资格预审文件示范文本等。通过完善制度，深化招投标改革，我国建设工程招投标工作实现了在法制的轨道上健康有序发展。

任务1.3 我国建设工程招投标机制的引入

知识点学习

1.3.1 鲁布革水电站引水工程

鲁布革水电站装机容量600MW，位于云贵交界的红水河支流黄泥河上。1982年7月，国家决定将鲁布革水电站的引水工程作为原国家水利电力部第一个利用世界银行贷款的工程，并按世界银行规定实行国际公开招标。

建设工程招投标机制的引入

1. 招标项目简介

鲁布革水电站引水工程（以下简称鲁布革工程）的招标范围，包括一条内径8m、长9.4km的引水隧洞，一座带有上室的差动式调压井，两条内径4.6m、倾角48°、长468m的压力钢管斜井，四条内径362m的压力支管等。

原国家水利电力部委托中国技术进出口集团有限公司组织本工程面向国际进行竞争性招标。从1982年7月编制招标文件开始，至工程开标，历时17个月。

鲁布革水电站

2. 编制招标文件

1982年7月至10月，根据鲁布革工程初步计划，参照国际施工水平，在施工进度计划和工程概算的基础上编制招标文件。该文件共三卷，第一卷含有招标条件、投标条件、合同格式与合同条款；第二卷为技术规范，主要包括一般要求及技术标准；第三卷为设计图纸；另有补充通知等。鲁布革工程的标底为14958万元。上述工作均由原昆明水电勘测设计院和澳大利亚SMEC咨询组共同完成。原国家水利电力部有关部门等对招标文件与标底进行了审查。

3. 公开招标

首先在国内外有影响力的报纸上刊登招标广告，对有参加招标意向的厂商发出招标邀请，并发售资格预审须知。提交预审材料的共有13个国家的32个厂商。

1982年9月至1983年6月进行资格预审。资格预审的主要内容是审查厂商的法人地位、财务状况、施工经验、施工方案、施工管理和质量控制方面的措施、人员资历、装备状况、商业信誉。经过评审，确定了其中20家厂商具备投标资格。经与世界银行磋商后，通知各合格厂商将于6月15日发售招标文件，每套人民币1000元，结果有15家厂商购买了招标文件。7月中下旬，由原云南省电力局咨询工程师组织一次正式情况介绍会，并带领厂商分三批到鲁布革工程工地考察，对厂商在编标与考察工地的过程中提出的问题，均以口头做了答复，涉及对招标文件解释及对投标书修订的，前后用三次书面补充通知发给所有购买招标文件并参加工地考察和情况介绍会的厂商。这三次补充通知均作为招标文件的组成部分。本次招标规定在投标截止前 28 天之内不再发补充通知。

我国有三家厂商分别与外商联合参与工程投标。由于世界银行坚持中国厂商不与外商联营不能投标，我国某一厂商被迫退出投标。

4. 开标

1983 年 11 月 8 日，该工程在中国技术进出口集团有限公司当众开标。根据当日的官方汇率，将外币换算成人民币，各家厂商标价按从低到高的顺序见表 1-1。

表 1-1 评标折算报价表

序号	厂商	折算报价/万元
1	日本大成公司	8463
2	日本前田公司	8800
3	英波吉洛公司（意美联合）	9280
4	中国贵华与联邦德国霍尔兹曼联合公司	12000
5	中国闽昆与挪威 FHS 联合公司	12120
6	南斯拉夫能源公司	13220
7	法国 SBTP 联合公司	17940
8	联邦德国某公司	所投标书为技术转让，不符合投标文件要求，作为废标
	标底	14958

根据招标文件的规定，对和中国联营的厂商标价给予优惠，即对未享有国内优惠的厂商标价各增加 7.5%，但仍未能改变原标序。

5. 评标和定标

评标分两个阶段进行。

第一阶段初评，于 1983 年 11 月 20 日至 12 月 6 日进行。对七家厂商的投标文件进行完善性审查，即审查法律手续是否齐全，各种保证书是否符合要求，对标价进行核实，以确认标价无误，同时对施工方法、进度安排、人员、施工设备、财务状况等进行综合对比。经全面审查，七家厂商都是资本雄厚、国际信誉好的企业，均可完成工程任务。

从标价看，前三家标价比较接近，而居第四位的标价与前三名则相差 2720 万~3537 万元。显然，第四名及以后的四家厂商已不具备竞争能力。

第二阶段终评，于 1984 年 1 月至 6 月进行。终评的目标是从前三家厂商中确定一家中标。但由于这三家厂商实力相当，标价接近，终评工作较为复杂，难度较大。

为了进一步弄清三家厂商在各自投标书中存在的问题，1983 年 12 月 12 日和 12 月 23 日已两次分别向三家厂商电传询问，并于 1984 年 1 月 18 日前收到了各家的书面答复。1 月 18 日至 1 月 26 日，又分别与三家厂商举行了为时三天的投标澄清会议。在澄清会议期间，三家厂商都认为自己有可能中标，因此竞争十分激烈。他们在工期不变、标价不变的前提下，都按照我方意愿，修改施工方案和施工布置；此外，还都主动提出不少优惠条件，以达到夺标的目的。

例如，在原投标书上，日本的大成公司和前田公司都在进水口附近布置了一条施工支洞，这种施工布置就引水系统而言是合理的，但会对首部枢纽工程产生干扰。在澄清会议上，大成公司同意放弃施工支洞。前田公司也同意取消，但改用接近首部枢纽工程的一号支洞。到3月4日，前田公司意识到自己在这方面处于劣势时，又立即电传答复放弃使用一号支洞，从而改善了首部枢纽工程的施工条件，保证了整个工程的重点。关于压力钢管外混凝土的输送方式，在原投标书上，大成公司和前田公司分别采用溜槽和溜管，这对倾角48°、高差达308.8m的长斜井来说施工质量难以保证，也缺乏先例。澄清会议之后，为了符合业主的意愿，大成公司于3月8日电传表示：改变原施工方案，用设有操作阀的混凝土泵代替，尽管由此增加了水泥用量，也不为此提高标价。前田公司也电传表示更改原施工方案，用混凝土运输车沿铁轨送混凝土，保证工期且标价不变。

再如，根据原投标书，前田公司投入的施工力量最强，不仅开挖设备和混凝土施工设备数量多，而且设备全部是最新的，设备价值最高，达2062万元。为了吸引业主，在澄清会议上，前田公司提出在完工后愿将全部施工设备无偿赠予中国，并附赠备件价值84万元。大成公司为了保住标价最低的优势，提出以41台新设备替换原投标书中所列的旧施工设备，在完工之后也都赠予中国，还提出免费培训中国技术人员和转让一些新技术的建议。另外，大成公司听说业主认为他们在引水隧洞方面的施工经验不及前田公司，便立即递交大量工程履历，又单方面地做出了与前田公司的施工经历对比表，以争取业主的信任。

英波吉洛公司为缩小和大成公司、前田公司在标价上的差距，在澄清会议中提出书面说明：若能中标，可向鲁布革工程提供2500万元的软贷款，年利息仅为2.5%，同时表示愿与中国的昆水公司实行标后联营，并愿同业主的下属公司联营，开展海外合作。

水利电力第十四工程局在昆明附近早已建成了一座钢管厂，投标的厂商能否将高压钢管的制作运输分包给该厂，也是业主十分关心的问题。在原投标书中，前田公司不分包，委托外国的分包商施工，大成公司也只是将部分项目包给该厂。经过澄清会议，当他们理解到业主的意图后，立即转变态度，表示愿意将钢管的制作运输甚至安装部分包给该钢管厂，并且主动和水利电力第十四工程局洽谈分包事宜。由于三家实力雄厚的厂商之间竞争激烈，不断按业主的意图改进各自的不足，差距不断缩小，形势发展越来越对业主有利。

在这期间，业主对三家厂商的投标书进行了认真、全面的比较分析。

(1) 标价的比较分析，即总价、单价比较及计日工单价的比较。从厂商实际支出考虑，把标价中的工商税扣除作为分离依据，并考虑各家现金流不同及上涨率和利息等因素，比较后相差虽然微弱，但原标序仍未变。

(2) 有关优惠条件的比较分析，即对施工设备赠予、软贷款、钢管分包、技术协作和转让、标后联营等逐项做具体分析。对此既要考虑国家的实际利益，又要符合国际招标中的惯例和世界银行所规定的有关规则。经反复分析，以为英波吉洛公司的标后贷款在评标中不予考虑，大成公司和英波吉洛公司提出的与昆水公司标后联营也不予考虑；而大成公司和前田公司的设备赠予、技术协作、免费培训及钢管分包则应当在评标中作为考虑因素。

(3) 有关财务实力的比较分析，即对三家厂商的财务状况和财务指标（外币支付利息）进行比较。三家厂商中大成公司资金最雄厚。但不论哪一家厂商都有足够资金承担本项工程。

（4）有关施工能力和经历的比较分析。三家厂商都是国际上较有信誉的大承包商，都有足够的能力、设备和经验来完成工程。如从引水隧洞的施工经验来看，20 世纪 60 年代以来，英波吉洛公司共完成内径 6m 以上的引水隧洞 34 条，全长 4 万余米；前田公司完成 17 条，1.8 万余米；大成公司完成 6 条，0.6 万余米。从投入本工程的施工设备来看，前田公司最强，在满足施工强度、应付意外情况的能力方面处于优势。

（5）有关施工进度和方法的比较分析。日本两家厂商施工方法类似，对引水隧洞都采用全断面圆形开挖和全断面衬砌，而英波吉洛公司按传统开挖方法分两阶段施工。引水隧洞平均每个工作面的开挖月进尺，大成公司为 190m，前田公司为 220m，英波吉洛公司为上部 230m，底部 350m。引水隧洞衬砌，日本两家厂商都采用针梁式钢模新工艺，每月衬砌速度分别为大成公司 160m，前田公司 180m，英波吉洛公司采用底拱拉模，边顶拱折叠式模板，边顶衬砌速度为每月 450m，底拱每月 730m（综合速度为每月 280m）。压力钢管斜井开挖方法，三家厂商均采用阿利克爬罐施工反导井，之后正向扩大的方法。调压井的开挖施工，大成公司和英波吉洛公司均采用爬罐，而前田公司采用钻井法。调压井混凝土衬砌，三家都采用滑模施工。隧洞施工通风设施，前田公司在三家中最好，除设备总功率最大外，还沿隧洞轴线布置了 5 个直径为 1.45m 的通风井。

（6）在施工工期方面的比较分析。三家均可按期完成工程项目。但前田公司主要施工设备数量多、质量好，所以对工期的保证程度与应变能力最高。而英波吉洛公司由于施工程序多、强度大，工期较为紧张，应变能力差。大成公司在施工工期方面居中。

评标组织以原国家对外经济贸易部与水利电力部组成的协调小组为决策单位，下设以水电总局为主的评价小组为具体工作机关，原鲁布革工程管理局、原昆明水电勘测设计院、水电总局有关处及澳大利亚 SMEC 咨询组都参加了这次评标工作。通过对有关问题的澄清和综合分析，评标组织认为英波吉洛公司标价高，所提的附加优惠条件不符合招标条件，已失去竞争优势，所以首先予以淘汰。对日本两厂商，评审意见不一。经过有关方面反复研究讨论，为了尽快完成招标，使现场施工正常进行，最后选定最低标价的大成公司为中标承包商。中标价为 8463 万元，比标底 14958 万元降低 43.4%，合同工期为 1597 天。

1984 年 4 月 13 日评标结束，业主于 4 月 17 日正式通知世界银行。同时原鲁布革工程管理局、水利电力第十四工程局分别与大成公司举行谈判，草签了设备赠予和技术合作的有关协议，以及劳务、当地材料、钢管分包、生活服务等有关备忘录。世界银行于 6 月 9 日回电表示对评标结果无异议。6 月 16 日，业主向大成公司发出中标通知书。至此评标和定标工作结束。

1984 年 7 月 14 日，业主和大成公司签订了鲁布革工程的承包合同。

1984 年 7 月 31 日，原鲁布革工程管理局向大成公司正式发布了开工命令。

6. 国内厂商失标的原因分析

（1）标价计算过高，束缚了自己的手脚，投标过程中对市场信息的掌握也稍差。

（2）工效与国外厂商有差距，当时国内隧洞开挖月进尺最高为 112m，前田公司为 220m，大成公司为 190m。

（3）施工工艺落后，国外隧洞开挖采用控制爆破工艺，超挖可控制在 12～15cm，我国以往数据一般为 40～50cm。国外开挖方法采用圆形断面，一次开挖成洞，比我国习惯用的先挖成马蹄形断面，然后用混凝土回填的方法，每米隧洞可减少石方开挖和混凝土各 7m³。国外隧洞衬砌采用水泥裹沙技术，每立方米混凝土比我国一般情况下约少用 70kg，本项目中国闽昆与挪威 FHS 联合公司比大成公司要多用 40000t，按进口水泥运达工地价计算，差额约为 1000 万元人民币。

7. 工程管理

大成公司实行总承包制，管理和技术人员仅 30 人左右，雇我国公司分包，且采用科学的项目管理方法，竣工工期为 1475 天，提前竣工 122 天，工程质量综合评定为优良。包括除汇率风险以外的设计变更、物价涨落、索赔及附加工程量等增加费用在内的工程初步结算价为 9100 万元，仅为标底的 60.8%，比合同价增加了 7.5%。

1.3.2　我国建设工程管理改革经验

鲁布革工程按照国际惯例招标和管理的成功，创造了鲁布革工程项目管理经验，在全国掀起了学习鲁布革工程项目管理经验的热潮，也加快了我国工程建设体制改革的步伐。

从鲁布革工程总结我国建设工程管理改革经验主要有以下几点。

（1）把竞争机制引入工程建设领域，即实行工程招投标制度。

（2）施工管理采用全过程总承包和科学的项目管理制。

（3）严格的合同管理，实施费用调整、工程变更及索赔，获取综合经济效益。根据世界银行规定，当时采用了国际咨询工程师联合会（FIDIC）的《土木工程施工（国际通用）合同条件》（第三版）。

（4）实施和推行建设工程监理制。

扩展阅读

1. 港珠澳大桥简介

港珠澳大桥，是桥、岛、隧一体化的世界级交通集群工程，它东接中国香港，西接珠海、澳门，全长 55km，其中 6.7km 长的海底隧道是这项超级工程的关键节点。港珠澳大桥是世界上最长的跨海大桥之一，也是中国交通史上技术最复杂、建设要求及标准最高的工程之一。

大桥工程规模大、技术标准高且界面复杂，涉及大量的新技术、新工艺，需要整合全球资源，控制工程风险，提升项目品质，最终实现项目建设目标。基于此，工程启动国际招标，国际合作伙伴带来了新理念、新技术及新的施工工艺，同时还带来了新的管理方法和视野，并与中国情景和项目实际相结合，形成了港珠澳大桥独特的管理体系和管理模式。港珠澳大桥的成功建设，为"一带一路"倡议的推进、"中国标准"的推广、国际跨文化沟通等探索了方向。

2. 港珠澳大桥岛隧工程招标，联合体投标价 131 亿元

港珠澳大桥主桥自珠海拱北对开的珠澳口岸人工岛伸展至粤港分界线，全长 29.6km，采用双向六车道的桥隧结合方案。招标的岛隧工程起于粤港分界线（K5＋972.454），沿

23DY锚地北侧向西，穿越珠江口铜鼓航道、伶仃西航道，止于西人工岛结合部非通航孔桥西端（K13+413），全长约7.661km。岛隧工程项目包括大桥永久工程、临建工程和施工总营地建设。永久工程包括东人工岛结合部非通航孔桥、东人工岛、隧道、西人工岛、西人工岛结合部非通航孔桥除机电工程、交通标志标线、绿化和房建的装修外所有工程的施工图设计与施工，工程全线总体设计；临建工程包括完成上述永久工程所需要的全部临建工程的规划、土地使用、勘察、设计、施工、管理与维护，施工完成后的移走、拆除、复绿或恢复原状等。

该岛隧工程将采用沉管隧道方案，这也是目前世界范围内最长、综合难度最大的沉管隧道之一。岛隧工程结合、长距离通风及安全设计、超大管节的预制、复杂海洋条件下管节的浮运和沉放、高水压条件下管节的对接及接头的水密性和耐久性试验等多项工程技术达到世界级水准；连接沉管隧道的东西人工岛的技术难度也是世界级的，人工岛各部分差异沉降的控制、与沉管隧道的连接、岛隧运营阶段的可靠性及耐久性等技术都极具挑战性。为此，国家交通运输部组织的"港珠澳大桥跨海集群工程建设关键技术研究与示范"项目已正式列入国家科技支撑计划，并有41位中外桥梁、隧道专家被聘为港珠澳大桥技术专家组成员。

港珠澳大桥管理局于2010年7月下旬对大桥岛隧工程设计施工总承包启动了公开招标，共有三家具有境内外大型工程经验的资深设计施工团队组成的联合体参与了投标。招标之前，大桥管理局深入三家联合体推介港珠澳大桥项目，以问题和目标为导向，深入交流设计施工总承包模式，以及港珠澳大桥工程面临的技术难关等问题，完善招标机制、合同机制、技术问题、科研攻关重点等。为了充分调动三大集团的积极性，预防流标的风险，招标方还设置了投标补偿，并持续推进市场培育工作，确保形成公平、有力的竞争氛围。评标最终以符合国家法律法规、粤港澳三地政府均认可的方式进行，评标委员会采用"9+4"组合，9位专家库成员，另外，三地政府各占1席，大桥管理局占1席。经评标委员会评审，中国交通建设股份有限公司联合体成为第一中标候选人。该联合体的投标价为131亿元，是迄今为止我国交通行业单个标段和设计施工总承包标的额最高的一个标。该联合体将承担当时世界最长的沉管隧道的施工图设计和施工。

港珠澳大桥岛隧工程设计施工总承包的牵头人为中国交通建设股份有限公司，它也是联合体中施工团队牵头人，施工团队其他成员还包括施工管理顾问艾奕康设计与咨询（深圳）有限公司和上海城建（集团）公司。该联合体的设计牵头人为中交公路规划设计院有限公司，设计团队还包括丹麦科威国际咨询公司（COWI A/S）、上海市隧道工程轨道交通设计研究院及中交第四航务工程勘察设计院有限公司。

此次招标的圆满完成标志着港珠澳大桥主体工程建设踏入新的里程。

纵观中国建设的发展，改革开放后，国家大力投资基础设施建设，使我国近几十年的道桥数量超过过去几千年的总和，各种结构型式应有尽有，我国桥梁技术突飞猛进，"中国桥梁"这张名片逐渐为世界所熟知。港珠澳大桥，这项备受世人瞩目的世纪工程，凝聚了几代中国桥梁人的智慧与心血，也汇集了当时国内外各领域最前沿的技术成果，是中国梦的微观缩影，也是千千万万中国人民在中国共产党的领导下，齐心协力建设社会主义现代化强国，实现国家富强、民族振兴、人民幸福的缩影。

项目 2　建筑市场

思维导图

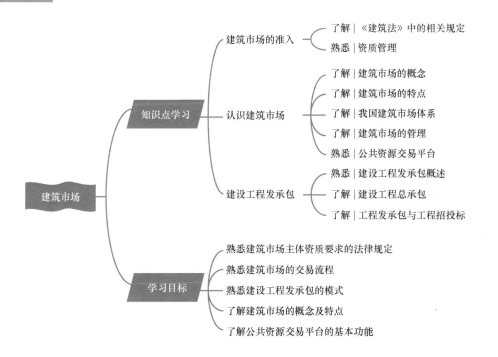

任务2.1　建筑市场的准入

知识点学习

2.1.1　《建筑法》中的相关规定

国家职业资格目录(2021年版)

1. 从业资格的相关规定

第十二条规定，从事建筑活动的建筑施工企业、勘察单位、设计单位和工程监理单位，应当具备下列条件：①有符合国家规定的注册资本；②有与其从事的建筑活动相适应的具有法定执业资格的专业技术人员；③有从事相关建筑活动所应有的技术装备；④法律、行政法规规定的其他条件。

第十三条规定，从事建筑活动的建筑施工企业、勘察单位、设计单位和工程监理单位，按照其拥有的注册资本、专业技术人员、技术装备和已完成的建筑工程业绩等资质条件，划分为不同的资质等级，经资质审查合格，取得相应等级的资质证书后，方可在其资质等级许可的范围内从事建筑活动。

2. 发承包的相关规定

第十九条规定，建筑工程依法实行招标发包，对不适于招标发包的可以直接发包。

第二十二条规定，建筑工程实行招标发包的，发包单位应当将建筑工程发包给依法中标的承包单位。建筑工程实行直接发包的，发包单位应当将建筑工程发包给具有相应资质条件的承包单位。

第二十四条规定，提倡对建筑工程实行总承包，禁止将建筑工程肢解发包。建筑工程的发包单位可以将建筑工程的勘察、设计、施工、设备采购一并发包给一个工程总承包单位，也可以将建筑工程勘察、设计、施工、设备采购的一项或者多项发包给一个工程总承包单位；但是，不得将应当由一个承包单位完成的建筑工程肢解成若干部分发包给几个承包单位。

第二十六条规定，承包建筑工程的单位应当持有依法取得的资质证书，并在其资质等级许可的业务范围内承揽工程。禁止建筑施工企业超越本企业资质等级许可的业务范围或者以任何形式用其他建筑施工企业的名义承揽工程。禁止建筑施工企业以任何形式允许其他单位或者个人使用本企业的资质证书、营业执照，以本企业的名义承揽工程。

第二十八条规定，禁止承包单位将其承包的全部建筑工程转包给他人，禁止承包单位将其承包的全部建筑工程肢解以后以分包的名义分别转包给他人。

第二十九条规定，建筑工程总承包单位可以将承包工程中的部分工程发包给具有相应资质条件的分包单位；但是，除总承包合同中约定的分包外，必须经建设单位认可。施工总承包的，建筑工程主体结构的施工必须由总承包单位自行完成。建筑工程总承包单位按照总承包合同的约定对建设单位负责；分包单位按照分包合同的约定对总承包单位负责。总承包单位和分包单位就分包工程对建设单位承担连带责任。禁止总承包单位将工程分包给不具备相应资质条件的单位。禁止分包单位将其承包的工程再分包。

2.1.2 资质管理

1. 建筑业企业资质管理

建筑业企业是指从事土木工程、建筑工程、线路管道设备安装工程的新建、扩建、改建等施工活动的企业。

建筑业企业资质管理规定

按照国务院深化"放管服"改革部署要求，持续优化营商环境，大力精简企业资质类别，归并等级设置，简化资质标准，优化审批方式，进一步放宽建筑市场准入限制，《住房和城乡建设部关于印发建设工程企业资质管理制度改革方案的通知》（建市〔2020〕94号）发布，方案对部分专业划分过细、业务范围相近、市场需求较小的企业资质类别予以合并，对层级过多的资质等级进行归并。改革后，工程勘察资质分为综合资质和专业资质，工程设计资质分为综合资质、行业资质、专业和事务所资质，施工资质分为施工综合资质、施工总承包资质、专业承包资质和专业作业资质，工程监理资质分为综合资质和专业资质。资质等级原则上压减为甲、乙两级（部分资质只设甲级或不分等级），资质等级压减后，中小企业承揽业务范围将进一步放宽，有利于促进中小企业发展。具体如下。

建设工程企业资质管理制度改革方案

（1）工程勘察资质。保留综合资质；将4类专业资质及劳务资质整合为岩土工程、工程测量、勘探测试等3类专业资质。综合资质不分等级，专业资质等级压减为甲、乙两级。

建设工程企业资质管理制度改革方案的附件

（2）工程设计资质。保留综合资质；将21类行业资质整合为14类行业资质；将151类专业资质、8类专项资质、3类事务所资质整合为70类专业和事务所资质。综合资质、事务所资质不分等级；行业资质、专业资质等级原则上压减为甲、乙两级（部分资质只设甲级）。

（3）施工资质。将10类施工总承包企业特级资质调整为施工综合资质，可承担各行业、各等级施工总承包业务；保留12类施工总承包资质，将民航工程的专业承包资质整合为施工总承包资质；将36类专业承包资质整合为18类；将施工劳务企业资质改为专业作业资质，由审批制改为备案制。综合资质和专业作业资质不分等级；施工总承包资质、专业承包资质等级原则上压减为甲、乙两级（部分专业承包资质不分等级），其中，施工总承包甲级资质在本行业内承揽业务规模不受限制。

（4）工程监理资质。保留综合资质；取消专业资质中的水利水电工程、公路工程、港口与航道工程、农林工程资质，保留其余10类专业资质；取消事务所资质。综合资质不分等级，专业资质等级压减为甲、乙两级。

建筑业企业资质管理的改革，放宽了准入限制，放宽了对企业资金、主要人员、工程业绩和技术装备等的考核要求，适当放宽了部分资质承揽业务规模上限，多个资质合并的，新资质承揽业务范围相应扩大至整合前各资质许可范围内的业务，尽量减少了政府对建筑市场微观活动的直接干预，充分发挥市场在资源配置中的决定性作用。

2. 建筑业专业技术人员管理

《建筑法》第十四条规定，从事建筑活动的专业技术人员，应当依法取得相应的执业资格证书，并在执业资格证书许可的范围内从事建筑活动。由于专业技术人员的工作水平对工程项目建设成败具有重要的影响，所以对专业技术人员的执业资格条件要求较高。我国现阶段实施的建筑业专业技术人员执业资格的种类很多，包括注册建筑师、监理工程师、造价工程师、房地产估价师、建造师、勘察设计注册工程师、咨询工程师（投资）等，它们都有相关报考资格与注册条件。当前我国专业技术人员执业资格的管理制度正逐步规范化、制度化。

 展开讨论

案例：福建省泉州市欣佳酒店"3·7"重大坍塌事故典型案例。

2020年3月7日19时14分，福建省泉州市鲤城区欣佳酒店所在建筑物发生坍塌事故，造成29人死亡、42人受伤，直接经济损失5794万元。

国务院批准成立了由应急管理部牵头，公安部、自然资源部、住房和城乡建设部、国家卫生健康委员会、中华全国总工会和福建省政府为成员单位的国务院福建省泉州市欣佳酒店"3·7"坍塌事故调查组进行提级调查。事故调查组聘请工程勘察设计、工程建设管理、建设工程质量安全管理、公共安全等方面的专家参与调查。通过现场勘查、取样检测、调查取证、调阅资料、人员问询、专家论证等，查明了事故直接原因和性质，以及事故企业、中介机构的违法违规事实和有关地方政府及相关部门在监管方面存在的问题，吸取了事故主要教训，提出了防范和整改的措施建议，形成了事故调查报告。

经调查，事故的直接原因是，事故责任单位泉州市新星机电工贸有限公司将欣佳酒店建筑物由原四层违法增加夹层改建成七层，达到极限承载能力并处于坍塌临界状态，加之事发前对底层支承钢柱违规加固焊接作业引发钢柱失稳破坏，导致建筑物整体坍塌。

事故调查组认定，泉州市新星机电工贸有限公司、欣佳酒店及其实际控制人无视国家有关城乡规划、建设、安全生产及行政许可等法律法规，违法违规建设施工，弄虚作假骗取行政许可，安全生产责任长期不落实。相关工程质量检测、建筑设计、消防检测、装饰设计等中介机构违规承接业务，出具虚假报告，制作虚假材料帮助事故企业通过行政审批。

事故调查组同时认定，福建省、泉州市、鲤城区住房和城乡建设部门没有认真履行建筑主管部门安全监管责任，对欣佳酒店建筑物长期存在的违法违规建设行为没有制止和查处，组织开展违法建设整治、房屋安全隐患排查整治、住房和城乡建设领域"打非治违"工作不力，严重失职失察。福建省、泉州市国土规划部门，泉州市、鲤城区城市管理部门、公安部门、消防机构履行监管职责不到位，执法不严格，行政审批把关失守，并对泉州市新星机电工贸有限公司、欣佳酒店违法违规建设、弄虚作假骗取行政许可等违法违规行为未及时发现查处。泉州市鲤城区常泰街道对欣佳酒店建筑物违法违规建设、改建长期未予报告和查处，属地管理责任严重缺失；在违法建设专项治理和房屋安全隐患排查工作中不认真不负责，存在明显漏洞和严重的形式主义。鲤城区超越权限研究出台并实施"特殊情况建房"政策，违规审批同意建设欣佳酒店建筑物等大量违法建设项目；在治理违法建设历次重大专项行动中工作不负责任，放任大量违法建筑长期存在；在设置集中隔离健康观察点时忽视房屋建筑质量安全，草率决策。泉州市落实地方党政领导干部安全生产责任制规定不到位，对辖区内长期存在的违法违规审批建设项目情况失管失察，"打非治违"

和房屋安全隐患排查工作不实不细，没有认真查处违建项目。

主要教训：一是企业违法违规肆意妄为。欣佳酒店的不法业主在未取得建设相关许可手续，且未组织勘察、设计的情况下，多次违法将工程发包给无资质施工人员，在明知楼上有大量人员住宿的情况下违规冒险蛮干，最终导致建筑物坍塌；相关中介机构违规承接业务甚至出具虚假报告。二是安全发展理念不牢。鲤城区片面追求经济发展，通过"特殊情况建房"政策为违法建设开绿灯，埋下重大安全隐患；福建省及泉州市有关部门对违法建筑长期大量存在的重大安全风险认识不足，房屋安全隐患排查治理流于形式。三是地方政府有关部门监管执法严重不负责任。泉州市、鲤城区的规划、住房和城乡建设、城市管理、公安等部门对欣佳酒店未取得建设相关许可手续、未取得特种行业许可证对外营业等违法违规行为长期视而不见。四是相关部门审批把关层层失守。泉州市、鲤城区消防机构、公安等有关部门及常泰街道在材料形式审查和现场审查中把关不严，使不符合要求的项目蒙混过关、长期存在。

 总结分析

违法发包、转包、挂靠及违法分包是建设工程施工领域比较突出的违法行为，不但扰乱了建筑市场秩序，还是施工安全、工程质量事故频发的主因，一旦发生安全事故，造成重大人员伤亡或财产损失，工程建设的所有参与方及其人员均可能触犯刑法，构成犯罪。为了有效遏制违法发包、转包、挂靠及违法分包等行为，住房和城乡建设部颁布实施了《建筑工程施工发包与承包违法行为认定查处管理办法》。各地为杜绝违法发包、转包、分包、挂靠及出借资质的发生，也相应出台管理办法，对违法发包、转包、分包、挂靠及出借资质的现象进行行政处罚并列入建筑市场主体"黑名单"。

任务2.2 认识建筑市场

知识点学习

2.2.1 建筑市场的概念

建筑市场，也称为建设市场或建筑工程市场。

建筑市场反映了社会生产和社会需求之间、建筑产品可供量和有支付能力的需求之间、建筑产品生产者和消费者之间、国民经济各部门之间的经济关系。对建筑市场可以从狭义和广义来理解。狭义的建筑市场，是指以建筑产品为交换内容的场所；广义的建筑市场，是指建筑产品供求关系的总和。广义的

认识建筑市场

建筑市场的概念及特点

建筑市场包括有形市场和无形市场，包括与工程建设有关的建筑材料市场、建筑劳务市场、建筑资金市场、建筑技术市场等各种要素市场，为工程建设提供专业服务的中介组织体系，靠广告、通信、中介机构等媒介沟通买卖双方或通过招投标等多种方式成交的各种

交易活动，还包括建筑商品生产过程及流通过程中的经济联系和经济关系。可以说，广义的建筑市场是工程建设生产和交易关系的总和。

2.2.2 建筑市场的特点

1. 建筑市场交易的直接性与交易过程的长期性

建筑产品的市场交易，一般采取需求者向生产者直接订货后再生产的方式。建筑产品和土地相联系，具有生产周期长、投资耗费大的特点。由于生产过程中不同阶段对承包人的要求不同，建筑市场交易贯穿于建筑产品生产的整个过程，从工程建设的决策、设计、施工任务的发承包开始，到工程竣工、保修期结束为止，发包人与承包人进行的各种交易活动，都是在建筑市场中进行的。生产活动与交易活动交织在一起，使得建筑市场在许多方面不同于其他产品市场。

2. 建筑市场交易关系的复杂性

建筑产品的形成过程涉及勘察、设计、施工、供货、采购等各方，不同利益的当事人在同一经济事务中发生一定的关系。这种交易关系的复杂性，要求各方建设程序按照国家的法律法规组织实施，以确保各方的利益得以实现。

3. 建筑市场是以招投标为主的不完全竞争市场

建筑市场引入竞争机制，可有效杜绝国有资产投资建设发包中的腐败现象，提高固定资产投资效益。我国于 20 世纪 90 年代初全面推行招投标制，并于 1999 年颁布了《招标投标法》，进一步规范了市场招投标行为，从而使我国建设工程发承包市场向透明化、健康化与法制化方向发展。但是建筑产品的地域性、发包人的行业性和建筑产品自身的特殊性对施工资质的要求，决定了发包人在发包时必然会对承包人的投标行为设立很多限制性约束条件，使建筑市场成为一个不完全竞争的市场。

4. 建筑市场有严格的市场主体资格要求

为了保证建筑市场有序进行，建设行政主管部门与行业协会都明文制定了进入建筑市场主体的资格要求和生产经营规则，以规范发包人、承包人及中介组织的生产经营行为，如发包人必须具备法人资格、发包人自行招标必须具备一定条件、承包人必须具备相应资质条件并在资质允许范围内承揽工程、主要技术人员与岗位人员应有执业资格证书等。

5. 建筑市场竞争激烈

建筑市场是国民经济总市场中的一个组成部分，有其自身的运行规律，同时，它又服从一般市场的运行规律。竞争是市场运行的突出特点。所有市场参与者平等地进入市场从事交易活动，并在此基础上凭借各自的经济实力全方位地开展竞争，通过公平竞争，实现优胜劣汰。由于不同的建筑产品生产者在专业特长、管理和科技水平、生产组织的具体方式、对建筑产品所在地各方面情况了解、市场熟练程度及竞争策略等方面的较大差异，建筑产品的价格会有较大差异，使得建筑市场以建筑产品价格为核心的竞争更加激烈。

2.2.3 我国建筑市场体系

我国建筑市场经过多年的发展，已形成由发包人、承包人、工程咨询服务机构和市场组织管理者组成的市场主体，由建筑产品组成的市场客体，共同构成了我国建筑市场体系，如图 2-1 所示。

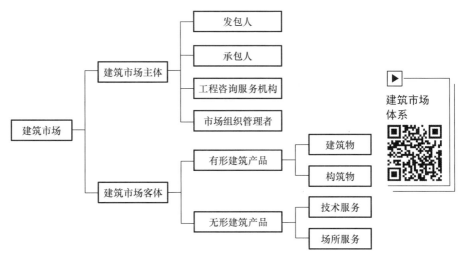

图 2-1　我国建筑市场体系

1. 建筑市场主体

建筑市场是市场经济的产物。从一般意义上来说，建筑市场交易是业主给付建设费、承包商交付工程的过程。实际上，建筑市场交易包括很复杂的内容，贯穿于建筑产品生产的全过程。在这个过程中，不仅存在业主和承包商之间的交易，还有承包商与分包商、材料供应商之间的交易，业主还要同设计单位、设备供应单位、咨询单位进行交易，以上与工程建设相关的商品混凝土供应、构配件生产、建筑机械租赁等活动一同构成建筑市场生产和交易的总和。参与建筑市场交易过程的各方构成建筑市场的主体。

（1）发包人。

发包人是指既有某项工程建设需求，又具有该项工程建设相应的建设资金和各种准建手续，在建筑市场中发包工程建设的勘察、设计、施工任务，并最终得到建筑产品的政府部门、企（事）业单位或个人。

发包人有时称发包单位、建设单位、业主、项目法人。在我国工程建设中，发包人只有在发包工程或组织工程建设时才成为市场主体。因此，发包人作为市场主体具有不确定性。我国对发包人行为进行约束和规范，是通过法律和经济的手段实现的。

项目法人责任制是在我国市场经济体制条件下，为了建立投资责任约束机制、规范项目法人行为提出的。业主责任制即由项目法人对项目建设全过程负责管理，主要包括进度控制、质量控制、投资控制、合同管理和组织协调。业主在项目建设中的主要责任包括：建设项目立项决策、建设项目的资金筹措与管理、办理建设项目的有关手续、建设项目的招标与合同管理、建设项目的施工管理、建设项目竣工验收和试运行、建设项目的统计与文档管理。

（2）承包人。

承包人是指拥有一定数量的建设装备、流动资金、工程技术经济管理人员，取得建筑业企业资质证书和营业执照，能够按照发包人的要求提供不同形态的建筑产品并最终得到相应工程价款的建筑业企业。

按照生产的主要形式，承包人主要分为勘察、设计、安装企业，混凝土预制构件及非标准预制构件等生产厂家，商品混凝土供应站，建筑机械租赁单位，以及专门提供建筑劳务的企业等；按其所从事的专业，可分为土建、铁路、公路、房建、水电、市政工程等专业企业；按照承包方式，也可分为总包人和分包人。承包人作为建筑市场主体，是长期和持续存在的。对承包人一般都要实行从业资格管理，住房和城乡建设部于2015年重新修订了《建筑业企业资质管理规定》，对资质序列、资质类别和等级、资质许可、监督管理、法律责任等做出明确规定。

（3）工程咨询服务机构。

工程咨询服务机构是指具有一定注册资金，一定数量的工程技术、经济、管理人员，取得工程咨询资质和营业执照，能为工程建设提供估算测量、管理咨询、建设监理等智力型服务并获取相应报酬的企业。

工程咨询服务机构可以开展勘察、设计、工程管理、工程造价咨询、招标代理、工程监理等多种业务，这类企业主要是向发包人提供咨询与管理服务，弥补发包人对工程过程不熟悉的缺陷，在国际上一般称为咨询公司。在我国，目前数量较多并有明确资质标准的是工程勘察院、工程设计院、工程监理公司等。

工程咨询服务机构虽然不是工程发承包的当事人，但其受发包人聘用，作为项目技术、咨询单位，对项目的实施具有相当重要的作用。

（4）市场组织管理者。

我国市场组织管理者主要是中华人民共和国住房和城乡建设部。例如，住房和城乡建设部建筑市场监管局负责拟订规范建筑市场各方主体行为、房屋和市政工程项目招投标、施工许可、建设监理、合同管理、工程风险管理的规章制度并监督执行；拟订建筑业行业发展政策、规章制度并监督执行；拟订建筑施工企业、建筑安装企业、建筑装饰装修企业、建筑制品企业、建设监理单位、勘察设计咨询单位资质标准并监督执行；认定从事各类工程建设项目招标代理业务的招标代理机构的资格。省市各级人民政府建设行政主管部门，在住房和城乡建设部的领导下开展本地区的建筑市场管理工作。

2. 建筑市场客体

建筑市场客体是建筑产品，是建筑市场的交易对象，既包括有形建筑产品，也包括无形建筑产品——各类型智力型服务。

建筑产品不同于一般的工业产品。在不同的生产交易阶段，建筑产品表现为不同的形态：可以是承包人生产的各类建筑物和构筑物；可以是生产厂家提供的混凝土预制构件、商品混凝土；可以是工程设计单位提供的设计方案，或施工单位、勘察单位提供的施工图纸、勘察报告；还可以是咨询公司提供的咨询报告、咨询意见或其他服务。

2.2.4 建筑市场的管理

从事建筑市场活动，实施建筑市场监督管理，应当遵循统一、开放、公开、公平、公正、竞争有序的原则。政府对建筑市场的管理任务有以下几点。

（1）制定与贯彻国家有关工程建设的法规、方针和政策，会同有关部门草拟或制定建筑市场管理法规。

（2）总结交流建筑市场管理经验，指导建筑市场的管理工作。

（3）根据工程建设任务与设计、施工力量，建立平等竞争的市场环境。

（4）建立以资质管理为主要内容的市场监督管理，审核工程发包条件与承包人的资质等级，监督检查建筑市场管理法规和工程建设标准（规范、规程）的执行情况。

（5）国家监管安全和质量，依法查处违法行为，维护建筑市场秩序。

（6）开展建筑业国际合作与开拓国际市场。

2.2.5 公共资源交易平台

目前，我国已形成了以招投标为主要交易形式的市场竞争机制，以资质管理为主要内容的市场监督管理体系，以及我国特有的有形建筑市场——公共资源交易平台。

1. 公共资源交易平台的设立

为了深入推进简政放权、放管结合，优化服务改革，创新事中事后监管，建设现代市场体系，国务院办公厅发布《国务院办公厅关于印发整合建立统一的公共资源交易平台工作方案的通知》（国办发〔2015〕63号），要求整合工程建设项目招投标、土地使用权和矿业权出让、国有产权交易、政府采购等交易市场，建立统一的公共资源交易平台。

公共资源交易平台是指实施统一的制度和标准、具备开放共享的公共资源交易电子服务系统和规范透明的运行机制，为市场主体、社会公众、行政监督管理部门等提供公共资源交易综合服务的体系。

公共资源交易平台的运行服务机构是指由政府推动设立或政府通过购买服务等方式确定的，通过资源整合共享方式，为公共资源交易相关市场主体、社会公众、行政监督管理部门等提供公共服务的单位。公共资源交易中心是公共资源交易平台最主要的运行服务机构。

公共资源交易平台设有公共资源交易电子服务系统、公共资源电子交易系统、公共资源交易电子监管系统。公共资源交易电子服务系统（以下简称电子服务系统）是指联通公共资源电子交易系统、监管系统和其他电子系统，实现公共资源交易信息数据交换共享，并提供公共服务的枢纽。公共资源电子交易系统（以下简称电子交易系统）是根据工程建设项目招投标、土地使用权和矿业权出让、国有产权交易、政府采购等各类交易特点，按照有关规定建设、对接和运行，以数据电文形式完成公共资源交易活动的信息系统。公共资源交易电子监管系统（以下简称电子监管系统）是指政府有关部门在线监督公共资源交易活动的信息系统。

2. 公共资源交易平台的基本功能

公共资源交易平台应立足公共服务职能定位，建立健全电子交易系统，不断优化交易平台见证、场所、信息、档案、专家抽取和交易流程等服务。

（1）信息服务。公共资源交易平台设置信息收集、存储和发布的平台，及时发布招投标信息、政策法规信息、企业信息、材料设备价格信息、科技和人才信息、分包信息等，为建设工程交易活动的各方提供信息咨询服务。

（2）场所服务。公共资源交易平台的运行服务机构设置公共服务、交易实施、评标评审、办公等功能区域，应当根据交易项目的实施主体或其代理机构的申请，及时确定交易项目的交易场地和评标（评审）场地。根据公共资源交易的不同类别及其特点，设置相应的开标室、谈判室、竞价室、拍卖厅等，并配备相应的服务人员和必需的设施设备。

（3）专家管理。公共资源交易平台为建设工程评标提供可选择的评标专家库，配合有关行政主管部门对评标专家的评标活动进行记录和考核，接受委托定期对评标专家进行培训，设立专家库抽取终端，为交易活动提供专家抽取服务。

公共资源交易平台招投标交易程序如下。

（1）注册项目：查验招标人或其代理机构在平台电子招投标系统内上传的招标代理审批表、建设工程招标申请书、招标代理合同、项目审批（备案、核批）文件等招标前期手续是否齐全。

（2）提交招标项目：根据招标项目阶段，招标人或其代理机构提交准确的项目信息，填写项目类别、性质、规模和标准划分等内容，招标管理机构核验内容的准确性。

（3）预约场地：根据预定开标时间、项目规模，结合公共资源交易中心场地使用情况，招标人或其代理机构预约招投标场地。

（4）发布招标公告：招标人或其代理机构按照有关规定和格式制作招标公告，并在平台内正确设置招标文件获取时间等内容，招标管理机构核验内容的准确性后对外发布。

（5）上传招标文件或资格预审文件：招标人或其代理机构编制电子招标文件或资格预审文件上传平台，招标文件或资格预审文件应包括评标方法、资格预审方法等内容。招标人或其代理机构需对招标文件进行必要的补充、澄清、修改，需对投标人提出的疑问进行回复的，应将相应信息内容通过平台及时推送给投标人。

（6）抽取评标专家：评标委员会的专家成员应当从评标专家库内相关专业的专家名单中以随机抽取的方式确定。

（7）开标：开标会由招标人或其代理机构主持，招标管理机构协助招标人或其代理机构按有关规定及程序做好开标工作，并提供技术保障等服务。

（8）评标：招标管理机构协助招标人或其代理机构做好评标工作，并提供技术保障等服务。

（9）中标候选人公示：招标人或其代理机构按评标报告及有关规定推送中标候选人信息，招标管理机构及时核验完整性并对外公示。

（10）中标结果公示：确定中标人后，由招标人或其代理机构在平台中推送中标结果，招标管理机构及时核验完整性并对外公示。

（11）下发中标通知书：招标人或其代理机构按规定格式发起打印中标通知书申请，招标管理机构核准通过后予以印发。

（12）合同公示：招标人在法定时间内与中标人签订合同后，由招标人或其代理机构在平台中推送合同信息，招标管理机构核准后对外公示。

（13）投标企业保证金退付：招标人或其代理机构在平台中提出保证金退款申请，招标管理机构及时受理。

（14）招标资料汇总归档及数据统计：招标管理机构按规定收集招标过程中的全部资料并整理归档，同时根据有关交易数据做好项目情况的信息统计工作。

技能点训练

1. 训练目的

（1）掌握建筑市场的准入制度，了解在公共资源交易平台进行招投标交易的功能和工作流程。

（2）培养学生查询相关文件与相关信息的工作能力。

2. 训练内容

（1）参观当地公共资源交易中心，了解当地公共资源交易中心招投标交易工作流程。

（2）上网进入某地方公共资源交易平台，学会查阅各种信息，如建设法律法规、施工企业信息、从业人员资格、招标公告、中标结果公示、工程材料价格、劳动力价格、合同备案等。

（3）选定某个已完成中标结果公示程序的招标项目，查阅中标施工企业的信息。

（4）查询与你专业相关的执业资格考试的要求条件和考试大纲。

 典型案例

××省电子化招投标业务办理指南

一、办理"企业电子锁"（含 CA 和电子签章）和申报企业诚信库

（一）招投标业务概览

招投标业务概览如图 2-2 所示。

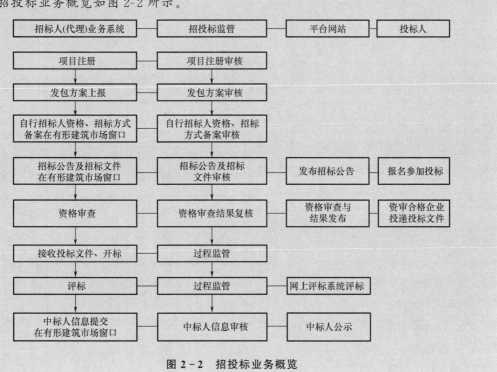

图 2-2 招投标业务概览

（二）办理"企业电子锁"

代理企业和投标单位开展电子化招投标业务的第一步，就是申请"企业电子锁"。以企业为单位，每家单位可申请一枚"企业电子锁"。办理"企业电子锁"所需资料见表2-1。

表2-1 办理"企业电子锁"所需资料

序号	资料项	办理事项				
		新办	补办	延期	名称变更	法人变更
1	工商营业执照副本及复印件，2份（国家机关/事业单位不用）	■			■	
2	组织机构代码证原件及复印件，2份	■			■	
3	附件一《××省组织机构电子证书业务申请单》，1份	■	■	■	■	■
4	附件二《××省电子证书技术服务合同书》，1份	■			■	■
5	附件三《电子签章安全系统企业申请表》，1份	■	■	■	■	■
6	附件四《法定代表人授权书》，3份	■			■	■
7	附件五预留印鉴，3份	■			■	■
8	附件六《电子印章使用风险告知书》，1份	■			■	■
9	附件七《诚信承诺书》，1份	■			■	■

注：标识"■"的为必须提供的资料。

（三）申报企业诚信库

申报企业诚信库所需原件见表2-2。

表2-2 申报企业诚信库所需原件

分类	资料项	企业类型											
		代理	建设单位（自行招标）	房屋建筑	园林绿化	市政	机电安装	装修装饰	供应商	勘察检测	设计	监理	项目管理
企业基本信息	《诚信承诺书》	■	■	■	■	■	■	■	■	■	■	■	■
	《法人授权委托书》	■	■	■	■	■	■	■	■	■	■	■	■
	预留印鉴	■	■	■	■	■	■	■	■	■	■	■	■
	组织机构代码证	■	■	■	■	■	■	■	■	■	■	■	■
	企业法人营业执照	■	■	■	■	■	■	■	■	■	■	■	■
	银行基本账户开户许可证	■	□	■	■	■	■	■	■	■	■	■	■
	企业资质等级证书(或设计证书)	■		■	■	■	■	■		■	■	■	■
	企业安全生产许可证			■	■	■	■	■					
	国家税务登记证	□		□	□	□	□	□	□	□	□	□	□
	地方税务登记证	□		□	□	□	□	□	□	□	□	□	□
	年度保证金（如有）			□	□	□	□	□	□				

续表

分类	资料项	企业类型											
		代理	建设单位(自行招标)	房屋建筑	园林绿化	市政	机电安装	装修装饰	供应商	勘察检测	设计	监理	项目管理
企业业绩	由招投标管理部门盖章备案的《中标通知书》		■	■	■	■	■	■	■	■	■	■	
	《施工合同协议书》		■	■	■	■	■	■			■	■	
	单位工程竣工验收证明		■	■	■	■	■	■			■	■	
项目经理或建设单位人员或代理人员或监理人员	建造师执业资格证书		■	■	■	■	■	■			■		
	建筑施工企业项目负责人安全生产考核合格证书			■		■	■	■					
	第二代个人身份证	■	■	■	■	■	■	■			■	■	
	最近半年连续交纳的社保证明	■	■	■	■	■	■	■		□			
	工程建设类执业资格证书	□	□										
	监理工程师执业资格证书											■	
	学历证明	□	□	□	□	□	□	□		□	□	□	
	职称证	□	■	□	□	□	□	□		□	□	□	
	劳动合同	□		□	□	□	□	□		□	□	□	
	代理人员上岗证	□											

注：标识"■"的为必须申报信息；"□"为可选申报信息。

二、电子化招投标业务操作

业务操作入口：登录××市建设工程交易网，在首页点击下列图标之一，打开相应三个入口的业务登录平台：投标单位、招标代理、建设单位。

（一）投标单位

（1）第一次到××市参加投标业务的单位，请先办理"企业电子锁"并申报企业诚信库（参见第一章节内容）。

（2）登录××市建设工程交易网查看招标公告；公开招标可直接在公告中下载招标文件；邀请招标要登录投标单位平台才能操作。

（3）投标业务的详细操作参见《投标人员（投标人业务）操作手册》；投标文件制作请参见《投标文件编制指南》。

（4）投标单位如有多个项目在不同地区同时开标的，请参见《投标单位远程解密操作手册》。

（5）保证金缴纳事项，请参见网站办事指南栏目中的《保证金缴存指南》。

（6）在开标日期，投标单位携带相关资料到开标现场。

（二）招标代理

（1）招标代理业务操作请参见《代理人员（招标代理）操作手册》。

（2）招标文件制作请参见《招标文件编制指南》。

（三）建设单位

建设单位的直接发包业务请参见《直接发包业务操作指南》。

任务 2.3　建设工程发承包

知识点学习

2.3.1　建设工程发承包概述

1. 建设工程发承包的概念

建设工程发承包

建设工程发承包是根据协议，作为交易一方的承包人（勘察、设计、监理、施工企业）负责为交易的另一方的发包人（建设单位）完成某一项工程的全部或其中的一部分工作，并按一定的价格取得相应的报酬。

2. 我国建设工程发承包的模式

建设工程发承包模式

建设工程发承包模式是指发包人与承包人的经济关系形式。根据《建筑法》的规定，我国建设工程的发包模式有直接发包和招标发包。

（1）直接发包：发包人与承包人直接进行协商，约定工程建设的价格、工期和其他条件的交易方式。

（2）招标发包：由三家以上建筑施工企业进行承包竞争，发包人择优选定建筑施工企业，并与其签订承包合同。

招标发包的承包模式有工程总承包、阶段承包和专项承包。

① 工程总承包：即建设全过程发承包，又称统包，是指发包人将工程勘察、设计、施工、材料和设备供应等一系列工作全部发包给一家承包人总承包（总包人），其他各承包人只与总包人发生直接关系，不与发包人发生直接关系。

② 阶段承包：发包人、承包人就建设过程中某一阶段或某些阶段的工作，如勘察、设计、施工、材料和设备供应等，进行发包、承包。阶段承包模式有包工包料、包工部分包料和包工不包料。

a. 包工包料：承包人负责承包工程在施工中所需的全部劳务工和全部材料供应，并负责承包工程的施工进度、质量和安全。

b. 包工部分包料：承包人只负责承包工程在施工中所需的全部劳务工和一部材料供应，并负责承包工程的施工进度、质量和安全。

c. 包工不包料：又称包清工，实质上是劳务承包，即承包人仅负责提供劳务，而不承担任何材料供应的义务。

③ 专项承包：发包人、承包人就某建设阶段中的一个或几个专业性强的项目进行发包、承包。

2.3.2　建设工程总承包

建设工程总承包是指从事工程总承包的企业受发包人委托，按照合同约定对工程项目的勘察、设计、采购、施工、试运行（竣工验收）等实行全过程或若干阶段的承包。工程总承包企业对承包工程的质量、安全、工期、造价全面负责。

1. 建设工程总承包的模式（图2-3）

（1）设计-采购-施工（Engineering Procurement Comstruction，EPC）/交钥匙总承包：EPC是指工程总承包企业按照合同约定，承担工程项目的设计、采购、施工、试运行服务等工作，并对承包工程的质量、安全、工期、造价全面负责；交钥匙总承包是EPC业务和责任的延伸，最终是向发包人提交一个满足使用功能、具备使用条件的工程项目。

（2）设计-施工总承包（D-B）：工程总承包企业按照合同约定，承担工程项目设计和施工，并对承包工程的质量、安全、工期、造价全面负责。

（3）施工总承包（C-G）：工程总承包企业按照合同约定，承担建设工程的全部施工任务，并对工程施工承担全部责任。

（4）其他模式：根据工程项目的不同规模、类型和发包人要求，建设工程总承包还可采用设计-采购总承包（E-P）、采购-施工总承包（P-C）等模式。

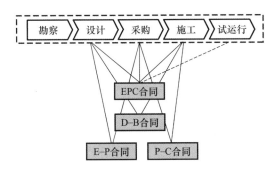

图2-3　建设工程总承包的模式

2. 建设工程总承包的特点

建设工程总承包是国内外建设活动中经常使用的发承包模式，有利于理清工程建设中发包人与承包人、勘察设计企业与发包人、总包人与分包人、执法机构与市场主体之间的各种复杂关系。在工程总承包条件下，发包人选定总承包企业后，勘察、设计、采购、工程分包等环节直接由总承包企业确定分包，发包人不必再实行平行发包，避免了发包主体主次不分的混乱状况，也避免了执法机构过去在一个工程中要对多个市场主体实施监管的复杂关系。建设工程总承包企业在组织形式上实现了从单一型向综合型、现代开放型的转变，并最终整合成资金、技术、管理密集型的大型企业集团。

2.3.3 工程发承包与工程招投标

中华人民共和国成立到 20 世纪 70 年代末，我国建筑业一直都采用以行政手段指定施工单位、层层分配任务的模式。这种计划分配任务的模式，在当时对促进我国国民经济全面发展起到重要作用，为我国的社会主义建设做出了重大贡献。但随着社会的发展和经济体制的改革，此种模式已不能满足经济飞速发展的需要。为此，我国的工程发承包模式逐步转向招标承包模式，实施建设工程招投标制，现阶段我国的工程发承包是通过招投标模式完成的。所以说，工程招投标是工程发承包的产物，工程招投标随着工程发承包的发展而逐步发展完善。

工程发承包与工程招投标的关系如下。

（1）工程发承包有多种模式，招标只是其中一种常用的模式。

（2）工程发承包与工程招投标均属于交易行为。工程招投标属于选择交易对象的一种方式，既有购买行为，也有出售行为，是一种有竞争性的交易行为。

（3）工程发承包合同订立受《民法典》约束，工程招投标过程须严格遵守《招标投标法》的规定，同时也受《民法典》约束。

近年来，我国建设工程总承包的主要模式及应用现状如下。

1. 采购-施工总承包（P－C）

如北京建工集团承建的北京东方广场，中建八局承建的大连文化广场、南宁国际会展中心，陕西建工集团承建的北京长安大饭店等项目就采用了这种模式。目前国内具有施工总承包一级以上资质的大型建筑业企业开展的工程总承包业务多数还局限于部分采购-施工总承包。

2. 设计-施工总承包（D－B）

如天津建工集团兴建的津江广场、北京城建集团承建的枣庄新城政务区等项目都采取了以施工单位作为总承包企业与发包人签订合同，对项目负全责，然后进行设计施工分包的模式。还有一种模式就是施工总承包企业根据发包人合同要求进行施工图深化设计。如上海金茂大厦就是这种情况，在美国 SOM 建筑设计事务所设计的基础上，总承包企业上海建工（集团）总公司通过与上海市建工设计研究总院有限公司合作，完成了大量的施工图深化设计。

3. EPC/交钥匙总承包

目前进行的 EPC 模式，虽然在我国建筑业企业中推广较少，但它作为工程总承包的发展方向已越来越被企业所重视，并在实际应用中得到长足的发展。如中国冶金科工集团有限公司承建的首钢冷轧项目、中建一局集团建设发展有限公司完成的北京 LG 大厦工程实行以扩大初步设计为基础的总价中标、中建八局承建的阿尔及利亚松树俱乐部项目等全部采用 EPC 模式，基本达到和实现了"总包负总责，竣工交钥匙"的总承包管理目标。

4. 工程专业总承包模式

如上海轨道交通莘闵线工程，中国铁路通信信号上海工程局集团有限公司对整个工程项目从技术方案、施工图设计、采购、施工及协调运行实行了全过程的管理和控制，取得了良好的效果。南京地铁、京津轻轨等工程建设项目都采取了这种分专业进行总承包的管理模式，并且所分工程专业在不断向装饰装修、大型幕墙、机电安装及消防等专业工程延伸。

 技能点训练

1. 训练目的

掌握建设工程发承包的模式，熟悉直接发包与招标发包，熟悉建设工程总承包模式，能设计总承包发包策划方案。

2. 训练内容

上网搜索上海金茂大厦工程总承包的模式，梳理出该工程总包人与其各级分包人的关系，并画出管理层次关系图。

项目3 建设工程招标

思维导图

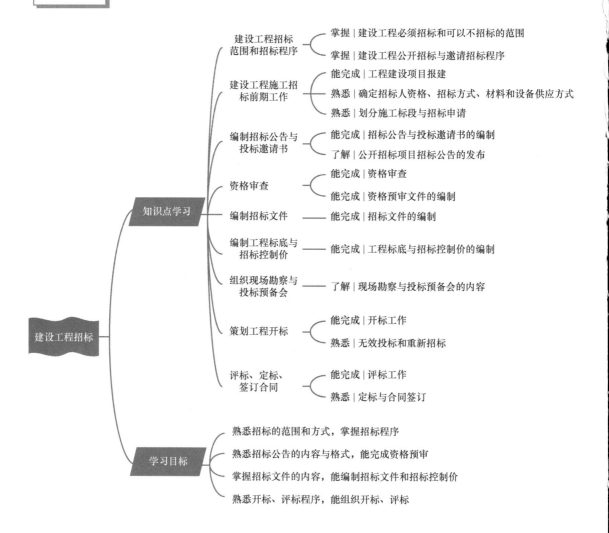

建设工程招标

知识点学习

- 建设工程招标范围和招标程序
  - 掌握 | 建设工程必须招标和可以不招标的范围
  - 掌握 | 建设工程公开招标与邀请招标程序
- 建设工程施工招标前期工作
  - 能完成 | 工程建设项目报建
  - 熟悉 | 确定招标人资格、招标方式、材料和设备供应方式
  - 熟悉 | 划分施工标段与招标申请
- 编制招标公告与投标邀请书
  - 能完成 | 招标公告与投标邀请书的编制
  - 了解 | 公开招标项目招标公告的发布
- 资格审查
  - 能完成 | 资格审查
  - 能完成 | 资格预审文件的编制
- 编制招标文件
  - 能完成 | 招标文件的编制
- 编制工程标底与招标控制价
  - 能完成 | 工程标底与招标控制价的编制
- 组织现场勘察与投标预备会
  - 了解 | 现场勘察与投标预备会的内容
- 策划工程开标
  - 能完成 | 开标工作
  - 熟悉 | 无效投标和重新招标
- 评标、定标、签订合同
  - 能完成 | 评标工作
  - 熟悉 | 定标与合同签订

学习目标

- 熟悉招标的范围和方式，掌握招标程序
- 熟悉招标公告的内容与格式，能完成资格预审
- 掌握招标文件的内容，能编制招标文件和招标控制价
- 熟悉开标、评标程序，能组织开标、评标

案例引入

某学院拟建两栋学生宿舍，六层框架结构，建筑面积约 9700m²，立项报告已由当地发改委批准，资金来源为自筹，建设地点为学院校园内，施工图设计已完成。学院拟进行该工程的招标，那么应采用何种方式招标，招标人都要完成哪些工作呢？通过本项目的学习，学生可熟悉招标人的各项工作内容，顺利完成该项目的招标工作。

任务 3.1　建设工程招标范围

知识点学习

3.1.1　招投标应遵循的原则

《招标投标法》第五条规定，招投标活动应当遵循公开、公平、公正和诚实信用的原则。

（1）公开原则。公开是指招投标活动应有较高的透明度，具体表现为建设工程招投标的信息公开、条件公开、程序公开、结果公开。

（2）公平原则。招投标属于民事法律行为，公平是指民事主体的平等。因此，应当杜绝一方把自己的意志强加于对方，严禁招标人压价或签订合同前无理压价，以及投标人恶意串标、提高标价、损害对方利益等违反平等原则的行为。

建设工程
招标

（3）公正原则。公正是指按招标文件中规定的统一标准，实事求是地进行评标和决标，不偏袒任何一方。

（4）诚实信用原则。诚实是指真实和合法，不可歪曲或隐瞒真实情况去欺骗对方。违反诚实原则的招投标活动是无效的，且应对因此造成的损失和损害承担责任。信用是指遵守承诺，履行合约，不见利忘义、弄虚作假甚至损害他人、国家和集体的利益。诚实信用原则是市场经济的基本前提。在社会主义条件下，一切民事权利的行使和民事义务的履行，均应遵循这一原则。

3.1.2　建设工程必须招标的范围

1. 《招标投标法》规定的必须招标的范围

《招标投标法》第三条规定，在中华人民共和国境内进行下列工程建设项目，包括项目的勘察、设计、施工、监理以及与工程建设有关的重要设备、材料等的采购，必须进行招标。

（1）大型基础设施、公用事业等关系社会公共利益、公众安全的项目。

（2）全部或者部分使用国有资金投资或者国家融资的项目。

（3）使用国际组织或者外国政府贷款、援助资金的项目。

前款所列项目的具体范围和规模标准，由国务院发展计划部门会同国务院有关部门制订，报国务院批准。法律或者国务院对必须进行招标的其他项目的范围有规定的，依照其规定。

2.《必须招标的工程项目规定》规定的必须招标的范围

《必须招标的工程项目规定》（2018 年修订版）对建设项目招标的范围和规模标准进一步做出具体规定。

（1）全部或者部分使用国有资金投资或者国家融资的项目招标，具体如下。

① 使用预算资金 200 万元人民币以上，并且该资金占投资额 10％以上的项目。

② 使用国有企业事业单位资金，并且该资金占控股或者主导地位的项目。

（2）使用国际组织或者外国政府贷款、援助资金的项目必须招标，具体如下。

① 使用世界银行、亚洲开发银行等国际组织贷款、援助资金的项目。

② 使用外国政府及其机构贷款、援助资金的项目。

（3）不属于以上项目的大型基础设施、公用事业等关系社会公共利益、公众安全的项目，必须招标的具体范围由国务院发展改革部门会同国务院有关部门按照确有必要、严格限定的原则制定，报国务院批准。

（4）以上规定范围内的项目，其勘察、设计、施工、监理及与工程建设有关的重要设备、材料等的采购达到下列标准之一的，必须招标。

① 施工单项合同估算价在 400 万元人民币以上。

② 重要设备、材料等货物的采购，单项合同估算价在 200 万元人民币以上。

③ 勘察、设计、监理等服务的采购，单项合同估算价在 100 万元人民币以上。

同一项目中可以合并进行的勘察、设计、施工、监理及与工程建设有关的重要设备、材料等的采购，合同估算价合计达到前款规定标准的，必须招标。

3.1.3　可以不招标的范围

《招标投标法》第六十六条、《招标投标法实施条例》第九条、《房屋建筑和市政基础设施工程施工招标投标管理办法》第九条规定，工程有下列情形之一的，经县级以上地方人民政府建设行政主管部门批准，可以不进行施工招标。

（1）涉及国家安全、国家秘密、抢险救灾或者属于利用扶贫资金实行以工代赈、需要使用农民工等特殊情况，不适宜进行招标的项目，按照国家有关规定可以不进行招标。

（2）需要采用不可替代的专利或者专有技术。

（3）采购人依法能够自行建设、生产或者提供。

（4）已通过招标方式选定的特许经营项目投资人依法能够自行建设、生产或者提供。

（5）需要向原中标人采购工程、货物或者服务，否则将影响施工或者功能配套要求。

（6）停建或者缓建后恢复建设的单位工程，且承包人未发生变更。

（7）施工企业自建自用的工程，且该施工企业资质等级符合工程要求。

（8）在建工程追加的附属小型工程或者主体加层工程，且承包人未发生变更。

（9）国家规定的其他特殊情形。

 **展开讨论**

1. 对招投标违法行为依法进行处罚的典型案例一

案例：在对某大学生命科学与技术国家级实验教学示范中心实验室及公共区域维修改造项目（以下简称本项目）的招投标情况备案时，发现第一中标候选人某建筑工程有限公司（以下简称A公司）的拟派项目负责人刘某在××省建设行业数据开放平台的投标状态为锁定状态，参与项目为××产业共建园（南区）工程。项目负责人在投标时在其他在建项目中任职，属于弄虚作假，骗取中标。

涉案项目监管部门及招标人均证实，××产业共建园（南区）工程于2019年4月26日办理了施工许可手续，施工单位为A公司，项目负责人为刘某。截至2019年8月29日，该项目建设进展顺利，已建至主体16层，截至2020年3月3日，项目负责人未变更过。

在证据确凿的情况下，A公司向本项目招标人某大学发出弃标函，放弃第一中标候选人资格。某大学同意其放弃中标，并确定第二中标候选人为中标人。

主要违法行为：A公司在本项目《投标申请人声明》中写明，"四、本公司保证本项目拟派的项目负责人和安全员没有在其他在建项目中任职""八、本公司违反上述保证，或本声明陈述与事实不符，经查实，本公司愿意接受公开通报，承担由此带来的法律后果，并愿意停止参加××市行政区域内的招投标活动三个月。其中，本声明陈述与事实不符的，属于弄虚作假，骗取中标，将依法接受监管部门的处罚"。A公司在参与本项目投标时，其拟派项目负责人刘某同时在已开工在建的××产业共建园（南区）工程中担任项目负责人。A公司在本项目《投标申请人声明》中做出的"本公司保证本项目拟派的项目负责人和安全员没有在其他在建项目中任职"承诺与事实不符，违反了《注册建造师管理规定》第二十一条第二款"注册建造师不得同时在两个及两个以上的建设工程项目上担任施工单位项目负责人"的规定。

处罚依据：根据《招标投标法》第三十三条和《招标投标法实施条例》第四十二条第二款第五项的规定，A公司的行为属于弄虚作假，骗取中标。依据《招标投标法》第五十四条第二款、《招标投标法实施条例》第六十八条第一款的规定，2020年9月，××市住房和城乡建设局决定对A公司处以23430元罚款的行政处罚，同时对A公司企业信用记录不良行为一次，即时停止其参加××市行政区域内的招投标活动三个月。

2. 对招投标违法行为依法进行处罚的典型案例二

案例：在对广州市民政局房屋管理所房屋维修工程项目（以下简称本项目）招投标情况备案时，发现在本项目中标候选人公示期间，某建设公司向招标人反映第一中标候选人B公司投标文件中的人员社保证明为伪造。经招标人核实，确定B公司的投标文件部分人员社保"缴费历史明细表"弄虚作假，并依据招标文件规定，确定第二中标候选人为中标人。

主要违法行为：本项目招标文件的"技术标详细审查评分表"对项目管理机构能力评

分规定，符合要求的项目负责人、技术负责人、质量负责人、安全负责人、造价负责人得10分，其他人员得20分，且要求"项目管理机构仅指投标人自身人员，不含子母公司人员，如投标申请人为集团公司，则不含集团下属分公司，专指集团本部人员，同样下属公司也不得使用集团公司的人员。所有人员应提供近六个月（2019年6月—11月）由社保行政主管部门出具的社保证明资料复印件"。从广州市社会保险基金管理中心查询，B公司在本项目投标文件中的拟派人员温某（任项目负责人），其2019年4月—12月时段的社保费核定方式为补收；龙某（任安全负责人）、郑某某、吴某某三人在广州市均没有社保缴纳记录。经社保管理部门比对核实，方某（任技术负责人）2019年的社保缴纳单位为广州某置业公司，并非B公司，且B公司在本项目投标文件中拟派人员温某、龙某、方某、郑某某、吴某某、刘某某、黄某某、李某某的"缴费历史明细表"均属伪造。同时，龙某的广东省建筑施工企业安全生产专职人员安全生产考核合格证书编号经广东建设信息网查询，证书持有者姓名为周某某，所在企业为深圳某有限公司，不是B公司龙某本人。经核实，龙某未参加广东省建筑施工企业安全生产专职人员安全生产考核，未取得广东省建筑施工企业安全生产专职人员安全生产考核合格证书。

处罚依据： 根据《招标投标法》第三十三条和《招标投标法实施条例》第四十二条第二款第三项的规定，B公司的行为属于弄虚作假，骗取中标。依据《招标投标法》第五十四条第二款和《招标投标法实施条例》第六十八条第一款的规定，2020年9月，广州市住房和城乡建设局决定对B公司处以35603元罚款的行政处罚，同时对B公司企业信用记录不良行为一次，即时停止其参加广州市行政区域内的招投标活动三个月。

 总结分析

招投标制度是市场经济的产物，并随着市场经济的发展而逐步推广，必然要遵循市场经济活动的基本原则。建筑市场主体在进行招投标活动时应秉持公开、公平、公正和诚实信用的原则参与市场竞争，共同维护建筑市场秩序。

公开原则，即"信息透明"，要求招投标活动必须具有高度的透明度，招标程序、投标人的资格条件、评标标准、评标方法、中标结果等信息都要公开，使每个投标人能够及时获得有关信息，从而平等地参与投标竞争，依法维护自身的合法权益。同时，将招投标活动置于公开透明的环境中，也为当事人和社会各界的监督提供了重要条件。从这个意义上讲，公开是公平、公正的基础和前提。

公平原则，即"机会均等"，要求招标人一视同仁地给予所有投标人平等的机会，使投标人享有同等的权利并履行相应的义务，不歧视或者排斥任何一个投标人。按照这个原则，招标人不得在招标文件中要求或者标明特定的生产供应者及含有倾向或者排斥潜在投标人的内容，不得以不合理的条件限制或者排斥潜在投标人，不得对潜在投标人实行歧视待遇。否则，将承担相应的法律责任。

公正原则，即"程序规范，标准统一"，要求所有招投标活动必须按照规定的时间和程序进行，以尽可能保障招投标双方的合法权益，做到程序公正；招标评标标准应当具有唯一性，对所有投标人实行同一标准，确保标准公正。按照这个原则，《招标投标法》及其配套规定对招标、投标、开标、评标、中标、签订合同等都规定了具体程序和法定时限，明确了废标和否决投标的情形，评标委员会必须按照招标文件事先确定并公布的评标标准和方法进行评审、打分并推荐中标候选人，招标文件中没有规定的标准和方法不得作为评标和中标的依据。

诚实信用原则，即"诚信原则"，是民事活动的基本原则之一，这是市场经济中诚实信用的商业道德准则法制化的产物，是以善意真诚、守信不欺、公平合理为内容的强制性法律原则。招投标活动本质上是市场主体的民事活动，必须遵循诚实信用原则，也就是要求招投标当事人应当以善意的主观心理和诚实、守信的态度来行使权利，履行义务，不能故意隐瞒真相或者弄虚作假，不能言而无信甚至背信弃义，在追求自己利益的同时尽量不损害他人利益和社会利益，维持双方的利益平衡，以及自身利益与社会利益的平衡，遵循平等互利原则，从而保证交易安全，促使交易实现。

任务3.2　建设工程招标程序

知识点学习

3.2.1　建设工程招标条件

《房屋建筑和市政基础设施工程施工招标投标管理办法》第七条规定，工程施工招标应当具备下列条件。

（1）按照国家有关规定需要履行项目审批手续的，已经履行审批手续。

（2）工程资金或者资金来源已经落实。

（3）有满足施工招标需要的设计文件及其他技术资料。

（4）法律、法规、规章规定的其他条件。

3.2.2　建设工程招标方式

目前世界各国和国际组织有关招标法律法规中的招标方式总体上有三种：公开招标、邀请招标、议标。我国《招标投标法》中明确规定了公开招标和邀请招标是我国法定的招标方式，对于依法强制招标的项目，议标方式已不再被法律认同，议标只是协商谈判的一种交易方式。招标方式决定招投标竞争的程度，招标也是防止不正当交易的一种手段。

1. 公开招标

公开招标又称为无限竞争性招标，是指招标人以招标公告的方式邀请不特定的法人或其他组织参加投标。公开招标是由招标人按照法定程序，在规定的媒体上发布招标公告，公开提供招标信息，使所有符合条件的潜在投标人都可以平等地参加投标竞争，招标人从中择优选定中标人的一种招标方式，其特点是招标信息公开，对参加投标的投标人在数量上没有限制，具有广泛性，因此可以大大提高招标活动的透明度。公开招标的优点是投标的承

建设工程招标方式

包商多、竞争范围大，业主有较大的选择余地，有利于降低工程造价，提高工程质量和缩短工期；缺点是由于投标的承包商多，导致招标工作量大，组织工作复杂，需投入较多的人力、物力，招标过程所需时间较长，因而此类招标方式主要适用于投资额度大、工艺或结构复杂的较大型工程建设项目。

国务院发展计划部门确定的国家重点建设项目和各省、自治区、直辖市人民政府确定的地方重点建设项目，以及全部使用国有资金投资或者国有资金投资占控股或者主导地位的工程建设项目应当公开招标。

2. 邀请招标

邀请招标也称有限竞争性招标，是指招标人以投标邀请书的方式邀请特定的法人或其他组织参加投标。《招标投标法》规定，招标人采用邀请招标方式的，应当向三个以上具备承担招标项目的能力、资信良好的特定的法人或其他组织发出投标邀请书。邀请招标的招标人一般要根据自己掌握的情况，预先确定一定数量的符合招标项目基本要求的潜在投标人并向其发出投标邀请书，被邀请的潜在投标人不少于三家，以五至七家为宜，被邀请的潜在投标人有权利选择是否参加投标。接受邀请的潜在投标人参加投标竞争，招标人从中择优确定中标人。邀请招标与公开招标一样，都必须按规定的招标程序进行，要制订统一的招标文件，投标人都必须按招标文件的规定进行投标。只有接受投标邀请书的法人或其他组织才可以参加投标竞争，其他法人或组织无权参加投标。

邀请招标的优点是能够邀请到有经验和资信可靠的投标人投标，参加竞争的投标人数目可由招标人控制，保证合同履行情况，目标集中，招标的组织工作容易进行，工作量比较小；缺点是由于参加投标的投标人相对较少，竞争范围较小，招标人对投标人的选择余地较少，如果招标人在选择被邀请的投标人前所掌握信息资料不足，则会失去发现最适合承担该项目的投标人的机会。

由于邀请招标限制了竞争范围，可能会失去在技术上和报价上有竞争力的投标人，因此，我国相关的法规规定，只有在规定的不适宜公开招标的特殊情况下，才可以采用邀请招标方式。

《工程建设项目施工招标投标办法》第十一条规定，依法必须进行公开招标的项目，有下列情形之一的，可以邀请招标。

（1）项目技术复杂或有特殊要求，或者受自然地域环境限制，只有少量潜在投标人可供选择。

（2）涉及国家安全、国家秘密或者抢险救灾，适宜招标但不宜公开招标。

（3）采用公开招标方式的费用占项目合同金额的比例过大。

国家重点建设项目的邀请招标，应当经国务院发展计划部门批准；地方重点建设项目的邀请招标，应当经所在省、自治区、直辖市人民政府批准。

3. 公开招标与邀请招标的区别

（1）招标信息发布的方式不同。公开招标是利用招标公告发布招标信息的，邀请招标是采用投标邀请书的形式，邀请三家以上有实力的投标人参加投标竞争的。

（2）选择投标人的范围不同，由于公开招标使所有符合条件的法人或其他组织都有机会参加投标竞争，竞争较广泛，招标人拥有绝对的选择余地，容易获得最佳招标效果。邀请招标中邀请的投标人数量有限，竞争范围受限，招标人拥有的选择余地相对少，还有可能使某些技术上或报价上更有竞争力的投标人失去竞争机会。

（3）时间和费用不同。由于邀请招标不发布招标公告，招标文件只送达有限的被邀请的投标人，整个招投标的时间大大缩短，招标费用也相应减少。公开招标的程序较复杂，从发布招标公告、投标人做出响应、评标，到签订合同，要准备许多文件，且各环节还要有时间上的要求，因而耗时较长，费用也较高。

3.2.3　建设工程公开招标程序

招标人和投标人均需遵循招投标的法律法规进行招投标活动。全部活动过程是有步骤、有秩序进行的，无论是招标人还是投标人，都要进行大量的工作。在全部活动过程中，招标管理机构都要完成相应的审查或监督作用。

建设工程公开招标一般都经过三个阶段：第一阶段为招标准备阶段，从工程建设项目报建开始到编制招标控制价为止；第二阶段为招标投标阶段，从发布招标公告开始到接受投标文件为止；第三阶段为决标成交阶段，从开标开始到与中标人签订承包合同为止。具体程序如图 3-1 所示。

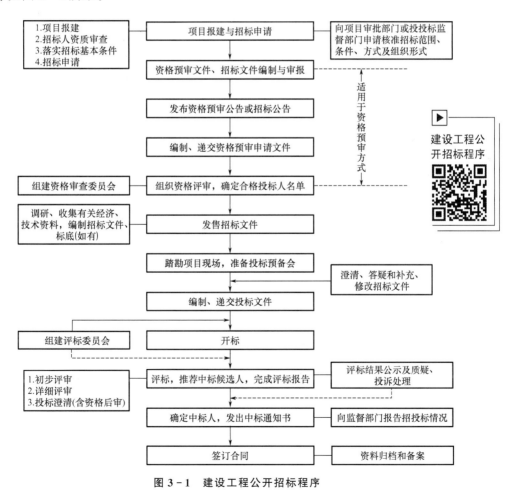

图 3-1　建设工程公开招标程序

3.2.4 建设工程邀请招标程序

邀请招标程序基本上与公开招标程序相同，其不同之处只是邀请招标没有编制资格预审文件、发布资格预审公告和进行资格预审的步骤，而增加了招标人向投标人发投标邀请书的步骤。

 技能点训练

1. 训练目的

使学生熟悉招标程序。

2. 训练内容

建设工程招标程序合理性判断，详见以下典型案例。

 典型案例

建设工程招标程序合理性判断

背景： 某建设单位经相关主管部门批准，组织某建设项目全过程总承包（即 EPC 模式）的公开招标工作。根据实际情况和建设单位要求，该工程工期定为两年，考虑到各种因素的影响，决定该工程在基本方案确定后即开始招标，确定的招标程序如下。

（1）成立该工程招标领导机构。

（2）委托招标代理机构代理招标。

（3）发出投标邀请书。

（4）对投标申请人进行资格预审，并将结果通知合格的投标申请人。

（5）向所有获得投标资格的投标申请人发售招标文件。

（6）召开投标预备会。

（7）招标文件的澄清与修改。

（8）建立评标组织，制定标底和评标、定标办法。

（9）召开开标会议，审查投标文件。

（10）组织评标。

（11）与合格的投标申请人进行质疑澄清。

（12）决定中标单位。

（13）决定中标通知书。

（14）建设单位与中标单位签订承包合同。

问题： 指出上述招标程序中的不妥和不完善之处。

分析： 第（3）条发出招标邀请书不妥，应为发布（或刊登）招标公告。

第（4）条将资格预审结果仅通知合格的投标申请人不妥，资格预审的结果应通知到所有投标申请人。

第（6）条不完善，在召开投标预备会前应先组织投标单位踏勘现场。

第（8）条制定标底和评标、定标办法不妥，该工作不应安排在此处进行。

第（13）条决定中标通知书不妥，应为发出中标通知书。

任务 3.3　建设工程施工招标前期工作

知识点学习

　　工程施工阶段是工程项目形成工程实体的阶段，是各种资源投入量最大、最集中，最终实现预定项目目标的重要阶段。建设工程施工招标是招标人（建设单位）对工程建设项目的实施者采用市场采购的方式来进行选择的方法和过程，也可以说是招标人对申请实施工程的承包人的审查、评比和选用的过程。因此，能否通过严格规范的招投标工作，选择一个高水平的承包人完成工程的建造和保修，是能否对工程的投资、进度和质量进行有效控制，获得合格的工程产品和达到预期投资效益的关键。工程建设项目在正式招标前，需要根据招标项目的特点、资金来源及其他诸多因素，对招标过程中一系列问题进行前期准备，在此基础上进行拟建工程项目的招标工作。

3.3.1　工程建设项目报建

　　工程建设项目报建是指工程建设项目由建设单位或其代理机构在工程项目可行性研究报告或其他立项文件被批准后，须向当地建设行政主管部门或其授权机构进行报建，交验工程项目立项的批准文件，包括银行出具的资信证明及批准的建设用地等其他有关文件的行为。

　　工程建设项目的立项批准文件或年度投资计划下达后，按照《工程建设项目报建管理办法》规定具备条件的，须向建设行政主管部门报建审查登记。

1. 工程建设项目报建范围

　　工程建设项目报建范围包括各类房屋建筑（包括新建、改建、翻建、大修等）、土木工程、设备安装、管道线路敷设、装饰装修工程等建设工程。

2. 工程建设项目报建内容

　　工程建设项目报建内容主要包括工程名称、建设地点、投资规模、资金来源、当年投资额、工程规模、发包方式、计划开竣工日期、工程筹建情况。

3. 办理工程建设项目报建时应交验的文件资料

　　（1）立项批准文件或年度投资计划。

　　（2）建设工程投资许可证。

　　（3）建设工程规划许可证、土地使用证。

　　（4）资金证明。

4. 工程建设项目报建程序

　　建设单位填写统一格式的工程建设项目报建表（表 3-1），有上级主管部门的，需经上级主管部门批准同意后，连同应交验的文件资料一并报建设行政主管部门。工程建设项目报建表一式三份，建设行政主管部门、招标管理机构、建设单位各一份。建设行政主管部门或其代理机构审核签署意见后，发还建设单位项目报建表，进入施工图文件审查程序。

表 3-1 工程建设项目报建表

报建_____年第_____号

建设单位		单位性质	
工程名称		工程监理单位	
工程地址		建设用地批准文件	
投资总额		当年投资	
资金来源构成	政府投资　　%；　　自筹　　%；　　贷款　　%；外资　　%		
批准资料	立项文件名称		
	文号		
	投资许可证文号		
工程规模			
计划开工日期	年　月　日	计划竣工日期	年　月　日
发包方式			
银行资信证明			
工程筹建情况：		建设行政主管部门批准意见： 批复单位（公章） 年　月　日	
报建单位：（盖章） 法定代表人：　　　经办人：　　　电话：　　　邮编： 填报日期：　　　年　月　日			

注：本表一式三份，批复后，审批单位、建设单位、工程所在地建设行政主管部门各一份。

工程建设项目报建备案后，具备了《工程建设项目施工招标投标办法》中规定招标条件的工程建设项目，可开始办理建设单位资质审查。

 特别提示

对工程建设项目报建各地要求不同。有的地区取消了工程建设项目报建制度，取而代之的是向当地建设行政主管部门提交工程建设项目发包初步方案，由当地建设行政主管部门审核批准才能进行招标准备。在报建实践中要依当地规定完成报建工作。

3.3.2 确定招标人资格和招标方式

1. 确定招标人资格

《房屋建筑和市政基础设施工程施工招标投标管理办法》规定，依法必须进行施工招标的工程，招标人自行办理施工招标事宜的，应当具有编制招标文件和组织评标的能力，具体包括以下条件。

（1）有专门的施工招标组织机构。

（2）有与工程规模、复杂程度相适应并具有同类工程施工招标经验、熟悉有关工程施工招标法律法规的工程技术、概预算及工程管理的专业人员。

不具备上述条件的，招标人应当委托工程招标代理机构代理施工招标。

招标人自行办理施工招标事宜的，应当在发布招标公告或者发出投标邀请书的5日前，向工程所在地县级以上地方人民政府建设行政主管部门备案，并报送下列材料。

（1）按照国家有关规定办理审批手续的各项批准文件。

（2）所具备条件的证明材料，包括专业技术人员的名单、职称证书或者执业资格证书及其工作经历的证明材料。

（3）法律法规、规章规定的其他材料。

招标人不具备自行办理施工招标事宜条件的，建设行政主管部门应当自收到备案材料之日起5日内责令招标人停止自行办理施工招标事宜。

2. 确定招标方式

对于公开招标和邀请招标两种方式，《房屋建筑和市政基础设施工程施工招标投标管理办法》规定，依法必须进行施工招标的工程，全部使用国有资金投资或者国有资金占控股或者主导地位的，应当公开招标，但经国家计委或者省、自治区、直辖市人民政府依法批准可以进行邀请招标的重点建设项目除外；其他工程可以实行邀请招标。

具体的实行邀请招标的项目，各省、自治区、直辖市均制定了范围规定，可依据地方规定执行。

3.3.3 划分施工标段

招标项目需要划分施工标段的，招标人应当合理划分标段。一般情况下，一个项目应当作为一个整体进行招标。标段的划分是招标活动中较为复杂的一项工作，应当综合考虑以下因素。

（1）标段划分的大小。标段大小的划分要有利于竞争。对于大型的项目，将其作为一个整体进行招标将大大降低招标的竞争性，因为符合招标条件的潜在投标人数量太少。这种情况下，就应当将招标项目划分成若干个标段分别进行招标。但也不能将标段划分得太小，太小的标段将失去对实力雄厚的潜在投标人的吸引力。建设项目的施工招标，一般可以将一个项目分解为单位工程及特殊专业工程分别招标，但不允许将单位工程肢解为分部、分项工程进行招标。

（2）招标项目的专业要求。如果项目的几部分内容专业要求接近，则可以考虑将该项目作为一个整体进行招标；如果项目的几部分内容专业要求相距甚远，则应当考虑划分为不同的标段分别招标。如对于一个项目中的土建和设备安装两部分内容就可分别招标。

（3）招标项目的管理要求。充分考虑施工过程中不同承包人同时施工时可能产生的交叉干扰，对工程项目的管理有利。如果标段分得太多，会使现场协调工作难度加大，应当避免产生平面或者立面交接、工作责任不清的情况。如果建设项目各项工作的衔接、交叉和配合少，责任清楚，则可考虑分别发包；反之，则应考虑将项目作为一个整体发包给一个承包人，此时由一个承包人进行协调管理更容易做好衔接工作。

（4）资金的准备情况。一个项目作为一个整体招标，有利于承包人的统一管理，人工、机械设备、临时设施等可以统一使用，又可以降低费用。如果资金准备充分，可整体招标；如果资金分段到位，可根据资金的情况划分各个标段。应当具体情况具体分析。

3.3.4 材料和设备供应方式的选定

材料和设备的采购供应是工程建设中一个重要组成部分，材料费占工程造价的50%~60%，材料和设备的供应方式及质量、价格，对项目建设的进度、质量和经济效益都有着直接、重大的影响。材料和设备的供应方式可选择以下几种。

（1）承包人采购，即施工过程中所用的材料均由承包人采购。这种供应方式的责任风险均由承包人承担，采购和结算操作管理简单，比较适用于工期较短、规模较小或材料、设备技术规格简单的工程建设项目。工期较长的大型工程建设项目，宜在合同条款中设置相应材料设备的价格调整条款，以减少价格波动给承包人带来的过多风险。

（2）发包人自行采购供货，即甲供材。发包人为了控制工程建设项目中某些大宗的、重要的、新型特殊材料、设备的质量和价格，通常采取自行采购供货的方式，与供货商签订供货合同。如工程设计时就需要事先确定大型机电安装设备的技术性能、型号规格，可由发包人事先选定。在招标时，由发包人事先对这些材料、设备暂定一个价格，投标人在投标报价时必须按此暂定价报价，在工程结算时招标人扣除此部分材料、设备价格。这种供应方式加大了发包人的采购控制权，也加大了发包人的责任和风险，材料、设备价格的市场波动、规格匹配、质量控制、按计划供应及与承包人的衔接等责任风险也随之由发包人承担，从而减轻了承包人相应的责任和风险。

（3）承包人与发包人联合采购供货。一种情况是，因招标人前期准备不充分，对设计图纸中的材料、设备的品牌、规格、型号等未做出具体规定或图纸需要二次补充设计，可由招标人在招标前对这些材料、设备暂定一个价格，投标人在投标报价时必须按此暂定价报价。施工前，承包人在发包人确定了上述做法或材料的性能指标后组织采购。另一种情况是，由承包人选择，招标人决策，承包人与供货商签订并履行货物采购合同。

3.3.5 招标申请

招标人填写建设工程施工招标申请表（表3-2），由上级主管部门批准同意后，连同工程建设项目报建表报招标管理机构审批。

建设工程施工招标申请表包括以下内容：工程名称、建设地点、招标建设规模、结构类型、招标范围、招标方式、要求投标单位资质等级、招标前期准备情况、招标工作组人员名单等。

采用邀请招标的，招标人应对拟邀请参加投标的施工单位资格进行认真的审查，在招标申请表中填报选定的拟邀请投标的施工单位名称。拟邀请投标的施工单位不应少于三家。

招标人的招标申请得到招标管理机构批准同意后，可编制招标文件。

表 3 - 2 建设工程施工招标申请表

工程名称			建设地点				
结构类型			招标建设规模				
报建批准文号			概（预）算/万元				
计划开工日期	年 月 日		计划竣工日期	年 月 日			
招标方式			发包方式				
要求投标单位资质等级			设计单位				
招标范围							
招标前期准备情况	施工现场条件	水		电	路	场地平整	
	建设单位供应的材料或设备		有附材料、设备清单				
招标工作组人员名单	姓名	工作单位	职务	职称	从事专业年限	负责招标内容	
招标单位					（公章）负责人：（签字、盖章） 年 月 日			
建设单位意见					（公章）负责人：（签字、盖章） 年 月 日			
建设单位上级主管部门意见					（盖章） 年 月 日			
招标管理机构意见					（盖章） 年 月 日			
备注							

注：本表招标管理机构、标底审定部门、建设单位、招标单位各留存一份。

技能点训练

1. 训练目的

能完成招标前期的各项工作，会填写工程建设项目报建表与建设工程施工招标申请表。

2. 训练内容

工程背景见本项目案例引入。

（1）将学生分成一个招标小组和若干个投标小组。

（2）招标小组模拟招标人，针对该项目完成招标工作，填写工程建设项目报建表与建设工程施工招标申请表。

 典型案例

某广场装修工程的建设工程施工招标申请表（表3-3）

表3-3　建设工程施工招标申请表

工程名称	××大街过街通道及下沉式广场装修工程				
建设地点	××区××大街两侧				
工程规模	较大规模	建筑面积	10520m²	工程类别	装修工程
招标方式	公开招标	联系人	××	联系电话	××××××××
项目资金落实情况		已落实	技术设计完成情况		已完成
招标范围		装饰装修工程			
报名条件	企业资质	专业承包建筑装修装饰工程二级（含）以上		项目经理资质	注册建造师证建筑工程二级（含）以上
	☑营业执照　☑资质证书　☑安全生产许可　☑信用手册				
工期要求	30日历天		质量要求		按照国家标准
投标保证金	10000.00元人民币				
投标报名日期	2020年11月2日				
开标日期	11月30日15：00				
工程量计算	提供工程量清单				
计价方法	综合单价法				
评标方法	经评审的最低投标价法				
合同价调整	按相关规定执行				

建设单位（公章）	招投标办公室（盖章）
法定代表人：（签字、盖章） 　年　月　日	负责人：（签字、盖章） 　年　月　日

续表

注：本表一式二份，建设单位一份，招投标办公室一份。

任务 3.4　编制招标公告与投标邀请书

知识点学习

3.4.1　招标公告与投标邀请书的内容

实行公开招标的工程建设项目，招标人应通过国家指定的报刊、信息网络或者广播、电视等新闻媒介发布招标公告，也可以在中国工程建设和建筑业信息网上及有形建筑市场内发布。对于进行资格预审的项目，要刊登资格预审公告。公告发布的时间应达到规定要求，如某地区规定在相关建设工程交易网上发布的时间不少于 5 个工作日，一般要求在公告发布时间内领取招标文件或资格预审文件。

实行邀请招标的工程建设项目，招标人可通过建设工程交易中心发布信息，向有能力承担本合同工程的施工单位发出投标邀请书。收到投标邀请书的施工单位应于 7 日内以书面形式进行确认，说明是否愿意参加投标。

按照《招标投标法》的规定，招标公告与投标邀请书应当载明同样的事项，具体包括以下内容。

（1）招标人的名称和地址。

（2）招标项目的性质。

（3）招标项目的数量。

（4）招标项目的实施地点。

（5）招标项目的实施时间。

（6）获取招标文件的办法。

编制招标公告与投标邀请书

3.4.2 招标公告、资格预审公告、投标邀请书的格式

1. 招标公告的一般格式（图3-2）

招标公告（未进行资格预审）
_____（项目名称）_____标段施工招标公告

1. 招标条件

本招标项目_____（项目名称）已由_____（项目审批、核准或备案机关名称）以_____（批文名称及编号）批准建设，项目业主为_____，建设资金来自_____（资金来源），项目出资比例为_____，招标人为_____。项目已具备招标条件，现对该项目的施工进行公开招标。

2. 项目概况与招标范围

（说明本次招标项目的建设地点、规模、计划工期、招标范围、标段划分等）

3. 投标人资格要求

3.1 本次招标要求投标人须具备_____资质，_____业绩，并在人员、设备、资金等方面具有相应的施工能力。

3.2 本次招标____（接受或不接受）联合体投标。联合体投标的，应满足下列要求：_____。

3.3 各投标人均可就上述标段中的_____（具体数量）个标段投标。

3.4 本工程投标保证金金额_____。

4. 招标文件的获取

4.1 凡有意参加投标者，请于____年____月____日至____年____月____日（法定公休日、法定节假日除外），每日上午____时至____时，下午____时至____时（北京时间，下同），在_____（详细地址）持单位介绍信购买招标文件。

4.2 招标文件每套售价____元，售后不退。图纸押金____元，在退还图纸时退还（不计利息）。

4.3 邮购招标文件的，需另加手续费（含邮费）_____元。招标人在收到单位介绍信和邮购款（含手续费）后____日内寄送。

5. 投标文件的递交

5.1 投标文件递交的截止时间（投标截止时间，下同）为____年____月____日____时____分，地点为_____。

5.2 逾期送达的或者未送达指定地点的投标文件，招标人不予受理。

6. 发布公告的媒介

本次招标公告同时在_____（发布公告的媒介名称）上发布。

7. 联系方式

招　　标　　人：_____	招标代理机构：_____
地　　　　　址：_____	地　　　　　址：_____
邮　　　　　编：_____	邮　　　　　编：_____
联　　系　　人：_____	联　　系　　人：_____
电　　　　　话：_____	电　　　　　话：_____
传　　　　　真：_____	传　　　　　真：_____
电　子　邮　件：_____	电　子　邮　件：_____
网　　　　　址：_____	网　　　　　址：_____
开　户　银　行：_____	开　户　银　行：_____
账　　　　　号：_____	账　　　　　号：_____

_____年____月____日

图3-2　招标公告的一般格式

2. 资格预审公告的一般格式（图 3 - 3）

资格预审公告（代招标公告）

1. 招标条件

本招标项目_____（项目名称）已由_____（项目审批、核准或备案机关名称）以_____（批文名称及编号）批准建设，项目业主为_____，建设资金来自_____（资金来源），项目出资比例为_____，招标人为_____。项目已具备招标条件，现进行公开招标，特邀请有兴趣的潜在投标人（以下简称申请人）提出资格预审申请。

2. 项目概况与招标范围

（说明本次招标项目的建设地点、规模、计划工期、招标范围、标段划分等）

3. 申请人资格要求

3.1 本次资格预审要求申请人具备_____资质，_____业绩，并在人员、设备、资金等方面具备相应的施工能力。

3.2 本次资格预审_____（接受或不接受）联合体资格预审申请。联合体申请资格预审的，应满足下列要求：_____。

3.3 各申请人可就上述标段中的_____（具体数量）个标段提出资格预审申请。

4. 资格预审方法

本次资格预审采用_____（合格制/有限数量制）。

5. 资格预审文件的获取

5.1 请申请人于____年____月____日至____年____月____日（法定公休日、法定节假日除外），每日上午____时至____时，下午____时至____时（北京时间，下同），在_____（详细地址）持单位介绍信购买资格预审文件。

5.2 资格预审文件每套售价_____元，售后不退。

5.3 邮购资格预审文件的，需另加手续费（含邮费）_____元。招标人在收到单位介绍信和邮购款（含手续费）后____日内寄送。

6. 资格预审申请文件的递交

6.1 递交资格预审申请文件截止时间（申请截止时间，下同）为____年____月____日____时____分，地点为_____。

6.2 逾期送达或者未送达指定地点的资格预审申请文件，招标人不予受理。

7. 发布公告的媒介

本次资格预审公告同时在_____（发布公告的媒介名称）上发布。

8. 联系方式

招　标　人：_____	招标代理机构：_____
地　　　址：_____	地　　　址：_____
邮　　　编：_____	邮　　　编：_____
联　系　人：_____	联　系　人：_____
电　　　话：_____	电　　　话：_____
传　　　真：_____	传　　　真：_____
电　子　邮　件：_____	电　子　邮　件：_____
网　　　址：_____	网　　　址：_____
开　户　银　行：_____	开　户　银　行：_____
账　　　号：_____	账　　　号：_____

_____年____月____日

图 3 - 3　资格预审公告的一般格式

3. 投标邀请书的一般格式（图 3-4）

投标邀请书

_____（邀请施工单位名称）：

1. _____（建设单位名称）的_____工程，建设地点在_____，结构类型为_____，建设规模为_____。招标申请已得到招标管理机构批准，现通过邀请招标选定承包单位。

2. 工程质量要求达到国家施工验收规范_____（优良、合格）标准。计划开工日期为_____年_____月_____日，竣工日期为_____年_____月_____日，工期_____天（日历日）。

3. _____受建设单位的委托作为招标单位，现邀请合格的投标单位，进行密封投标，通过评审择优选出中标单位，来完成本合同工程的施工、竣工和保修。

4. 投标单位的施工资质等级须是_____级以上的施工企业，施工单位如愿意参加投标，可携带营业执照、施工资质等级证书向招标单位领取招标文件。同时交纳押金_____元。

5. 该工程的发包方式为_____（包工包料或包工不包料），招标范围为_____。

6. 招标工作安排：（1）勘察现场时间_____；联系人_____；（2）投标截止日期_____；地点_____；（3）投标截止日期_____；（4）开标日期_____。

招标单位：（盖章）　　　　　　法定代表人：（签字、盖章）

地址：　　邮政编码：　　联系人：　　电话：

日期：_____年_____月_____日

图 3-4　投标邀请书的一般格式

3.4.3 公开招标项目招标公告的发布

为了规范招标公告发布行为，保证潜在投标人平等、便捷、准确地获取招标信息，《招标公告发布暂行办法》中对强制招标项目招标公告的发布做出了明确的规定。

1. 对招标公告发布的监督

国家发展和改革委员会根据国务院授权，按照相对集中、适度竞争、受众分布合理的原则，指定发布依法必须招标项目招标公告的报纸、信息网络等媒介（以下简称指定媒介），并对招标公告发布活动进行监督。

指定媒介的名单由国家发展和改革委员会另行公告。

2. 对招标人的要求

依法必须公开招标项目的招标公告必须在指定媒介发布。招标公告的发布应当充分公开，任何单位和个人不得非法限制招标公告的发布地点和发布范围。招标人或其委托的招标代理机构发布招标公告，应当向指定媒介提供营业执照（或法人证书）、项目批准文件的复印件等证明文件。

招标人或其委托的招标代理机构在两个以上媒介发布的同一招标项目的招标公告的内容应当相同。

3. 对指定媒介的要求

招标人或其委托的招标代理机构应至少在一家指定媒介发布招标公告。指定媒介发布依法必须公开招标项目的招标公告，不得收取费用，但发布国际招标公告的除外。

指定报纸在发布招标公告的同时，应将招标公告如实抄送指定网络。指定报纸和网络应当在收到招标公告文本之日起7日内发布招标公告。

指定媒介应与招标人或其委托的招标代理机构就招标公告的内容进行核实，经双方确认无误后在前款规定的时间内发布。指定媒介应当采取快捷的发行渠道，及时向订户或用户传递。

拟发布的招标公告文本有下列情形之一的，有关媒介可以要求招标人或其委托的招标代理机构及时予以改正、补充或调整。

（1）字迹潦草、模糊，无法辨认的。

（2）载明的事项不符合规定的。

（3）没有招标人或其委托的招标代理机构主要负责人签名并加盖公章的。

（4）在两家以上媒介发布的同一招标公告的文本不一致的。

指定媒介发布的招标公告的内容与招标人或其委托的招标代理机构提供的招标公告文本不一致，并造成不良影响的，应当及时纠正，重新发布。

 技能点训练

1. 训练目的

会编写招标公告和投标邀请书。

2. 训练内容

针对本项目案例引入中的工程建设项目，招标小组模拟招标人，完成招标公告或投标邀请书的编写与发布。

 **典型案例**

> **背景**：××学校拟在校内建学生公寓楼6栋，共分为两个标段。第一标段：1#、2#、4#楼，建筑面积约10680m²；第二标段：3#、5#、6#楼，建筑面积约10680m²。项目已由××市发改委批准资金自筹。项目已具备招标条件，现对该项目的施工进行公开招标。
>
>
>
> **××市工程建设项目招标公告**
> **<u>××学校 学生公寓楼</u> 施工招标公告**
>
>
>
>
>
> ××市招标公告____号
>
>
>
> **1. 招标条件**
>
> 本招标项目____<u>××学校 学生公寓楼</u>____已由____<u>××市发改委</u>____批准建设，项目业主为____<u>××学校</u>____，建设资金来自____<u>自筹</u>____。招标人为____<u>××学校</u>____。项目已具备招标条件，现对该项目的施工进行公开招标。

2. 项目概况与招标范围

2.1 工程名称：××学校学生公寓楼工程。

2.2 工程地点：××市经济开发区。

2.3 工程综述：6栋框架6层学生公寓，总建筑面积约21360m²。

2.4 招标范围：工程量清单所含施工图项目内容。

2.5 计划开工时间：20××年5月。

2.6 标段划分：本工程共分为两个标段。第一标段：1#、2#、4#楼，建筑面积约10680m²；第二标段：3#、5#、6#楼，建筑面积约10680m²；

3. 投标人资格要求

3.1 本次招标要求投标人须具备房屋建筑工程施工总承包一级及以上施工资质，选派注册建造师为建筑工程专业一级注册建造师一名，企业近三年内承担的工程获得过市级及以上优质工程奖，并在人员、设备、资金等方面具有相应的施工能力。

3.2 本次招标 不接受 联合体投标。

3.3 各投标人均可就上述标段中的每一投标人最多可报两个标段，但只能中一个标段，前一标段中标后将不再参与其他标段评标。

3.4 本工程投标保证金金额每个标段为贰拾万元，交至：××市招投标交易市场管理中心服务部。

开户行：×× 开户账号：××

4. 招标文件的获取

4.1 凡有意参加投标者，请于 20×× 年 3 月 19 日至 20×× 年 3 月 25 日（法定公休日、法定节假日除外），每日上午 9 时至 12 时，下午 15 时至 18 时（北京时间，下同），在××市建设工程交易中心交易大厅持单位介绍信购买招标文件。

4.2 招标文件每套售价 2000 元，售后不退。图纸押金 1000 元，在退还图纸时退还（不计利息）。

5. 投标文件的递交

5.1 投标文件递交的截止时间（投标截止时间，下同）为 20×× 年 4 月 26 日 9 时 00 分，地点为××市建设工程交易中心第一开标室。

5.2 逾期送达的或者未送达指定地点的投标文件，招标人不予受理。

6. 发布公告的媒介

本次招标公告同时在 ××市建设工程交易网 上发布。

7. 联系方式

招 标 人：		招标代理机构：	
地 址：		地 址：	
邮 编：		邮 编：	
联 系 人：		联 系 人：	
电 话：		电 话：	

传　　　真： _____	传　　　真： _____
电 子 邮 件： _____	电 子 邮 件： _____
网　　　址： _____	网　　　址： _____
开 户 银 行： _____	开 户 银 行： _____
账　　　号： _____	账　　　号： _____

20××年___3___月_____日

任务 3.5　资格审查

知识点学习

3.5.1　资格审查的目的与分类

1. 资格审查的目的

资格审查是为了在招投标过程中剔除不适合承包工程的潜在投标人。根据《招标投标法》的规定，招标人可以根据招标项目本身的要求，在招标公告或者投标邀请书中，要求潜在投标人提供有关资质证明文件和业绩情况，并对潜在投标人进行资格审查。招标人对潜在投标人资格审查的权利包括两个方面：一是要求潜在投标人提供书面证明的权利；二是对潜在投标人进行实际审查的权利。通过资格审查，可以预先淘汰不合格的投标人，减少招标人评标阶段的时间和费用，同时也可节约不合格的投标人购买招标文件、现场勘察和投标的费用。

2. 资格审查的分类

招标人对潜在投标人的资格审查可以分为资格预审与资格后审两种。资格审查时，招标人不得以不合理的条件限制、排斥潜在投标人，不得对潜在投标人实行歧视性待遇。任何单位和个人不得以行政手段或其他不合理的方式限制投标人的数量。

资格审查

（1）资格预审。

资格预审是指在投标前，具体来说是在购买招标文件之前，对潜在投标人进行的资格审查。通过发布资格预审公告或者投标邀请书，要求潜在投标人提交预审申请和有关证明资料，通过预审确定投标人是否具备资格参加投标，经资格预审合格的投标人可获取招标文件。实行资格预审，对施工企业来讲，可以对收集到的招标信息进行筛选，达不到条件的可以放弃投标，节省投标费用。对招标人来讲，可通过预审减少评审和投标文件的数量，了解潜在投标人的实力，筛选出更有竞争力的潜在投标人参与投标。

《标准施工招标资格预审文件（2007 年版）》及其配套文件《房屋建筑和市政工程标准施工招标资格预审文件（2010 年版）》提供了资格预审文件的标准版本。我国对于政府投资的项目和地方重点建设项目实行资格预审。

（2）资格后审。

资格后审是指在开标后对投标人进行的资格审查。在招标公告或投标邀请书发出后，由潜在投标人购买招标文件直接参加投标，潜在投标人在提交投标文件参加开标后，或者经过评标已成为中标候选人的情况下，再对其资格进行审查。招标人采用资格后审办法对投标人进行资格审查的，应当在开标后由评标委员会按照招标文件规定的标准和方法对投标人的资格进行审查。

3.5.2　资格预审

资格预审

《房屋建筑和市政工程标准施工招标资格预审文件(2010年版)》

资格预审程序主要有：资格预审文件的编制与送审、发布资格预审公告（或投标邀请书）、发售资格预审文件、潜在投标人提交资格预审申请、对资格预审申请文件进行审查、发出资格预审结果通知等。

1. 资格预审文件的编制、送审与发售

采用资格预审的招标人需参照《房屋建筑和市政工程标准施工招标资格预审文件（2010年版）》提供的标准版本编写资格预审文件和招标文件，而不进行资格预审的公开招标只需编写招标文件。资格预审文件须报招标管理机构审查，审查同意后可刊登资格预审公告，并按规定日期、时间发售资格预审文件。资格预审文件的发售期不得少于5日。

资格预审文件应包括：资格预审公告、申请人须知、资格审查办法、资格预审申请文件格式、项目建设概况，以及资格预审文件的澄清、修改。

2. 潜在投标人提交资格预审申请

资格预审申请文件应包括下列内容。

（1）资格预审申请函。

（2）法定代表人身份证明或附有法定代表人身份证明的授权委托书。

（3）联合体协议书（组成联合体的）。

（4）申请人基本情况表。

（5）近年财务状况表。

（6）近年完成的类似项目情况表。

（7）正在施工和新承接的项目情况表。

（8）近年发生的诉讼及仲裁情况。

（9）招标人要求的其他材料。

3. 对资格预审申请文件进行审查

对以下因素按标准审查，有一项因素不符合审查标准的，不能通过资格预审。

（1）申请人营业执照、资质证书、安全生产许可证是否符合要求。

（2）申请函签字盖章是否有法定代表人或其委托代理人签字或加盖单位章。

（3）申请文件格式是否符合资格预审申请文件格式的要求。

（4）如有联合体投标，联合体申请人要提交联合体协议书，并明确联合体牵头人。

（5）财务状况、类似项目业绩、信誉、项目经理资格、其他要求。

资格预审可采用合格制或有限数量制的方式进行。

（1）合格制资格预审是指凡符合规定审查标准的申请人均通过资格预审。

（2）有限数量制资格预审是指审查委员会依据审查标准和程序，对通过初步审查和详细审查的资格预审申请文件进行量化打分，按得分由高到低的顺序确定通过资格预审的申请人。通过资格预审的申请人不得超过资格审查办法前附表规定的数量。有限数量制资格预审办法参见表3-4。

表 3-4　有限数量制资格预审办法

序号		审查因素	审查标准
1	初步审查	申请人名称	与营业执照、资质证书、安全生产许可证一致
		申请函签字盖章	有法定代表人或其委托代理人签字或加盖单位章
		申请文件格式	符合资格预审申请文件格式的要求
		联合体申请人	提交联合体协议书，并明确联合体牵头人（如有）
2	详细审查	营业执照	具备有效的营业执照
		安全生产许可证	具备有效的安全生产许可证
		资质等级	_____工程施工_____承包_____级及以上
		财务状况	开户银行资信证明和符合要求的财务表，_____级资信评估证书，近_____年财务状况的年份要求
		类似项目业绩	近年完成的类似项目的年份要求
		信誉	无因投标申请人违约或不恰当履约引起的合同中止、纠纷、争议、仲裁和诉讼记录
		项目经理资格	项目经理（建造师，下同）资格：_____专业_____级 其他要求：_____
		其他要求	项目经理不得有在建工程，拟派往本招标工程项目的项目经理一经确定不得更改，中标后即按规定到现场进行管理，否则视为违约，取消其中标资格，并没收履约保证金
		联合体申请人	□接受，应满足下列要求：具备承担招标工程项目能力
3	评分	投标申请人资格预审评分的内容及标准	另编制详细的评分内容及标准
		项目经理资格预审评分的内容及标准	另编制详细的评分内容及标准
		违规、违纪等行为的扣分	另编制详细的评分内容及标准
		附加分	另编制详细的评分内容及标准

4. 发出资格预审结果通知

审查委员会按照规定的程序对资格预审申请文件完成审查后，确定通过资格预审的申请人名单，并向招标人提交书面审查报告。通过资格预审的申请人少于3个的，应当重新招标。资格预审结束后，招标人应当及时向资格预审申请人发出资格预审结果通知书，在规定的时间内以书面形式将资格预审结果通知申请人，告知获取招标文件的时间、地点和方法，并同时向资格预审不合格的申请人告知资格预审结果。未通过资格预审的申请人不具有投标资格。

通过资格预审的申请人收到投标邀请书后，应在申请人须知前附表规定的时间内以书面形式明确表示是否参加投标。在申请人须知前附表规定时间内未表示是否参加投标或明确表示不参加投标的，不得再参加投标。

3.5.3 资格预审申请文件的澄清、修改

招标人可以对已发出的资格预审文件进行必要的澄清或者修改。澄清或者修改的内容可能影响资格预审申请文件编制的，招标人应当在提交资格预审申请文件截止时间至少 3 日前，以书面形式通知所有获取资格预审文件的潜在投标人；截止时间不足 3 日的，招标人应当顺延提交资格预审申请文件的截止时间。

在审查过程中，审查委员会可以书面形式，要求申请人对所提交的资格预审申请文件中不明确的内容进行必要的澄清或说明。申请人的澄清或说明应采用书面形式，并不得改变资格预审申请文件的实质性内容。申请人的澄清和说明内容属于资格预审申请文件的组成部分。招标人和审查委员会不接受申请人主动提出的澄清或说明。

潜在投标人或者其他利害关系人对资格预审文件有异议的，应当在提交资格预审申请文件截止时间 2 日前提出；招标人应当自收到异议之日起 3 日内做出答复；做出答复前，应当暂停招投标活动。

招标人编制的资格预审文件的内容违反法律、行政法规的强制性规定，违反公开、公平、公正和诚实信用原则，影响资格预审结果的，依法必须进行招标的项目的招标人应当在修改资格预审文件后重新招标。

技能点训练

资格预审文件示例

1. 训练目的

会编制资格预审文件，能完成资格预审申请。

2. 训练内容

针对本项目案例引入中的工程建设项目，招标小组模拟招标人，编制资格预审文件，设定资格预审程序，组织资格预审。招标小组通过资格预审选定资格预审合格者（有限数量制至少淘汰一家投标单位），并提交审查报告。投标小组模拟投标人，设定投标人相关信息，报名参加资格预审，提交资格预审申请。

任务 3.6　编制招标文件

知识点学习

3.6.1 招标文件的组成

招标文件由招标人或其委托的招标代理机构编制，招标人应根据工程项目的具体情

况，参照《标准施工招标文件（2007 年版）》编写招标文件，并报招标管理机构审查，同意后方可向投标人发放。招标文件主要用于说明拟招标项目的基本情况，指导投标人正确参加投标，告知投标人评标办法及订立合同的条件等。招标文件规定的各项实质性要求和条件，规定了招标人与投标人之间的权利与义务，对招投标双方都具有约束力，是投标人编制投标文件的依据，也是评标及招标人与中标人今后签订施工合同的基础。招标文件的内容应力求规范，符合法律法规要求。

《标准施工招标文件（2007 年版）》中规定，招标文件应包括以下内容。

《标准施工招标文件（2007年版）》

① 招标公告（或投标邀请书）。

② 投标人须知。

③ 评标办法。

④ 合同条款及格式。

⑤ 工程量清单。

招标文件的组成与编制

⑥ 图纸。

⑦ 技术标准和要求。

⑧ 投标文件格式。

⑨ 投标人须知前附表规定的其他材料。

3.6.2 招标文件编制注意事项

1. 熟悉招标项目，写好投标人须知

投标人须知是招标文件中很重要的内容，投标人须知中应载明：招标项目的基本情况、招标范围、资金来源及落实情况，对投标人的资格要求，招标文件的获取，现场勘察和投标预备会，投标担保、履约担保，投标文件的编制、提交、修改和撤回的要求，投标报价的要求，投标有效期，开标的时间和地点，评标的方法和标准等。

投标人须知是为了指导投标人正确投标。一般在投标人须知前有一张前附表，投标人须知的内容均列入前附表，使投标人对招标项目信息能够一目了然，便于查阅。

投标人须知前附表的格式见《标准施工招标文件（2007 年版）》。

2. 合理确定招投标的时间

招标文件中应明确投标准备时间，即从开始发放招标文件之日起，至投标截止时间的期限，最短不得少于 20 天。招标文件中还应载明投标有效期。投标有效期是指从提交投标文件截止日起计算，保证招标人有足够的完成评标、授予合同的时间。

3. 明确工程质量、工期和奖惩办法

质量标准必须达到国家施工验收规范合格标准，对于要求质量达到优良标准的，应计取补偿费用，补偿费用的计算方法应按国家或地方有关文件规定执行，并在招标文件中明确。招标文件中的建设工期应参照国家或地方颁发的工期定额来确定，如果要求的工期比工期定额缩短 20％以上（含 20％）的，应计算赶工措施费。赶工措施费如何计取应在招标文件中明确。由于投标人原因造成不能按合同工期竣工，计取赶工措施费的须扣除，同时还应赔偿由于误工给招标人带来的损失，损失费用的计算方法或规定应在招标文件中明确。如果招标人要求按合同工期提前竣工交付使用，应考虑计取提前工期奖，提前工期奖的计算办法应在招标文件中明确。

4. 明确合同类型、投标报价计算依据、工程量清单编制要求

建设工程合同按计价方式分为总价合同、单价合同、成本加酬金合同等。一般结构不复杂或工期在12个月以内的工程，可以采用总价合同，考虑一定的风险系数。结构较复杂或大型工程，工期在12个月以上的，可选择单价合同。工程量清单是投标人投标报价的基础。招标文件中的工程量清单由招标人按国家颁布的统一工程项目编码、统一项目名称、统一项目特征、统一计量单位、统一工程量计算规则编制，根据施工图纸计算工程量。招标文件中要明确投标报价的编制依据、编制要求，价格的调整方法及调整范围，要体现风险合理分担。

5. 保证与担保

投标保证金是为防止投标人不审慎考虑就进行投标活动而设定的一种担保形式，是投标人向招标人缴纳的一定数额的货币。投标人缴纳投标保证金后，投标人未中标的，在定标发出中标通知书后，招标人原额退还其投标保证金；投标人中标的，在依中标通知书签订合同时，招标人原额退还其投标保证金。招标人最迟应当在书面合同签订后5日内向中标人和未中标的投标人退还投标保证金及银行同期存款利息。

如果投标人未按规定的时间要求递交投标文件，或在投标有效期内撤回投标文件，或经开标、评标获得中标后逾期或者拒绝与招标人订立合同，就会丧失投标保证金。给招标人造成损失超过投标保证金数额的，应当对超过部分予以赔偿。招标人收取投标保证金后，如果不按规定的时间要求接受投标文件，或在投标有效期内拒绝投标文件，或中标人确定后不与中标人订立合同，则要双倍返还投标保证金并赔偿相关损失。

在招标文件中应明确投标保证金数额，形式可为现金、支票、银行汇票，也可为银行出具的银行保函。《招标投标法实施条例》第二十六条规定，招标人在招标文件中要求投标人提交投标保证金的，投标保证金不得超过招标项目估算价的2％。投标保证金有效期应当与投标有效期一致。依法必须进行招标的项目的境内投标人，以现金或者支票形式提交的投标保证金应当从其基本账户转出。中标人应按规定向招标人提交履约担保，招标文件要求中标人提交履约保证金的，中标人应当按照招标文件的要求提交。履约保证金不得超过中标合同金额的10％。中标人未能在规定时间内提交履约担保的，其提交的投标保证金不予退回。

投标人撤回已提交的投标文件，应当在投标截止时间前书面通知招标人。招标人已收取投标保证金的，应当自收到投标人书面撤回通知之日起5日内退还。投标截止后投标人撤销投标文件的，招标人可以不退还投标保证金。

6. 材料或设备采购供应

材料或设备采购、运输、保管的责任应在招标文件中明确，如招标人提供材料或设备，应列明材料或设备名称、品种或型号、数量，以及提供日期和交货地点等；还应在招标文件中明确招标人提供的材料或设备计价和结算退款的方法。

7. 合同重要条款的编写

招标人在编制招标文件时，应根据《民法典》及国家对建筑市场管理的有关规定，使用《建设工程施工合同（示范文本）》（GF—2017—0201）编写合同条款，在使用中结合工程建设项目的具体情况确定合同条款的内容。投标人在编制投标文件时，应认真考虑招标文件"合同条款及格式"中对工程具体要求的规定，并在投标文件中明确对"合同条款"内容的响应。招标人与中标人双方应按招标文件中提供的"合同条款及格式"签订合同。

3.6.3　招标文件的发售与修改

1. 招标文件的发售

（1）招标人应当按招标公告或者投标邀请书规定的时间、地点出售招标文件或资格预审文件。自招标文件或资格预审文件出售之日起至停止出售之日止，最短不得少于 5 个工作日。

（2）对招标文件或资格预审文件的收费应当合理，不得以营利为目的。对于所附的设计文件，招标人可以向投标人酌收押金；对于开标后投标人退还设计文件的，招标人应当向投标人退还押金。

（3）招标文件或资格预审文件售出后，不予退还。招标人在发布招标公告、发出投标邀请书后或者售出招标文件或资格预审文件后不得擅自终止招标。

（4）招标文件一般发售给通过资格预审、获得投标资格的投标人。

2. 招标文件的修改

（1）招标人对已发出的招标文件进行必要的澄清或修改的，应当在招标文件要求提交投标文件截止时间至少 15 日前，以书面形式通知所有招标文件收受人。

（2）招标人对招标文件所做的任何修改或补充，须报招标管理机构审查同意后，在投标截止时间之前，同时发给所有获得招标文件的投标人，投标人应以书面形式予以确认。

（3）修改或补充文件作为招标文件的组成部分，对投标人起约束作用。

（4）投标人收到招标文件后，若有疑问或不清楚的问题需要澄清或解释的，应在收到招标文件后 7 日内以书面形式向招标人提出，招标人应以书面形式或投标预备会形式予以解答。

3.6.4　招标文件的审查与备案

招标文件要经招标管理机构审查，审查主要看否符合法律法规的规定，是否体现公开、公平、公正、诚实信用的原则，是否兼顾招投标双方的利益。招标文件中不能出现相互矛盾、不合理要求及显失公平的条款。

招标文件经招标管理机构审查同意后，可刊登资格预审公告、招标公告。招标文件经评审专家组审核后，招标机构应当将招标文件的所有审核意见及招标文件最终修改部分的内容报送相应主管部门备案，主管部门在收到上述备案资料 3 日内函复招标机构。

潜在投标人对招标文件有异议的，应当在投标截止时间 10 日前提出。招标人应当自收到异议之日起 3 日内做出答复；做出答复前，应当暂停招投标活动。

招标人编制的招标文件的内容违反法律法规的强制性规定，违反公开、公平、公正和诚实信用原则，影响潜在投标人投标的，依法必须进行招标的项目的招标人应当在修改招标文件后重新招标。

技能点训练

招标文件
示例

1. 训练目的

会编制招标文件及工程量清单。

2. 训练内容

针对本项目案例引入中的工程建设项目，招标小组模拟招标人，编制招标文件和工程量清单。

任务 3.7 编制工程标底与招标控制价

知识点学习

3.7.1 工程标底

1. 标底的概念

标底是指招标人根据招标项目的具体情况，依据国家规定的计价依据和计价办法，编制的完成招标项目所需的全部费用，是招标人为了实现工程发包而提出的招标价格，是招标人对建设工程的期望价格，也是工程造价的表现形式之一。

编制工程标底与招标控制价

我国《招标投标法》没有明确规定招标项目必须设置标底，招标人可根据工程的实际情况决定是否需要编制标底。《招标投标法实施条例》第二十七条规定，招标人可以自行决定是否编制标底。一个招标项目只能有一个标底。标底必须保密。住房和城乡建设部令第 16 号《建筑工程施工发包与承包计价管理办法》中规定，国有资金投资的建筑工程招标的，应当设有最高投标限价；非国有资金投资的建筑工程招标的，可以设有最高投标限价或者招标标底。

一般情况下，即使采用无标底招标方式进行工程招标，招标人在招标时还是需要对招标项目的建造费用做出估计，使心中有一基本价格底数，同时可以对各个投标价格的合理性做出理性的判断。

2. 标底的作用

标底是招标人控制建设工程投资，确定工程合同价格的参考依据。标底也是衡量、评审投标人投标报价是否合理的尺度和依据。

因此，标底必须以严肃、认真的态度和科学、合理的方法进行编制，应当实事求是，综合考虑，体现招标人和投标人的利益，编制切实可行的标底，真正发挥标底的作用。一个工程只能编制一个标底。标底编制完成后直至开标，所有接触过标底的人员均负有保密责任，不得泄露。

3. 标底的编制依据

标底要求计算科学、合理、准确。应当参考国务院和省、自治区、直辖市人民政府建设行政主管部门制定的工程造价计价办法和计价依据及其他有关规定，根据市场价格信息，由招标人或委托有相应资质的招标代理机构和工程造价咨询单位及监理单位等中介机构编制标底。

标底的编制主要依据以下基本资料和文件。

（1）国家有关法律法规及国务院和省、自治区、直辖市人民政府建设行政主管部门制定的有关工程造价的文件和规定。

（2）工程招标文件中确定的计价依据和计价办法，招标文件的商务条款，包括合同条件中规定由工程承包方应承担义务而可能发生的费用，以及招标文件的澄清、答疑等补充文件和资料。在计算标底时，计算口径和取费内容必须与招标文件中有关取费等的要求一致。

（3）工程设计文件、图纸、技术说明及招标时的设计交底，按设计图纸确定的或招标人提供的工程量清单等相关基础资料。

（4）国家、行业、地方的工程建设标准，包括建设工程施工必须执行的建设技术标准、规范和规程。

（5）工程采用的施工组织设计、施工方案、施工技术措施等。

（6）工程施工现场地质、水文勘探资料，现场环境和条件及反映相应情况的有关资料。

（7）招标时的人工、材料、设备及施工机械台班等要素市场价格信息，以及国家或地方有关政策性调价文件的规定。

4. 标底的编制程序

招标文件中的商务条款一经确定，即可进入标底编制阶段。标底的编制程序如下。

（1）确定标底的编制单位。标底由招标人自行编制或委托经建设行政主管部门批准的具有编制标底资格和能力的中介机构代理编制。

（2）收集编制资料。资料包括全套施工图纸及现场地质、水文、地上情况的有关资料，招标文件，领取标底计算书、报审的有关表格。

（3）参加交底会及现场勘察。标底编审人员均应参加施工图交底、施工方案交底及现场勘察、招标预备会，便于标底编审工作的进行。

（4）编制标底。编制人员应严格按照国家的有关政策、规定，科学、公正地编制标底。

（5）审核标底。工程施工招标的标底必须报审，未经审查的标底一律无效。

5. 标底文件的组成

标底文件由以下部分组成。

（1）标底审定书。

（2）标底的综合编制说明、标底计算书、带有标价的工程量清单、现场因素、各种施工措施费的测算明细，以及采用固定价格工程的风险系数测算明细等。

（3）主要人工、材料、机械设备用量表。

（4）标底附件，如各项交底纪要，各种材料及设备的价格来源，现场的地质、水文、地上情况的有关资料，编制标底所依据的施工方案或施工组织设计等。

（5）标底编制的有关表格。

6. 标底的编制方法

目前我国建设工程施工招标标底的编制，主要采用定额计价法和工程量清单计价法。

《建筑工程施工发包与承包计价管理办法》规定，全部使用国有资金投资或者以国有资金投资为主的建筑工程，应当采用工程量清单计价法；非国有资金投资的建筑工程，鼓励采用工程量清单计价法。

（1）以定额计价法编制标底。

定额计价法的计算主要采用的是实物量法。

用实物量法编制标底，主要是计算出直接费，即用各分项工程的实物工程量，分别套取预算（企业）定额中的人工、材料、施工机具消耗指标，并按类相加，求出单位工程所需的各种人工、材料、施工机具台班的总消耗量，然后分别乘以当时、当地的人工、材料、施工机具台班市场单价，求出人工费、材料费、施工机具使用费，再汇总求和。对于其他各类费用的计算则根据当地工程造价有关计费规定确定。

（2）以工程量清单计价法编制标底。

采用工程量清单计价法编制的标底由分部分项工程费、措施项目费、其他项目费、规费和税金组成。工程量清单计价法的单价主要采用的是综合单价。

用综合单价编制标底，要按照国家统一的工程量清单计价规范，计算工程量和编制工程量清单，再估算分部分项工程综合单价。该综合单价是根据具体项目分别估算的，是标底编制方参照报价方的编制口径估算的。综合单价确定以后，填入工程量清单中，再与各部分分项工程量相乘得到合价，各合价相加得到分部分项工程费，再计算措施项目费、其他项目费、规费和税金，汇总之后即可得到标底。

7. 编制标底的注意事项

编制一个合理、可靠的标底，还必须在收集和分析各种资料的基础上考虑以下因素。

（1）标底必须适应目标工期的要求，对提前工期因素有所反映。应将目标工期对照工期定额，按提前天数给出必要的赶工费和奖励，并列入标底。

（2）标底必须适应招标人的质量要求，对高于国家施工及验收规范的质量因素有所反映。标底包括与造价相适应的主要施工方案及质量保证措施。工程质量标准应符合国家相关的施工及验收规范的要求。

（3）标底必须适应建筑材料采购渠道和市场价格的变化，考虑材料涨价因素，并将风险因素列入标底。标底与报价计算的口径要一致。

（4）标底必须合理考虑招标项目的自然地理条件和招标工程范围等因素，将地下工程及"三通一平"等招标工程范围内的费用正确地计入标底。由于自然条件导致的施工不利因素也应考虑计入标底。

（5）选择先进的施工方案计算标底，并应根据招标文件规定的工程发承包模式，确定相应的计价方式，考虑相应的风险费用。

8. 标底的审查

为了保证标底的准确和严谨，必须加强对标底的审查。

（1）标底的审查目的。

标底的审查目的是检查标底编制是否真实、准确，标底如有漏洞，应予以调整和修正。如总价超过概算，应按照有关规定进行处理，不得以压低标底作为压低投资的手段。

（2）标底的审查内容。

① 标底计价依据：包括承包范围、招标文件规定的计价方法及招标文件的其他有关条款。

② 标底组成内容：包括工程量清单及其单价组成、有关文件规定的取费、调价规定、税金、主要材料、设备需用数量等。

③ 标底相关费用：包括人工、材料、施工机具台班的市场价格，措施费（赶工措施费、施工技术措施费）、现场因素费用、不可预见费（特殊情况），所测算的在施工周期内人工、材料、设备、施工机具台班价格的波动风险系数等。

（3）标底的审查方法。

标底的审查方法类似于施工图预算的审查方法，主要有全面审查法、重点审查法、分解对比审查法、分组计算审查法、标准预算审查法、筛选法、应用手册审查法等。

标底的审定时间一般在投标截止日后，开标之前。结构不太复杂的中小型工程在 7 天以内，结构复杂的大型工程在 14 天以内。

（4）标底的审查单位。

标底的审查有两种做法，一是报招标管理机构直接审查，二是由招标管理机构和各地造价管理部门委托当地 2～3 家资质较高、社会信誉较好、人员素质与能力较强的中介机构审查。招标人要求审查的时间比编制标底的时间更短，一般为 1～3 天。

3.7.2 招标控制价

1. 招标控制价的概念

《建设工程工程量清单计价规范》（GB 50500—2013）指出，招标控制价是指招标人根据国家或省级、行业建设主管部门颁发的有关计价依据和办法，以及拟定的招标文件和招标工程量清单，结合工程具体情况编制的招标工程的最高投标限价。招标控制价应当依据规定和市场价格信息等编制。招标人设有招标控制价的，应当在招标时公布招标控制价的总价，以及各单位工程的分部分项工程费、措施项目费、其他项目费、规费和税金。

2. 招标控制价的适用原则

《建设工程工程量清单计价规范》中规定，国有资金投资的建设工程招标，招标人必须编制招标控制价；当招标控制价超过批准的概算时，招标人应将其增加部分报原概算审批部门审核；投标人的投标报价高于招标控制价的应予废标。该条规定包含三方面原则。

（1）客观合理地评审投标报价，避免哄抬标价，造成国有资产的流失，国有资金投资的工程建设项目应编制招标控制价，作为招标人能够接受的最高控制价格。

（2）我国对国有资金投资的工程建设项目的投资控制实行的是投资概算控制制度，因此，当招标控制价超过批准的概算时，招标人应当将其报原概算审批部门审核。

（3）国有资金投资的工程，其招标控制价相当于政府采购中的采购预算，根据《中华人民共和国政府采购法》中"投标人的报价均超过了采购预算，采购人不能支付"的精神，规定在国有资金投资工程的招投标活动中，投标人投标报价不能超过招标控制价，否则其投标将被拒绝。

3. 招标控制价的编制依据

招标控制价应由具有编制能力的招标人，或受其委托具有相应资质的工程造价咨询人编制。编制依据如下。

(1)《建设工程工程量清单计价规范》。

(2) 国家或省级、行业建设主管部门颁发的计价定额和计价办法。

(3) 建设工程设计文件及相关资料。

(4) 拟定的招标文件及招标工程量清单。

(5) 与建设项目相关的标准、规范、技术资料。

(6) 施工现场情况、工程特点及常规施工方案。

(7) 工程造价管理机构发布的工程造价信息，工程造价信息没有的参照市场价格。

(8) 其他相关资料。

4. 招标控制价的组成、编制与公示

(1) 招标控制价的组成。

招标控制价由五部分组成：分部分项工程量清单计价、措施项目清单计价、其他项目清单计价、规费、税金。

分部分项工程和措施项目中的单价项目，应根据拟定的招标文件和招标工程量清单项目中的特征描述及有关要求，按招标控制价的编制依据计算综合单价。综合单价中应包括招标文件中划分的应由投标人承担的风险范围及其费用，在招标文件中应予明确。

措施项目中的总价项目，应根据拟定的招标文件和工程所在地常用的施工技术与施工方案计取。措施项目中的安全文明施工费应按国家或省级、行业主管部门的规定标准计取，不得作为竞争费用。

其他项目中暂列金额应按招标工程量清单中列出的金额填写；暂估价中的材料、工程设备单价应按招标工程量清单中列出的单价计入综合单价；暂估价中的专业工程金额应按招标工程量清单中列出的金额填写；计日工应按招标工程量清单中列出的项目根据工程特点和有关计价依据确定综合单价计算；总承包服务费应根据招标工程量清单列出的内容和要求估算。

规费和税金必须按国家或省级、行业建设主管部门的规定计算，不得作为竞争性费用。

(2) 招标控制价的编制步骤。

招标控制价编制单位按工程量清单计算组价项目，并根据项目特点进行单价综合分析，然后按市场价格、取费标准、取费程序及其他条件计算综合单价，用综合单价和相应的量相乘计算项目合价，再合计出分部分项工程费，接着分别进行措施项目清单计价、其他项目清单计价、规费和税金的计算，最后汇总成招标控制价。

在实践中，根据我国的具体情况，各省、地区对招标控制价的编制方法与内容要求均做了详细的规定。

(3) 招标控制价的公示。

招标人设有最高投标限价的，应当在招标文件中明确最高投标限价或者最高投标限价的计算方法。招标人不得规定最低投标限价。招标人应在发布招标文件时公示招标控制价，同时应将招标控制价及有关资料报送工程所在地（或有该工程管辖权的行业管理部门）工程造价管理机构备查。实践中，根据我国的具体情况，各省、地区对招标控制价的公示时间也做了相应的规定。

5. 招标控制价的作用

（1）有效控制投资，防止恶性哄抬报价带来的投资风险。

（2）提高招投标透明度，避免暗箱操作、寻租等违法活动的产生。

（3）各投标人自主报价、公平竞争，符合市场规律，不受标底左右。

（4）既设置了控制上限，又尽量地减少了招标人对评标基准价的影响。

6. 招标控制价与标底的关系

自1983年原国家建设部试行施工招投标制度至2003年7月1日推行工程量清单计价制度期间，各省市对中标价基本上采取在标底的一定百分比范围内（如±3％或5％）等限制性措施评标定价。2000年实施的《招标投标法》中规定，招标工程如设有标底的，标底必须保密。但自2003年7月1日起施行工程量清单计价制度后，招标时评标定价的管理方式就已发生了根本性的变化。有的省市基本取消了中标价不得低于标底的做法，这又出现了新的问题，即根据什么来确定合理报价。实践中，一些工程在施工招标中也出现了所有投标人的投标价均高于招标人的标底的情况，即使是最低价，招标人也不能接受。这种招标人不接受最低价投标人的现象，又给招标的合法性提出新的问题。在工程招标中，投标竞争的焦点反映在报价的竞争上，投标人为争取更大的效益，会在报价上做文章，也会使用各种手段获取标底信息，最直接的方式是串标与围标。针对这一问题，为遏止投标人围标、串标、哄抬标价，许多省市相继出台了控制最高限价的规定，名称不一，有的命名为拦标价、最高报价值，有的命名为预算控制价、最高限价等，均要求在招标文件中同时公布，并规定投标人的报价如超过公布的最高限价，其投标将作为废标处理，以解决这一新的问题。由此可见，在工程量清单计价模式下，不再使用标底的概念，界定新的概念已基本形成共识。

招标控制价是在推行工程量清单计价过程中对传统标底概念的性质进行界定后所设置的专业术语，它使招标时评标定价的管理方式发生了很大的变化。2005年《关于加强房屋建筑和市政基础设施工程项目施工招标投标行政监督工作的若干意见》（建市〔2005〕208号）中规定，国有资金投资的工程项目推行工程量清单计价方式，提倡在工程项目的施工招标中设立对投标报价的最高限价，以防止和遏制串通投标和哄抬标价的行为，招标人设定最高限价的，应在投标截止日3天前公布。这一意见颁布后，各地区也对清单招标相继出台了相应的办法与规定，且在《建设工程工程量清单计价规范》出台后对此有了统一说法。为避免与《招标投标法》关于标底必须保密的规定相违背，《建设工程工程量清单计价规范》将其定义为"招标控制价"。招标控制价应采用工程量清单计价法编制。

招标控制价的编制原理和方法同标底。近年来，有些地区规定对依法必须招标的工程，招标人设定招标控制价的，应当由有资质的中介机构编制一个预算价（标底），以预算价为基础，调整一定幅度后确定招标控制价，且浮动幅度不应超过当期发布的合理浮动幅度指标。

技能点训练

1. 训练目的

会编招标控制价。

2. 训练内容

针对任务 3.6 技能点训练中编制招标文件的工程，招标小组模拟招标人，编制并公示招标控制价。

 典型案例

招标控制价的公示

某工程招标控制价公示文件如图 3-5 所示，相关表格见表 3-5、表 3-6。

××工程最高限价公示

项目编号：××××

本工程的最高限价为 3817.80 万元，标底为 4050.00 万元。

其中：

食堂土建工程最高限价为 329.00 万元。

教学楼土建工程最高限价为 1128.00 万元。

宿舍楼土建工程最高限价为 940.00 万元。

食堂安装工程最高限价为 379.00 万元。

教学楼安装工程最高限价为 473.60 万元。

宿舍楼安装工程最高限价为 568.20 万元。

公示期为 20××年×月××日至 20××年×月××日。

招标人（盖章）：   招标代理机构（盖章）：

20××年××月××日   20××年××月××日

图 3-5　招标控制价公示文件

表 3-5　招标控制价分析表

工程名称：

工程项目序号	单位工程名称	工程造价/元	其中暂估价（包括暂列金额、专业工程暂估价）/元
1	食堂土建工程	3500000	
2	教学楼土建工程	12000000	
3	宿舍楼土建工程	10000000	
4	食堂安装工程	4000000	500000

续表

工程项目序号	单位工程名称	工程造价/元	其中暂估价（包括暂列金额、专业工程暂估价）/元
5	教学楼安装工程	5000000	600000
6	宿舍楼安装工程	6000000	700000
标底	合计（标底）	40500000	1800000

其中	暂估价其他项目（材料暂估价以外）明细	金额/元	说明
1	暂列金额	200000	预留金
2	专业工程暂估价	50000	
最高限价	38178000	限价让利比率	6％
计算公式	（标底－暂估价合计）×（1－限价让利比率）＋暂估价合计＝最高限价		
计算结果	（40500000－1800000）×（1－6％）＋1800000＝38178000		

注：暂估价合计包括单位工程中的暂估价合计、暂列金额、专业工程暂估价等，详细情况见表 3-6。

招标人（盖章）：

招标代理机构（盖章）：

20××年×月×日

表 3-6 暂估价明细表

工程名称：

暂估价	序号	项目名称	价格/元		发包方式	备注
专业工程暂估价	1	幕墙	600000		公开招标	

	序号	项目名称	数量	暂定单价	总价/元	发包方式	备注
	1	防火门	50	480	24000	甲方指定发包	
	2	塑钢窗	1140	400	456000	公开招标	
材料暂估价	3	塑钢门	200	500	100000	公开招标	
	4	不锈钢护栏	500	200	100000	自行邀请招标	
	5	外墙涂料	20000	25	500000	自行邀请招标	
	6	卫生间隔断	200	100	20000	甲方指定发包	
合计			1800000				

注：单项工程或材料采购超过 50 万元，应当公开招标。10 万～50 万元应当自行邀请招标。低于 10 万元或特殊项目（经批准）可采用直接发包。

招标人（盖章）：　　　　　　　　　　　招标代理机构（盖章）：

问题：（1）招标控制价公示时间如何规定？

　　　　　（2）招标控制价公示所需资料有哪些？

　　　　　（3）对招标控制价异议应如何处理？

　　分析：（1）招标控制价公示时间。

　　① 招标控制价必须在开标前10天进行网上公示。

　　② 招标人或招标代理机构应当提前一天向招标办提交招标控制价公示文件及其附件。

　　③ 未及时提交或提交资料不符合要求导致未能在开标前3天进行网上公示的，招标项目应延迟开标，相应法律后果由招标人及招标代理机构承担。

　　（2）招标控制价公示所需资料。

　　① 招标控制价公示文件（需加盖招标人及招标代理机构公章）（图3-5）。

　　② 招标控制价分析表（需加盖招标人及招标代理机构公章）（表3-5）。

　　③ 暂估价明细表（需加盖招标人及招标代理机构公章）（表3-6）。

　　④ 标底封面（需招标代理机构及造价师签章）。

　　⑤ 标底编制说明（需招标代理机构及造价师签章）。

　　⑥ 标底价汇总表（需招标代理机构及造价师签章）。

　　⑦ 单位工程招标控制价汇总表（需招标代理机构及造价师签章）。

　　⑧ 关于招标控制价的说明（招标控制价过低或过高时提供，加盖招标人及招标代理公章）。

　　（3）招标控制价异议处理。

　　① 如有投标人对招标控制价提出异议，招标人及招标代理机构最晚应在开标前一天做出是否调整的决定。

　　② 如不调整，则按期开标。

　　③ 如需调整，则需先向招标办报送暂缓开标的书面材料，并需通知所有投标人，然后根据招标项目实际要求调整招标控制价。报送新的招标控制价公示时，除规定所需的资料外，还需报送关于招标控制价调整的书面说明，写明调整的原因、理由、内容等。

任务 3.8　组织现场勘察与投标预备会

知识点学习

3.8.1　现场勘察

　　招标人根据招标项目的具体情况，可以组织潜在投标人踏勘项目现场，招标人向投标人介绍项目现场场地和相关环境的情况。勘察现场的目的在于使投标人了解工程场地和周围环境情况，以获取投标人认为有必要的信息，投标人根据此结果做出关于投标策略和投标报价的决定。投标人做出的判断与决策均由投标人自行负责。需要注意的是，投标人可以组织现场勘察而非必须，招标人不得组织单个或者部分潜在投标人进行现场勘察。

现场勘察应主要关注以下情况。

（1）施工现场是否达到招标文件规定的条件。

（2）施工现场的地理位置和地形、地貌。

（3）施工现场的地质、土质、地下水位、水文等情况。

（4）施工现场的气候条件，如气温、湿度、风力、年雨雪量等。

（5）现场环境，如交通、饮水、污水排放、生活用电、通信等。

（6）工程在施工现场中的位置或布置。

（7）临时用地、临时设施搭建等。

现场勘察

投标人在勘察现场中如有疑问，应在投标预备会前以书面形式向招标人提出，但应给招标人留有解答时间。为便于投标人提出问题并得到解答，现场勘察一般安排在投标预备会的前1~2天。现场勘察费用由各单位自行承担。

3.8.2　投标预备会

1. 投标预备会的内容

投标预备会是要澄清招标文件中的疑问，解答投标人对招标文件和在现场勘察中所提出的问题。

（1）投标预备会安排在发出招标文件7日后28日内举行。

（2）在召开投标预备会时，参加投标预备会的投标人应签到登记，以证明出席投标预备会。

（3）投标预备会在招标管理机构监督下，由招标人组织并主持召开，在预备会上对招标文件和现场情况做介绍或解释，并解答投标人提出的疑问，包括书面提出的和在投标预备会上口头提出的问题，还应对施工图纸进行交底和解释。

（4）投标预备会结束后，由招标人整理会议答疑纪要，报招标管理机构核准同意后，尽快以书面形式将问题及解答同时发送给所有获得招标文件的潜在投标人。

（5）招标人以书面形式向投标人发放的任何资料，以及投标人提出的任何问题，均应以书面形式予以确认。

2. 投标预备会的程序

（1）宣布投标预备会开始。

（2）介绍参加会议单位和主要人员。

（3）介绍问题解答人。

（4）解答投标人提出的问题，包括招标文件中的疑问、勘察现场中的疑问，并对施工图纸进行交底。

（5）通知有关事项。

（6）宣布会议结束。

 技能点训练

1. 训练目的

能组织召开投标预备会，会编制会议答疑纪要。

2. 训练内容

针对任务 3.6 技能点训练中编制招标文件的工程，组织同学召开投标预备会，形成并下发会议答疑纪要。

 典型案例

现场勘察案例

背景： 某预制桩基工程，现场是水塘，约 0.7m 深，底部淤泥情况不清楚。甲方在招标时采用现状招标，由投标单位去现场勘察，在工程量清单中只列出一项"施工现场回填、平整费"，且列明本项所包含的工作内容有排水、回填、压实、平整等。本项不计工程量，由投标单位现场勘察后报单项总价。甲方最终选择了桩基施工承包方。

分析： 本项工程量较小，另外找土方施工单位承包显然不现实，且根据公司规定必须招标，估计不会有人投标。即使能分包出去，所需土方量也只能现场数车计量，根据公司制度，甲方必须派两个管理人员专门在晚上给土方施工单位数车计量，这就增加了管理的难度和工作量。另外，土方施工单位要填到什么标高最合适？如果不满足桩基施工单位的要求怎么办？打桩机进场后，如果桩基施工单位认为场地没有压实，或者认为回填土里含有块料使得打桩困难从而索赔怎么办？甲方把土方回填、压实等工作总包给桩基施工单位，就把以上问题全解决了，且由于采用的是低价中标的招标方式，该项目水塘并不大，易于投标单位估算，也没有增大水塘回填的成本。

答疑纪要编制案例

某学院学生宿舍楼工程招标文件答疑纪要见表 3-7。

表 3-7　招标文件答疑纪要

招标公告	某学院学生宿舍楼工程招标公告		
招标项目			
招标人	某学院	招标编号	
联系人	×××	联系电话	

答疑主要内容：

××学生宿舍1♯、2♯楼图纸答疑

1. 填充墙建施说明是 190 系列小型炉渣空心砖，而结施说明是 MU5 200mm 厚加气

混凝土砌块，应以哪个说明为准？

答：用 200mm 厚黏土空心砖。

2. 楼地面工程中，水磨石地面采用什么材质的分隔条？水磨石楼梯做什么材质的防滑条？

答：水磨石楼地面全部改用地砖楼地面，详见苏 J01-2005-12/2，规格为600mm×600mm。

3. 地砖楼地面中，地砖采用多大规格？

答：600mm×600mm。

4. 阳台、卫生间水泥砂浆顶棚是否同其他房间一样刷乳胶漆？

答：同其他房间一样刷乳胶漆。

5. 屋面工程中不上人坡屋面保温板下的防水层是涂膜还是做卷材防水？

答：卷材防水，保温不上人平屋面做法选用苏 J01-2005-21/7。

6. 细石混凝土上面是否做卷材？做什么卷材？

答：SBS 改性沥青防水卷材。

7. 卷材表面是否刷反光涂料？

答：不刷。

8. 卫生间 C1 高 1.8m，窗台高仅有 0.71m，是否变矮窗户提高窗台？

答：窗台高为 900mm，窗户高度变小。

9. 走廊两端 C2 高 1.8m，窗台高仅有 0.86m，是否变矮窗户提高窗台？

答：窗台高为 900mm，窗户高度变小。

10. G-13 图中，老虎窗平面大样尺寸与剖面尺寸不一致，哪个正确？

答：以剖面尺寸为准。

11. 顶层地面、墙面及顶棚是否也做抹灰？

答：不做。

12. 门、窗是否计入标底？

答：计入标底。

13. 阳台封闭窗是否计入标底？

答：计入标底。

招标人（盖章）

年　　月　　日

注：内容填不下可另附。

任务 3.9　策划工程开标

知识点学习

3.9.1　开标

开标

开标是招标人在投标截止后，按招标文件规定的时间、地点，在投标人法定代表人或授权代理人在场的情况下举行开标会议，当众开启投标人提交的投标文件，公开宣读投标人的名称、投标报价及投标文件中的主要内容的过程。

1. 开标的时间和地点

《招标投标法》规定，开标应当在招标文件确定的提交投标文件截止时间的同一时间公开进行。这样的规定是为了避免投标中的舞弊行为。在有些情况下可以暂缓或者推迟开标时间：①招标文件发售后对原招标文件做了变更或者补充；②开标前发现有影响招标公正性的不正当行为；③出现突发事件等。

策划工程开标

开标地点应当为招标文件中预先确定的地点。招标人应当在招标文件中对开标地点做出明确、具体的规定，以便投标人及有关方面按照招标文件规定的开标时间到达开标地点。

2. 出席开标会议的规定

开标会议由招标人或者招标代理机构主持，邀请所有投标人参加。投标人法定代表人或授权代理人未参加开标会议的视为自动弃权。开标会议在招标管理机构监督下进行，可以邀请公证部门对开标全过程进行公证。

3. 开标会议程序

（1）主持人宣布开标会议开始。

（2）主持人宣读招标人法定代表人资格证明书及授权委托书。

开标的整体流程

（3）主持人介绍参加开标会议的单位和人员名单。

（4）主持人宣布公证、唱标、记录人名单。

（5）主持人宣布评标原则、评标办法。

（6）由各投标人推选的代表确认其投标文件的密封完整性，并签字予以确认，也可由招标人委托的公证机构检查并公证，经确认无误后由工作人员当众拆封（但提交合格"撤回通知"和逾期送达的投标文件不予启封）。招标人依据招标文件的要求，核查投标人提交的证件和资料，并宣读核查结果。

（7）唱标人宣读投标人名称、投标报价、工期、质量、主要材料的用量、修改或撤回通知、投标保证金、优惠条件等（按各投标人报送投标文件时间的先后逆顺序进行）。记录人做好开标记录（表3-8），并请投标人法定代表人或授权代理人签字确认，存档备查。

表 3-8 开标记录

工程名称：　　　　　　　　　　　　　　　　　　　开标时间：　　年　月　日　时　分

投标人名称	投标文件密封情况	投标文件密封情况及招标文件核查结果签字	投标总价/万元	工期/日历天	质量目标	投标保证金	项目经理	无效投标文件及无效原因	投标人对开标程序及唱标结果签字确认
标　底									

（8）主持人宣读评标期间的有关事项，招标管理机构当众宣布审定后的工程标底（设有标底的）。

（9）主持人宣布休会，进入评标阶段。

（10）主持人宣布复会，公布评标结果，公证机构进行公证。

（11）会议结束。

3.9.2　无效投标文件

开标的一项重要工作是对投标文件有效性的审查。在开标时，投标文件出现下列情形之一的，应当视为无效投标文件，不得进入评标。

（1）投标文件未按照招标文件的要求予以密封的。

（2）投标文件中的投标函未加盖投标人的企业及企业法定代表人印章的，或者企业法定代表人委托代理人没有合法、有效的委托书（原件）及委托代理人印章的。

（3）投标文件的关键内容字迹模糊、无法辨认的。

（4）投标人未按照招标文件的要求提供投标保函或者投标保证金的。

（5）多方投标人组成联合体投标，投标文件未附联合体各方共同投标协议的。

3.9.3　重新招标

重新招标，是当一个招标项目发生法定情况，无法继续进行评标、推荐中标候选人时，在当次招标结束后开展项目采购的一种选择。对"法定情况"的规定如下。

（1）《招标投标法实施条例》规定，投标人少于三个的，不得开标；招标人应当依法重新招标。

（2）《评标委员会和评标方法暂行规定》规定，投标人少于三个或者所有投标被否决的，招标人应当依法重新招标。

（3）《工程建设项目勘察设计招标投标办法》规定，在下列情况下，招标人应当依照本办法重新招标：①资格预审合格的潜在投标人不足三个的；②在投标截止时间前提交投标文件的投标人少于三个的；③所有投标均被否决的；④评标委员会否决不合格投标后，因有效投标不足三个使得投标明显缺乏竞争，评标委员会决定否决全部投标的；⑤根据第四十六条规定，同意延长投标有效期的投标人少于三个的。

（4）《工程建设项目货物招标投标办法》中有五条规定了重新招标的情况。

第二十八条规定，依法必须进行招标的项目，同意延长投标有效期的投标人少于三个的，招标人在分析招标失败的原因并采取相应措施后，应当重新招标。

第三十四条规定，依法必须进行招标的项目，提交投标文件的投标人少于三个的，招标人在分析招标失败的原因并采取相应措施后，应当重新招标。重新招标后投标人仍少于三个，按国家有关规定需要履行审批、核准手续的依法必须进行招标的项目，报项目审批、核准部门审批、核准后可以不再进行招标。

第四十一条规定，依法必须招标的项目，评标委员会否决所有投标的，或者评标委员会否决一部分投标后其他有效投标不足三个使得投标明显缺乏竞争，决定否决全部投标的，招标人在分析招标失败的原因并采取相应措施后，应当重新招标。

第五十五条规定，招标人有下列限制或者排斥潜在投标行为之一的，由有关行政监督部门依照《招标投标法》第五十一条的规定处罚；其中，构成依法必须进行招标的项目的招标人规避招标的，依照《招标投标法》第四十九条的规定处罚：①依法应当公开招标的项目不按照规定在指定媒介发布资格预审公告或者招标公告；②在不同媒介发布的同一招标项目的资格预审公告或者招标公告内容不一致，影响潜在投标人申请资格预审或者投标。

第五十六条规定，招标人有下列情形之一的，由有关行政监督部门责令改正，可以处10万元以下的罚款：①依法应当公开招标而采用邀请招标；②招标文件、资格预审文件的发售、澄清、修改的时限，或者确定的提交资格预审申请文件、投标文件的时限不符合《招标投标法》和《招标投标法实施条例》规定；③接受未通过资格预审的单位或者个人参加投标；④接受应当拒收的投标文件。招标人有前款①、③、④所列行为之一的，对单位直接负责的主管人员和其他直接责任人员依法给予处分。

 技能点训练

1. 训练目的

能进行开标策划，完成开标工作；能对投标文件有效性进行判定。

2. 训练内容

针对任务 3.6 技能点训练中编制招标文件的工程，招标小组模拟招标人，完成招标方开标工作。

 **典型案例**

背景：任务3.4典型案例中的工程项目，现工程拟进入开标阶段，开标过程策划如下。

××学校学生公寓楼工程开标过程策划

4月26日9：20，开标会议在××市建设工程交易中心第二开标室举行，由××工程咨询有限公司工作人员×××主持，程序如下。

一、主持人宣布开标会议注意事项

主持人宣布开标会议纪律和废标条件。

二、主持人宣布出席本次开标会议人员

××市招投标办：×××

公证员：×××、×××

××学校：×××、×××

监督员：×××

三、主持人宣布参加开标会议的投标人和投标文件送达情况

四、××工程咨询有限公司工作人员对投标人到会的法定代表人或法定代表人委托代理人身份进行验证，对以下证件的原件进行验证，并宣布验证结果

（1）企业法人营业执照副本。

（2）项目经理资质证书（年检期间应由主管部门出具年检证明）。

（3）××省建筑企业信用管理手册（或××市建设局签发的单项工程承接核准手续）。

（4）各项获奖证书及文件。

五、××工程咨询有限公司工作人员宣布并现场查验各投标人投标保证金到账情况

六、投标人或其推选的代表检查投标文件密封情况，宣布检查结果

七、××工程咨询有限公司工作人员当众开启各投标人的投标函件，宣读符合要求的投标人名称、投标总价、工期、质量目标、项目经理及投标文件的其他主要内容，并查验技术标、商务标投标文件份数

八、投标人代表及××工程咨询有限公司工作人员在开标记录表上签名确认

九、开标会议结束，进入评标阶段

任务 3.10 评标、定标、签订合同

知识点学习

3.10.1 评标

评标是由评标委员会根据招标文件的规定和要求，对投标文件进行全面审查、评审与

比较的过程。评标是招投标过程中的核心环节，我国《招标投标法》对评标做出了原则性的规定。为了更为细致地规范整个评标过程，2001年7月5日，《评标委员会和评标方法暂行规定》发布，该规定于2013年23号令修订。

评标活动应遵循公平、公正、科学、择优的原则，招标人应当采取必要的措施，保证评标活动在严格保密的情况下进行。如果对评标过程不进行保密，则可能发生影响公正评标的不正当行为。

1. 评标委员会

（1）评标委员会的组建。

评标委员会由招标人负责组建，负责评标活动，向招标人推荐中标候选人或者根据招标人的授权直接确定中标人。

评标委员会成员名单一般应于开标前确定，而且该名单在中标结果确定前应当保密。评标委员会在评标过程中是独立的，任何单位和个人都不得非法干预、影响评标过程和结果。

（2）评标委员会成员要求。

评标委员会由招标人或其委托的招标代理机构熟悉相关业务的代表，以及有关技术、经济等方面的专家组成，成员人数为五人以上的单数，其中技术、经济等方面的专家不得少于成员总数的三分之二。评标委员会设负责人的，负责人由评标委员会成员推举产生或者由招标人确定。评标委员会负责人与评标委员会的其他成员有同等的表决权。

评标委员会的专家成员应当从省级以上人民政府有关部门提供的专家名册或者招标代理机构专家库内的相关专家名单中确定。确定评标专家，可以采取随机抽取或者直接确定的方式。一般项目，可以采取随机抽取的方式；技术特别复杂、专业性要求特别高或者国家有特殊要求的招标项目，采取随机抽取方式确定的专家难以胜任的，可以由招标人直接确定。

评标委员会中的专家成员应符合下列要求。

① 从事相关专业领域工作满8年并具有高级职称或者同等专业水平。

② 熟悉有关招投标的法律法规，并具有与招标项目相关的实践经验。

③ 能够认真、公正、诚实、廉洁地履行职责。

有下列情形之一的，不得担任评标委员会成员。

① 投标人或者投标人主要负责人的近亲属。

② 项目主管部门或者行政监督部门的人员。

③ 与投标人有经济利益关系，可能影响对投标公正评审的。

④ 曾因在招标、评标及其他与招投标有关活动中从事违法行为而受过行政处罚或刑事处罚的。

评标委员会成员有上述情形之一的，应当主动提出回避。

（3）评标委员会成员的基本行为要求。

① 评标委员会成员应当客观、公正地履行职责，恪守职业道德，对所提出的评审意见承担个人责任。

② 评标委员会成员不得与任何投标人或者与招标结果有利害关系的人进行私下接触，

不得收受投标人、中介人、其他利害关系人的财物或者其他好处。

③ 评标委员会成员和与评标活动有关的工作人员不得透露对投标文件的评审和比较、中标候选人的推荐情况及与评标有关的其他情况。

2. 评标工作内容

（1）评标的准备。

① 评标委员会成员应当编制供评标使用的相应表格，认真研究招标文件，至少应了解和熟悉以下内容：招标的目标；招标项目的范围和性质；招标文件中规定的主要技术要求、标准和商务条款；招标文件中规定的评标标准、评标方法和在评标过程中考虑的相关因素。

② 招标人或者其委托的招标代理机构应当向评标委员会提供评标所需的重要信息和数据。招标人设有标底的，标底应当保密，并在评标时作为参考。

③ 评标委员会应当了解招标文件规定的评标标准和方法，对投标文件进行系统的评审和比较。招标文件中没有规定的标准和方法不得作为评标的依据。

（2）涉及外汇报价的处理。

评标委员会应当按照投标报价的高低或者招标文件规定的其他方法对投标文件排序。以多种货币报价的，应当按照中国银行在开标日公布的汇率中间价换算成人民币。招标文件应当对汇率标准和汇率风险做出规定。未作规定的，汇率风险由投标人承担。

（3）清标。

由招标人、工程招标代理机构和评标委员会等具备相应条件的人员组成清标工作组。清标工作组的任务是在评标委员会评标之前，根据招标文件的规定，对所有投标文件进行全面审查，包括投标文件是否完整、总体编排是否有序、文件签署是否合格、投标人是否提交了投标保证金、有无计算上的错误等，并列出投标文件在符合性等方面存在的偏差。清标工作的重点如下。

① 对照招标文件，查看投标人的投标文件是否完全响应招标文件。

② 对工程量大的单价和单价过高于或过低于清标均价的项目要重点查。

③ 对措施费采用合价包干的项目的单价，要对照施工方案的可行性进行审查。

④ 对工程总价、各项目单价及要素价格的合理性进行分析、测算。

⑤ 对投标人所采用的报价技巧，要辩证地分析判断其合理性。

⑥ 在清标过程中要发现清单不严谨的表现所在，并妥善处理。

（4）同时投多个单项合同（多个标段）的处理。

对于划分有多个单项合同（多个标段）的招标项目，招标文件允许投标人为获得整个项目合同而提出优惠的，评标委员会可以对投标人提出的优惠进行审查，以决定是否将招标项目作为一个整体合同授予中标人。将招标项目作为一个整体合同授予的，整体合同中标人的投标应当最有利于招标人。

（5）评标的期限和延长投标有效期的处理。

评标和定标应当在投标有效期结束日后 30 个工作日前完成。不能在投标有效期结束日后 30 个工作日前完成评标和定标的，招标人应当通知所有投标人延长投标有效期。拒绝延长投标有效期的投标人有权收回投标保证金。同意延长投标有效期的投标人应当相应延长其投标担保的有效期，但不得修改投标文件的实质性内容。因延长投标有效期造成投标人损失的，招标人应当给予补偿，但因不可抗力需延长投标有效期的除外。

3. 评标程序

评标程序通常为"两段三审"。两段是指初步评审和详细评审。初步评审即对投标文件进行评审，筛选出若干具备投标资格的投标人。详细评审是指对初步评审筛选出的若干具备投标资格的投标人进行进一步澄清、答辩，择优选定中标候选人。三审是指对投标文件进行符合性评审、技术性评审和商务性评审，三审一般只发生在初步评审阶段。

（1）初步评审。

初步评审的内容包括对投标文件的符合性评审、技术性评审和商务性评审。

① 投标文件的符合性评审。投标文件的符合性评审包括商务符合性和技术符合性鉴定。投标文件应实质上响应招标文件的所有条款、条件，无显著的差异或保留。所谓显著的差异或保留包括以下情况：对工程的范围、质量及使用性能产生实质性影响；偏离了招标文件的要求，而对合同中规定的招标人的权利或者投标人的义务造成实质性的限制；纠正这种差异或者保留将会对提交了实质性响应要求的投标文件的其他投标人的竞争地位产生不公正影响。

② 投标文件的技术性评审。投标文件的技术性评审包括：方案可行性评估和关键工序评估，劳务、材料、机械设备、质量控制措施评估，以及对施工现场周围环境污染的保护措施评估。

③ 投标文件的商务性评审。投标文件的商务性评审包括：投标报价校核，审查全部报价数据计算的正确性，分析报价构成的合理性，并与标底进行对比分析，修正后的投标报价经投标人确认后对其起约束作用。

（2）详细评审。

经初步评审合格的投标文件，评标委员会应当根据招标文件确定的评标标准和方法，对其技术部分和商务部分进一步评审、比较。

设有标底的招标项目，评标委员会在评标时应当参考标底。实施招标控制价的项目，投标人的投标报价高于招标控制价的，其投标予以拒绝。评标只对有效投标进行评审。评标委员会完成评标后应当向招标人提出书面评标报告，并推荐合格的中标候选人。

评标委员会可以要求投标人对投标文件中含意不明确的内容进行必要的澄清或说明，但是澄清或说明不得超出投标文件的范围或者改变投标文件的实质性内容。澄清和说明的目的是有利于评标委员会对投标文件的审查、评审和比较。澄清和说明的内容包括投标文件中含义不明确、对同类问题表述不一致或者有明显文字和计算错误的内容的解释。

数字表示的金额与文字表示的金额不一致的，以文字表示的为准；投标文件中的大写金额和小写金额不一致的，以大写金额为准；总价金额与单价金额不一致的，以单价金额为准，但单价金额小数点有明显错误的除外；对不同语言文本投标文件的解释发生异议的，以中文文本为准。

（3）废标的处理。

应作废标处理的情况如下。

① 弄虚作假。在评标过程中，评标委员会发现投标人以他人的名义投标、串通投

标、以行贿手段谋取中标或者以其他弄虚作假方式投标的，该投标人的投标应作废标处理。

②报价低于其个别成本。在评标过程中，评标委员会发现投标人的报价明显低于其他投标报价或者在设有标底时明显低于标底，使其投标报价可能低于其个别成本的，应当要求该投标人做出书面说明并提供相关证明材料。投标人不能合理说明或者不能提供相关证明材料的，由评标委员会认定该投标人以低于成本报价竞标，其投标应作废标处理。

③投标人不具备资格条件或者投标文件不符合形式要求。投标人不具备资格条件或者投标文件不符合形式要求，其投标也应当按照废标处理。具体包括投标人资格条件不符合国家有关规定和招标文件要求的，或者拒不按照要求对投标文件进行澄清、说明或者补正的，评标委员会可以否决其投标。

④未能在实质上响应的投标。评标委员会应当审查每一投标文件是否对招标文件提出的所有实质性要求和条件做出响应。未能在实质上响应的投标，应作废标处理。

（4）投标偏差。

评标委员会应当根据招标文件，审查并逐项列出投标文件的全部投标偏差。投标偏差分为重大偏差和细微偏差。

①重大偏差是指投标文件在实质上没有全部或部分响应招标文件的要求，或全部或部分不符合招标文件中的指标或数据。凡投标文件有下列情况之一的，属于重大偏差，应按废标处理，不得进入下一阶段评审。

a. 投标文件中的投标函未加盖投标人的公章及企业法定代表人印章的，或者企业法定代表人委托代理人没有合法、有效的委托书（原件）及委托代理人印章的。

b. 未按招标文件要求提供投标保证金的。

c. 未按招标文件规定的格式填写，内容不全或关键字迹模糊、无法辨认的。

d. 投标人递交两份或多份内容不同的投标文件，或在一份投标文件中对同一招标项目报有两个或多个报价，且未声明哪一个有效，按招标文件规定提交备选投标方案的除外。

e. 投标人名称或组织结构与资格预审时不一致的。

f. 除在投标文件截止时间前经招标人书面同意外，项目经理与资格预审时不一致的。

g. 投标人资格条件不符合国家有关规定或招标文件要求的。

h. 投标文件载明的招标项目完成期限超过招标文件规定期限的。

i. 明显不符合技术规范、技术标准要求的。

j. 投标报价超过招标文件规定的招标控制价的。

k. 不同投标人的投标文件出现了评标委员会认为不应当雷同情况的。

l. 改变招标文件提供的工程量清单中的计量单位、工程数量的。

m. 改变招标文件规定的暂定价格或不可竞争费用的。

n. 未按招标文件要求提供投标报价的电子投标文件，或投标报价的电子投标文件无法导入计算机评标系统。

o. 投标文件载明的货物包装方式、检验标准和方法等不符合招标文件要求的。

p. 投标文件提出了不能满足招标文件要求或招标人不能接受的工程验收、计量、价款结算支付办法。

q. 以他人的名义投标、串通投标、以行贿手段谋取中标或者其他弄虚作假方式投标的。

r. 经评标委员会认定投标人的投标报价低于成本价的。

s. 组成联合体投标的，投标文件未附联合体各方共同投标协议的。

② 细微偏差是指投标文件在实质上响应了招标文件要求，但在个别地方存在漏项或者提供了不完整的技术信息和数据等情况，且补正这些漏项或者不完整项不会对其他投标人造成不公平的结果。细微偏差不影响投标文件的有效性。

评标委员会应当书面要求存在细微偏差的投标人在评标结束前予以补正。拒不补正的，在详细评审时可以对细微偏差做不利于该投标人的量化，量化标准应当在招标文件中明确规定。

4. 评标方法

评标方法包括经评审的最低投标价法、综合评估法，以及法律法规允许的其他评标方法。

（1）经评审的最低投标价法。

根据经评审的最低投标价法，能够满足招标文件的实质性要求，并且经评审为最低投标价的投标，其投标人应当被推荐为中标候选人。这种评标方法以合理的低标价作为中标的主要条件。合理的低标价必须是经过终审、答辩，被证明是实现低标价的措施有力可行的报价。但经评审的最低投标价法并不能保证最低的投标价中标，因为这种评标方法在比较价格时必须考虑一些修正因素，因此也有一个评标的过程。世界银行、亚洲开发银行等都以这种方法作为主要的评标方法，原因是在市场经济条件下，投标人的竞争主要是价格的竞争，而其他的一些条件如质量、工期等已经在招标文件中规定好了，投标人不得违反，否则将无法构成对招标文件的实质性响应。而信誉等因素则应当是在资格预审中就解决的因素，即信誉不好的应当在资格预审时淘汰。

按照《评标委员会和评标方法暂行规定》，经评审的最低投标价法一般适用于具有通用技术、性能标准或者招标人对其技术、性能没有特殊要求的招标项目。

经评审的最低投标价法的评标过程如下。评标委员会对所有投标人的投标文件在质量、工期、进度、信誉、业绩等方面按照招标文件的要求进行评审，对满足招标文件实质要求的投标人进一步对其标价进行分析，按评标办法对评审出的合理投标价进行排序，推荐出中标候选人。由招标人按照候选人的排序依法确定中标人。评标委员会应当拟定一份"标价比较表"，连同书面评标报告提交招标人。"标价比较表"应当载明投标人的投标报价、对商务偏差的价格调整和说明，以及已经评审的最终投标价。

（2）综合评估法。

不宜采用经评审的最低投标价法的招标项目，一般应当采取综合评估法进行评审。

根据综合评估法，能最大限度地满足招标文件中规定的各项综合评价标准的投标，其投标人应当被推荐为中标候选人。衡量投标是否最大限度地满足招标文件中规定的各项评价标准，可以采取折算为货币的方法、打分的方法或者其他方法。需量化的因素及其权重应当在招标文件中明确规定。

在综合评估法中，最为常用的方法是百分制评分法。这种方法是将评审的各指标分别在百分制内所占比例和评标标准在招标文件内规定，开标后按评标程序，根据评分标准，由评委对各投标人的投标文件进行评分，最后以总得分最高的投标人为中标人。这种评标方法一直是建设工程领域采用较多的方法。在实践中，百分制评分法有许多不同的操作方法，其主要区别在于：这种评标方法的价格因素的比较需要有一个基准价（或者参考价），主要情况下是以标底作为基准价；但是为了更好地符合市场或者为了保密，基准价的确定有时会加入投标人的报价。现行工程量清单招标采用招标控制价，投标人报价超过招标控制价的报价被判定为无效报价。将有效投标报价的平均值作为基准价计算投标报价得分。

综合评估法的评标要求如下。评标委员会对各个评审因素进行量化时，应当将量化指标建立在同一基础或者同一标准上，使各投标文件具有可比性。对技术部分和商务部分进行量化后，评标委员会应当对这两部分的量化结果进行加权，计算出每一投标的综合评估价或者综合评估分。

根据综合评估法完成评标后，评标委员会应当拟定一份"综合评估比较表"，连同书面评标报告提交招标人。"综合评估比较表"应当载明投标人的投标报价、所做的任何修正、对商务偏差的调整、对技术偏差的调整、对各评审因素的评估，以及对每一投标的最终评审结果。

（3）法律法规允许的其他评标方法。

在法律法规允许的范围内，招标人也可以采用其他评标方法。

3.10.2　定标

1. 定标的原则

中标的投标人应当符合下列条件之一。

（1）能够最大限度地满足招标文件中规定的各项综合评价标准。

（2）能够满足招标文件实质性要求，并且经评审的投标价格最低，但投标价格低于成本的除外。

2. 中标人的确定

评标委员会应当按照招标文件确定的评标标准和方法，集体研究并分别独立对投标文件进行评审和比较；设有标底的，应当参考标底。评标委员会完成评标后，应当向招标人提出书面评标报告，推荐不超过三个合格的中标候选人，并对每个中标候选人的优势、风险等评审情况进行说明；除招标文件明确要求排序的外，推荐中标候选人不标明排序。

招标人根据评标委员会提出的书面评标报告和推荐的中标候选人，按照招标文件规定的定标方法，结合对中标候选人合同履行能力和风险进行复核的情况，自收到评标报告之日起20日内自主确定中标人。定标方法应当科学、规范、透明。招标人也可以授权评标委员会直接确定中标人。国务院对特定招标项目的评标有特别规定的，从其规定。

确定中标人后，招标人应于15日内向有关行政监管部门提交招投标书面报告，并将中标结果公示（图3-6）。依法必须进行招标的项目，招标人应当自收到评标报告之日起 3 日内公示中标候选人，公示期不得少于 3 日。公示结束后，向中标人发放中标通知书（图 3-7）。招标人也要同时将中标结果通知所有未中标的投标人。

××市建设工程
中标结果公示

编号：

　　根据工程招标投标的有关法律、法规、规章和该工程招标文件的规定，_____的评标工作已经结束，中标人已经确定。现将中标结果公示如下。

　　中标人名称：

　　中标价：

　　中标工期：

　　中标质量标准：

　　中标项目经理：

　　自本中标结果公示之日起两个工作日内，对中标结果没有异议的，招标人将签发中标通知书。如有异议，请在公示结束前按《工程建设项目招标投标活动投诉处理办法》第七条规定书面投诉。

　　投诉电话：×××××××

招标人或招标代理：（盖章）
年　　月　　日

图 3-6　中标结果公示

中标通知书

_____（建设单位名称）的 _____（建设地点）_____工程，结构类型为_____。自公开开标后，经评标委员会或评标小组评定并报招标管理机构核准，确定_____为中标单位，中标标价为人民币_____元，中标工期自_____年_____月_____日开工，_____年_____月_____日竣工，工期_____天（日历日），工程质量达到国家施工验收规范（优良、合格）标准。

　　中标单位收到中标通知书后，在_____年_____月_____日_____时前到_____（地点）与建设单位签订承包合同。

建设单位：（盖章）　　法定代表人：（签字、盖章）　　日期：_____年_____月_____日

招标单位：（盖章）　　法定代表人：（签字、盖章）　　日期：_____年_____月_____日

招标管理机构：（盖章）　审核人：（签字、盖章）　　　审核日期：_____年_____月_____日

图 3-7　中标通知书

　　中标通知书是招标人向中标人发出的告知其中标的书面通知文件。招标文件是要约邀请，投标是要约，中标通知书是承诺。中标通知书发出时即生效，对招标人、投标人均产生约束力。

3. 评标报告

评标委员会对投标人的投标文件进行初步评审和详细评审以后，要编制书面评标报告，并报招标管理机构审查。评标报告一般包括以下内容。

（1）基本情况一览表（表3-9）。

（2）清标工作组及评标委员会成员名单（表3-10）。

（3）开标记录（表3-8）。

（4）清标方法和依据（表3-11）。

（5）投标文件初步评审结论一览表（表3-12）。

（6）评标标准、评标方法。

（7）澄清、说明、补正事项纪要（表3-13）。

（8）最终投标价及排序（表3-14）。

（9）投标人排序及推荐的中标候选人名单（表3-15）。

表3-9　基本情况一览表

招标人名称			
招标代理机构名称			
工程名称			
招标范围			
建筑面积		结构层次	
质量要求		工期要求	
开标时间		开标地点	
清标时间		清标地点	
评标时间		评标地点	
清标工作组负责人		评标委员会负责人	
评标办法			
投标人名单			

表 3 - 10　清标工作组及评标委员会成员名单

姓名	工作单位	职务	专业技术职称	在招标活动中担任的工作		
				清标	评标	既清标也评标
招标人或者招标代理机构的代表						
有关技术、经济等方面的专家						

注："在招标活动中担任的工作"一栏在相应的选项中打"√"。

表 3 - 11　清标方法和依据

清标方法	1. 按照招标文件的规定审查全部投标文件，列出投标文件在符合性、响应性和技术方法、技术措施、技术标准上存在的所有偏差； 2. 按招标文件规定的方法和标准，对投标报价进行换算； 3. 对投标报价进行校核，列出投标文件存在的算术计算错误； 4. 按照招标文件的规定对投标总价的高低进行排序； 5. 根据招标文件规定的标准，审查并列出过高或过低的单价和合价； 6. 形成书面的清标情况报告
清标依据	1. 招标文件及评标细则； 2. 工程量清单； 3. 作为参考的标底（最高限价）或拦标价

表 3 - 12　投标文件初步评审结论一览表

废标情况

投标人名称	废标原因

投标文件符合招标文件要求的投标人

序号	投标人名称

清标（评标）人员签名：　　　　　　　　　　　　　　　年　　月　　日

表 3－13　澄清、说明、补正事项纪要

（本纪要是对清标工作组在清标过程中要求投标人对投标文件的内容进行澄清、说明、补正事项，以便评标委员会进行审核的简要记录，详细的书面材料应附于本纪要之后。）

质询对象 （投标人）	

质询内容（包括要求投标人澄清或说明的问题及需要补充的资料和证明材料等）

　　　　　　　清标工作组

　　年　　月　　日　　时

回复内容（包括所补充的证明材料目录）

投标人授权代表签名：　　　　　　　　　　　年　　月　　日　　时

评标委员会审核意见

评标人员签名：　　　　　　　　　　　年　　月　　日

表 3－14　最终投标价及排序

排名	投标人名称	经评审的最终投标价与排名/元						技术标是否通过	备注
		清单项目费	措施项目费	其他项目费	规费	税金	合计		

评标人员签名：　　　　　　　　　　　年　　月　　日

表 3 - 15　投标人排序及推荐的中标候选人名单

投标人排序	第一名		
	第二名		
	第三名		
	第四名		
	第五名		
	第六名		
	…		
推荐的中标候选人	排序	投标人名称	签订合同前需处理的事宜
	第一名		
	第二名		
	第三名		

评标委员会负责人签名：

评标委员会成员签名：

年　　　月　　　日

评标报告由评标委员会全体成员签字。对评标结论持有异议的评标委员会成员可以书面方式阐述其不同意见和理由。评标委员会成员拒绝在评标报告上签字且不陈述其不同意见和理由的，视为同意评标结论，评标委员会应当对此做出书面说明并记录在案。

3.10.3　有效投标过少与中标无效的处理

1. 有效投标过少的处理

投标人数量是决定投标有竞争性的最主要的因素。但是，如果投标人数量很多，但有效投标很少，则仍然达不到增加竞争性的目的。按照《招标投标法》的规定，在投标截止时间前，递交投标文件的投标人少于三家时，应重新招标。《评标委员会和评标方法暂行规定》中规定，如果否决不合格投标或者界定为废标后，因有效投标不足三个使得投标明显缺乏竞争的，评标委员会可以否决全部投标。投标人少于三家或者所有投标被否决的，招标人应当依法重新招标。

在评标过程中，如发现有下列情形之一不能产生定标结果的，可宣布招标失败。

（1）所有投标报价高于或低于招标文件所规定的幅度的。

（2）所有投标人的投标文件均实质上不符合招标文件的要求，被评标委员会否决的。

如果发生招标失败的情况，招标人应认真审查招标文件及标底，做出合理修改，重新招标。在重新招标时，原采用公开招标方式的，仍可继续采用公开招标方式，也可改用邀请招标方式；原采用邀请招标方式的，仍可继续采用邀请招标方式。

评标委员会经评审，认为所有投标都不符合招标文件要求的，应当否决所有投标。依法必须进行招标的项目所有投标被否决的，招标人应当分析招标失败的原因，必要时采取对招标文件设定的投标人资格条件等进行修改或者其他相应措施，然后依照相关法规重新招标。重新招标后，投标人少于三个的，可以开标、评标，或者依法以其他方式从现有投标人中确定中标人，并向有关行政监督部门备案；所有投标再次被否决的，可以不再进行招标，并向有关行政监督部门备案。

2. 中标无效的处理

中标无效是指招标人确定的中标失去了法律约束力，即依照法律，获得中标的投标人失去了与招标人签订合同的资格，招标人不再负有与中标人签订合同的义务。对已经签订了的合同，所签合同无效。中标无效的情况通常有以下两种。

（1）违法行为直接导致的中标无效。包括投标人相互串通、招标人与投标人相互串通；在招投标过程中有行受贿的；投标人以他人名义投标或弄虚作假、骗取中标的；招标人在评标委员会依法推荐的中标候选人以外确定中标人的；投标被评标委员会否决后招标人自行确定中标人的。

（2）违法行为影响中标结果的中标无效。包括招标代理机构在招标活动中泄露机密的；招标人与投标人串通损害国家利益或他人的合法权益的行为影响中标结果的；招标人向他人透露信息影响公平竞争或中标结果的；招标人与投标人就投标价格等实质性内容进行谈判的行为影响中标结果的。

3.10.4 签订合同

中标人收到中标通知书后，应按规定提交履约担保，并在规定日期和地点与招标人签订合同。签订合同的工作如下。

（1）招标人与中标人在中标通知书发出之日起 30 日内签订合同，不得做出实质性修改。招标人不得向中标人提出任何不合理要求作为订立合同的条件，双方也不得订立背离合同实质性内容的其他协议。招标人和中标人应当依照《招标投标法》和《招标投标法实施条例》的规定签订书面合同，合同的标的、价款、质量、履行期限等主要条款应当与招标文件和中标人的投标文件的内容一致。

（2）招标文件要求中标人提交履约保证金的，中标人应当按照招标文件的要求提交。履约保证金可以采取现金、支票、汇票等方式，也可以根据招标人所同意接受的商业银行、保险公司或担保公司等出具的履约保证。履约保证金不得超过中标合同金额的 10%。

（3）中标人拒绝在规定的时间内提交履约担保和签订合同的，招标人报请招标管理机构批准同意后取消其中标资格，并按规定没收其投标保证金，并考虑与另一参加投标的投标人签订合同。

（4）招标人如拒绝与中标人签订合同，除双倍返还投标保证金外，还需赔偿有关损失。

（5）招标人与中标人签订合同后，招标人及时通知其他投标人其投标未被接受，按要求退回招标文件、图纸和有关技术资料，并在合同签订 5 日内向中标人和其他投标人退回投标保证金。因违反规定被没收的投标保证金不予退回。

（6）招标人与中标人签订施工合同前，到建设行政主管部门或其授权单位进行合同审查。

（7）招标工作结束后，招标人将开标、评标过程有关纪要、资料、评标报告、中标人的投标文件的一份副本报招标管理机构备案。

 技能点训练

1. 训练目的

能完成评标、定标和签订合同的工作。

2. 训练内容

针对本项目案例引入中的工程建设项目，招标小组模拟招标人，组织开标、评标、定标，完成招标方评标、定标、签订合同的工作。

 **典型案例**

背景： 任务 3.4 典型案例中的工程项目第一标段，拟建 3 栋 6 层框架结构学生公寓楼，总建筑面积约 10680m²，公开招标，承包方式为包工包料，采用工程量清单计价法，招标控制价为 1018.80 万元，投标申请人资质类别和等级为房屋建筑工程施工总承包一级及以上施工资质，选派注册建造师资质等级为建筑工程专业一级注册建造师一名。工期要求为 205 日历天。工程采用综合评估法评标，评标办法如下。

本工程评标方法

一、本工程评分标准及细则

（一）分值设定

1. 技术标　　　　　　　　　　　　　　　　　　　　20 分

2. 商务标　　　　　　　　　　　　　　　　　　　　70 分

其中分部分项工程量综合单价偏离程度　　　　　　　－3 分（扣分项）

3. 投标人及建造师业绩　　　　　　　　　　　　　　10 分

（二）评分细则

1. 技术标

施工组织设计　　　　　　　　　　　　　　　　　　20 分

其中项目部组成、主要技术人员、劳动力配置及保障措施（需提供人员名单及劳动合同）　　　　　　　　　　　　　　　　　　　　　　　3 分

施工程序及总体组织部署　　　　　　　　　　　　　3 分

安全文明施工保证措施　　　　　　　　　　　　　　3 分

工程形象进度计划安排及保证措施　　　　　　　　　3 分

施工质量保证措施及目标　　　　　　　　　　　　　2 分

工程施工方案及工艺方法　　　　　　　　　　　　　2 分

施工现场平面布置　　　　　　　　　　　　　　　　1 分

材料供应、来源、投入计划及保证措施　　　　　　　1 分

主要施工机具配置　　　　　　　　　　　　　　　　1 分

重点部位的施工组织措施、技术方案　　　　　　　　1 分

评分标准：

（1）以上某项内容详细具体、科学合理、措施可靠、组织严谨、针对性强，内容完整的，可得该项分值的90%以上。

（2）以上某项内容较好、针对性较强的，可得该项分值的75%～90%。

（3）以上某项内容一般、基本可行的，可得该项分值的50%～75%。

（4）以上某项无具体内容的，该项不得分（如出现此情况，评标委员会所有成员应统一认定并说明）。

施工组织设计各项内容评审，由评标委员会成员独立打分，投标人之间同项分值相差过大的，评标委员会成员应说明评审及打分理由。

2. 商务标

（1）投标报价   70分

国有资金投资的建设工程招标，招标人必须编制招标控制价。招标控制价的编制应符合《建设工程工程量清单计价规范》的规定。国有资金项目的招标人应当在发布招标文件的同时，将招标控制价文件报送工程所在地工程造价管理机构备查，并在相关网站上发布。应当办理而未办理招标控制价备查的工程项目，招标人不得组织开标。所有高于招标控制价的投标人的报价将不再参与评标，作无效投标文件处理。投标人如对招标控制价有异议，应当在收到招标控制价5日内，以书面形式向招标管理机构或工程造价管理机构提出异议。

本次评标，可在开标时随机抽取以下两种方法中的一种方法作为投标报价的评审标准。本工程确定的投标报价评审标准为：方法一。

方法一：以有效投标文件的评标价的算术平均值为A（当有效投标报价少于或等于7家时，全部参与该平均值计算；当有效投标报价多于7家少于或等于10家时，去掉一个最高和一个最低报价后取算术平均值为A；当有效投标报价多于10家时，去掉两个最高和两个最低报价后取算术平均值为A）。评标基准价＝$A×K$，K值在开标前由投标人推选的代表随机抽取确定，K值的取值范围为95%～98%。评标价等于评标基准价得满分，评标价与评标基准价偏离每低1%，扣1分；每高1%，扣2分；±不足1%的，按照插入法计算。

方法二：以有效投标文件的评标价的算术平均值为A（当有效投标报价少于或等于7家时，全部参与该平均值计算；当有效投标报价多于7家少于或等于10家时，去掉一个最高和一个最低报价后取算术平均值为A；当有效投标报价多于10家时，去掉两个最高和两个最低报价后取算术平均值为A），招标控制价为B。评标基准价＝$A×K1×Q1+B×K2×Q2$，$Q2=1-Q1$，$Q1$、$Q2$取值一般均大于30%；$K1$的取值范围为95%～98%；$K2$的取值范围，建筑工程为90%～100%；$Q1$、$K1$的值在开标前由投标人推选的代表随机抽取确定。评标价等于评标基准价得满分，评标价与评标基准价偏离每低1%，扣1分；每高1%，扣2分；±不足1%的，按照插入法计算。

（2）分部分项工程量综合单价偏离程度   －3分（扣分项）

偏离程度的评标基准值＝经评审的所有有效投标人分部分项工程量清单综合单价的算术平均值。当有效投标人少于或等于5家时，全部综合单价参与该基准值计算；当有效投标人多于5家时，去掉一个最高和一个最低的综合单价，其余综合单价参与该基准值计算。

与偏离程度的评标基准值相比较误差在±20％（含±20％）以内的不扣分，超过±20％的，每项扣0.01分，最多扣3分。

3. 投标人及建造师业绩　　　　　　　　　　　　　　　　　　　　　　10分

其中投标人业绩　　　　　　　　　　　　　　　　　　　　　　　　　5分

建造师业绩　　　　　　　　　　　　　　　　　　　　　　　　　　　5分

违规、违纪及不良行为记录　　　　　　　　　　　　　　　　　　　扣分

评分标准：

(1) 投标人业绩由评标委员会成员依据下列证明材料予以打分。

投标人获得市级及以上优质工程证书　　　　　　　　　　　　　　　4分

其中××市级金奖：0.30分/项；银奖：0.20分/项；铜奖：0.15分/项

省××杯或外省（直辖市）同类奖项：0.30分/项；国家优质工程奖：0.40分/项；鲁班奖：0.50分/项

投标人获得市级及以上施工安全文明工地证书、安全质量标准化工地证书　1分

其中××市级：0.20分/项；××省级：0.30分/项

(2) 投标人所报建造师业绩由评标委员会成员依据下列证明材料予以打分。

建造师获得市级及以上优质工程证书　　　　　　　　　　　　　　　4分

其中××市级金奖：0.30分/项；银奖：0.20分/项；铜奖：0.15分/项

省××杯或外省（直辖市）同类奖项：1.0分/项；国家优质工程奖：1.5分/项；鲁班奖：1.5分/项

建造师获得市级及以上施工安全文明工地证书、安全质量标准化工地证书　1分

其中××市级：0.10分/项；××省级：0.30分/项；国家级：0.50分/项

(3) 违规、违纪及不良行为记录　　　　　　　　　　　　　　　　　扣分

投标人或其所报的项目经理一年内有违反有关规定，受到建设行政主管部门通报批评、行政处罚或发生死亡事故的予以扣分。

二、投标文件的收受

至4月26日9：00投标截止时，共有10个投标人按规定递交投标文件，招标人签收当即予以登记，并将投标文件妥善保管。投标人K因交通堵塞，投标文件于4月26日9：10送达，招标人拒收。

三、开标

4月26日9：00，招标人在××市建设工程交易中心主持召开本工程开标会议，同时由××市招标办从招标专家库中通过计算机系统随机抽取评标专家，产生工程评标委员会。

评标委员会熟悉招标文件，明确招标目的，评标办法。

4月26日9：20，在有效投标人法人代表或其授权委托人出席的情况下，工程的开标会议在××市建设工程交易中心第二开标室进行，会议由招标人委托的代理人主持，招标人代表参加。开标会议在公证人员、监察人员的监督下按招标文件规定的程序进行。本工程开标记录见表3-16。

表 3-16　本工程开标记录

工程名称：　　　　　　　　　　　　　　　　　　　　开标时间：20××年 4 月 26 日 9 时 0 分

投标人名称	投标文件密封情况	投标总价/万元	工期/日历天	质量目标	投标保证金/万元	项目经理	无效投标文件及无效原因	投标人对开标程序及唱标结果签字确认
投标人 A	密封符合要求	955.78	200	合格	20	×××	投标文件有效	
投标人 B	密封符合要求	876.06	200	合格	20	×××	投标文件有效	
投标人 C	密封符合要求	1017.70	200	合格	20	×××	投标文件有效	
投标人 D	密封符合要求	1018.40	200	合格	20	×××	投标文件有效	
投标人 E	密封符合要求	1017.34	200	合格	20	×××	投标文件有效	
投标人 F	密封符合要求	957.11	200	合格	20	×××	投标文件有效	

问题：请据以上资料，对该工程进行评标。

分析：评标过程如下。

（1）评审。

① 初步评审。评标委员会根据招标文件的规定进行初步评审，并形成投标文件初步评审结论一览表，见表 3-17。

表 3-17　本工程投标文件初步评审结论一览表

废标情况	
投标人名称	废标原因
投标文件符合招标文件要求的投标人	
序号	投标人名称
1	投标人 A
2	投标人 B
3	投标人 C
4	投标人 D
5	投标人 E
6	投标人 F

清标（评标）人员签名：×××　×××　　　　　　　　　　　　　　20××年 4 月 26 日

② 详细评审。评标委员会根据招标文件规定的评标方法和标准，对有效投标人的技术标、商务标、投标人及建造师业绩等进行评审，各投标人得分汇总见表 3-18，投标人排序及推荐的中标候选人名单见表 3-19。

表3-18　××学校学生公寓楼工程第一标段投标人得分汇总表

序号	投标人	项目部组成、主要技术人员、劳动力配置及保障措施	施工员及总序及体组织配置及部署	安全文明施工保证措施	工程形象进度计划安排及保证措施	施工质量保证措施及目标	工程施工方案及工艺方法	施工现场平面布置	材料供应、来源、投入计划及保证措施	主要施工机具配置	重点部位的施工组织措施、技术方案	投标报价	投标人业绩	建造师业绩	违规、违纪及不良行为记录扣分	分部分项工程量综合单价偏离程度	得分合计	排名
		施工组织设计											投标人及建造师业绩					
1	投标人F	2.80	2.84	2.78	2.76	1.84	1.82	0.95	0.92	0.93	0.90	66.97	4.60	2.00	0.00	−1.17	90.94	第一名
2	投标人A	2.24	2.28	2.18	2.08	1.42	1.48	0.66	0.70	0.66	0.64	66.84	4.40	2.00	0.00	−1.34	85.24	第二名
3	投标人C	2.22	2.26	2.28	2.32	1.52	1.42	0.82	0.66	0.64	0.68	63.77	3.30	2.00	0.00	−1.34	82.55	第三名
4	投标人D	2.34	2.24	2.32	2.04	1.50	1.54	0.60	0.72	0.72	0.73	63.63	2.00	2.00	0.00	−1.49	80.89	第四名
5	投标人B	2.66	2.62	2.68	2.62	1.74	1.72	0.90	0.84	0.88	0.81	58.76	3.95	2.00	0.00	−1.42	80.76	第五名
6	投标人E	2.14	2.10	2.24	2.08	1.46	1.44	0.58	0.60	0.64	0.60	63.84	2.00	2.00	0.00	−1.46	80.26	第六名

评标委员会责任人签字：

评标委员会成员签字：

20××年4月26日

表 3-19 本工程投标人排序及推荐的中标候选人名单

投标人排序	第一名	投标人 F	
	第二名	投标人 A	
	第三名	投标人 C	
	第四名	投标人 D	
	第五名	投标人 B	
	第六名	投标人 E	
推荐的中标候选人	排序	投标人名称	签订合同前需处理的事宜
	第一名	投标人 F	
	第二名	投标人 A	
	第三名	投标人 C	

评标委员会负责人签名：

评标委员会成员签名：

20××年 4 月 26 日

（2）中标结果公示。

本工程中标结果公示见图 3-8。

中标结果公示

编号：

招标人：××市××学校

工程名称：××学校学生公寓楼工程第一标段（1#、2#、4#楼）

中标时间：20××-4-26 12：00：00

中标人：××建设集团有限公司

中标价：957.11 万元

中标工期：200 天

中标质量标准：合格

中标项目经理：×××

自本中标结果公示之日起两个工作日内，对中标结果没有异议的，招标人将签发中标通知书。

图 3-8 本工程中标结果公示

项目4 建设工程投标

思维导图

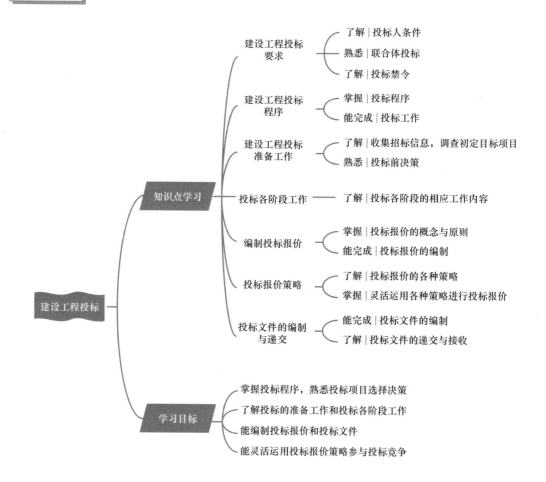

案例引入

　　某学院拟建两栋学生宿舍，六层框架结构，建筑面积约 9700m^2，采用公开招标，资格后审，已发布招标公告。作为投标人，如何获取招标信息？是否参加该项目的投标竞争？如参加投标竞争，怎样才能争取中标？通过本项目的学习，学生可熟悉投标人的投标程序，能有效组织参加投标竞争，力争中标和获取最大效益。

任务 4.1　建设工程投标要求

知识点学习

4.1.1　投标人条件

　　投标人是响应招标、参加投标竞争的法人或者其他组织。投标是投标人按照招标文件的要求，在指定期限内填写投标文件，提出报价，通过竞争的方式承揽工程的过程。投标是获取工程施工权的主要手段，是响应招标、参与竞争的法律行为。投标人一旦中标，施工合同即成立，投标人作为承包人就应当按照中标通知书中的要求完成工程承包任务，否则就要承担相应的法律责任。

1. 投标人资格条件

　　投标人应当具备承担招标项目的能力，符合国家和招标文件规定的对投标人的资格要求。具体要求如下。

建设工程投标

　　（1）具有招标条件要求的资质证书，并为独立的法人实体。

　　（2）承担过类似建设项目的相关工作，并有良好的工作业绩和履约记录。

　　（3）在最近三年没有骗取合同及其他经济方面的严重违法行为。

投标的整体流程

　　（4）近几年有较好的安全纪律，投标当年内没有发生重大质量事故和特大安全事故。

　　（5）财产状况良好，没有处于财产被接管、破产或其他关、停、并、转状态。

2. 对投标人的相关要求

　　（1）投标人应当按照招标文件的要求编制投标文件。投标文件应当对招标文件提出的实质性要求和条件做出响应。

　　（2）投标人应当在招标文件要求提交投标文件的截止时间前，将投标文件送达投标地点。招标人收到投标文件后，应当签收保存，不得开启。

　　（3）投标人在招标文件要求提交投标文件的截止时间前，可以补充、修改或者撤回已提交的投标文件，并书面通知招标人。补充、修改的内容为投标文件的组成部分。

（4）投标人根据招标文件载明的项目实际情况，拟在中标后将中标项目的部分非主体、非关键性工作进行分包的，应当在投标文件中载明。

（5）投标人撤回已提交的投标文件，应当在投标截止时间前书面通知招标人。招标人已收取投标保证金的，应当自收到投标人书面撤回通知之日起 5 日内退还。投标截止后投标人撤销投标文件的，招标人可以不退还投标保证金。

4.1.2　联合体投标

联合体投标是指两个以上法人或者其他组织组成一个联合体，以一个投标人的身份共同投标。联合体各方均应具备承担招标项目的相应能力和规定的资格条件。联合体应将约定各方拟承担工作和责任的联合体协议书连同投标文件一并提交给招标人。

《建筑法》第二十七条规定，大型建筑工程或结构复杂的建筑工程，可以由两个以上承包单位联合共同承包。

《招标投标法》第三十一条规定，两个以上法人或者其他组织可以组成一个联合体，以一个投标人的身份共同投标。联合体各方均应具备承担招标项目的相应能力；国家有关规定或者招标文件对投标人资格条件有规定的，联合体各方均应当具备规定的相应资格条件。由同一专业的单位组成的联合体，按照资质等级较低的单位确定资质等级。联合体各方应当签订共同投标协议，明确约定各方拟承担的工作和责任，并将共同投标协议连同投标文件一并提交招标人。联合体中标的，联合体各方应当共同与招标人签订合同，就中标项目向招标人承担连带责任。招标人不得强制投标人组成联合体共同投标，不得限制投标人之间的竞争。

联合体形式的投标人在参与投标活动时，与单一投标人有所不同，主要体现在以下几个方面。

（1）联合体各方均应具备承担招标项目的相应能力和规定的资格条件。同一专业的单位组成的联合体，应当按照资质等级较低的单位确定联合体资质等级。

（2）联合体要有共同投标协议。为了规范投标联合体各方的权利和义务，联合体各方应当签订书面的共同投标协议（联合体协议书），明确各方拟承担的工作。如果中标的联合体内部发生纠纷，可以依据共同签订的协议解决。

（3）招标人应当在资格预审公告、招标公告或者投标邀请书中载明是否接受联合体投标。招标人接受联合体投标并进行资格预审的，联合体应当在提交资格预审申请文件前组成。资格预审后联合体增减、更换成员的，其投标无效。联合体各方在同一招标项目中以自己名义单独投标或者参加其他联合体投标的，相关投标均无效。

（4）联合体各方必须指定牵头人，授权其代表所有联合体成员负责投标和合同实施阶段的协调工作。

（5）投标保证金可以由联合体共同提交，也可以由联合体的牵头人提交。投标保证金对联合体所有成员均具有法律约束力。

（6）联合体中标的，联合体各方应当共同与招标人签订合同，并就中标的项目向招标人承担连带责任。

4.1.3　投标禁令

（1）投标人不得相互串通投标，不得排挤其他投标人的公平竞争，损害招标人或者其他投标人的合法权益。

有下列情形之一的，属于投标人相互串通投标。

① 投标人之间协商投标报价等投标文件的实质性内容。

② 投标人之间约定中标人。

③ 投标人之间约定部分投标人放弃投标或者中标。

④ 属于同一集团、协会、商会等组织成员的投标人按照该组织要求协同投标。

串通投标

⑤ 投标人之间为谋取中标或者排斥特定投标人而采取的其他联合行动。

有下列情形之一的，视为投标人相互串通投标。

① 不同投标人的投标文件由同一单位或者个人编制。

② 不同投标人委托同一单位或者个人办理投标事宜。

③ 不同投标人的投标文件载明的项目管理成员为同一人。

④ 不同投标人的投标文件异常一致或者投标报价呈规律性差异。

⑤ 不同投标人的投标文件相互混装。

⑥ 不同投标人的投标保证金从同一单位或者个人的账户转出。

（2）投标人不得与招标人串通投标，损害国家利益、社会公共利益或者他人的合法权益。禁止投标人以向招标人或者评标委员会成员行贿的手段谋取中标。

有下列情形之一的，属于招标人与投标人串通投标。

① 招标人在开标前开启投标文件并将有关信息泄露给其他投标人。

② 招标人直接或者间接向投标人泄露标底、评标委员会成员等信息。

③ 招标人明示或者暗示投标人压低或者抬高投标报价。

④ 招标人授意投标人撤换、修改投标文件。

⑤ 招标人明示或者暗示投标人为特定投标人中标提供方便。

⑥ 招标人与投标人为谋求特定投标人中标而采取的其他串通行为。

（3）投标人不得以低于成本的报价竞标，也不得以他人名义投标或者以其他方式弄虚作假，骗取中标。

有下列情形之一的，属于以其他方式弄虚作假的行为。

① 使用伪造、变造的许可证件。

② 提供虚假的财务状况或者业绩。

③ 提供虚假的项目负责人或者主要技术人员简历、劳动关系证明。

④ 提供虚假的信用状况。

⑤ 其他弄虚作假的行为。

展开讨论

1. 公司资质"莫乱借"

公司资质"乱借"，可能受到法律打击。在串通投标违法犯罪的认定上，被借用公司资质的单位及直接责任人，往往被以共同犯罪论处，要承担相应的刑事责任。

案例：2019年，××县公安局经侦大队在日常工作中发现王某某等人在××县一道路工程招投标过程中有串通投标嫌疑。××县公安局经过数月缜密侦查发现，自2017年下半年以来，王某某伙同他人，先后在××县14个项目的招投标过程中涉嫌串通投标，涉案项目涉及道路、人居、治污等多个领域，涉案人员20余人，涉案企业百余家，涉案资金高达5.6亿元。经查，嫌疑人王某某采用非法手段，通过在全国范围内大量借用公司资质参与投标，雇用人员测算投标报价并将多家公司进行投标报价排价。王某某等人非法围标的行为严重扰乱招投标市场秩序，损害了其他投标人的权益。专案组在摸清王某某等人的基本犯罪事实及犯罪组织架构以后，迅速开展收网，成功打掉以王某某为首的专业串通投标犯罪团伙，一举抓获犯罪嫌疑人10人，使涉案人员受到应有的制裁。

2. 投标书"莫乱做"

投标书"乱做"，可能涉嫌共同犯罪。接受委托，在同一项目中为多家公司制作多份投标书，在司法实践中往往被认定为串通投标犯罪的共犯，属刑事打击范围。

案例：2019年年底，××市××分局经侦大队从群众举报的一条线索深挖，打掉一个职业串通招投标犯罪团伙，对主要犯罪嫌疑人张某某等12人采取刑事强制措施。经调查，张某某实际上并没有施工队伍和相关资质，他以代理或合作等方式借用四家省外公司的相关手续，专门以帮助他人围标获取非法利益。为此，张某某还雇用专人负责投标书制作、业务推广和参与投标，主要通过微信群等方式招揽生意，并根据客户提供的投标底价、相关资质及业绩等要求，以上述四家公司的名义和资质帮助他人实施围标，并按照投标所需的资质、业绩及是否需要建筑师出场等不同情况，收取几千元至数万元不等的费用。自2017年以来，张某某等人仅在××市范围内参与围标的项目就高达185个，其中有45个投标项目同时使用其所代理或合作的两家以上合作公司的相关资质和手续进行围标。

3. 项目经理资质"莫乱挂"

项目经理资质"乱挂"，可能面临失信和违法犯罪风险。项目经理的建造师资质证书挂靠在相应公司的，一旦该公司涉嫌串通投标违法犯罪，严重的话，该项目经理可能涉及共同犯罪；即便不涉罪，也将面临被纳入行业协会公布的"黑名单"和失信人员范畴，给生活、工作带来重大影响。

案例：上海市长宁区厂房"5·16"坍塌重大事故。2019年5月16日11时10分左右，上海市长宁区昭化路148号1幢厂房发生局部坍塌，造成12人死亡、10人重伤，3人轻伤，直接经济损失约3430万元。

典型案例

事故原因：厂房一层承重砖墙（柱）本身承载力不足，加之施工过程中未采取维持墙体稳定的措施，南侧承重墙在改造施工过程中承载力和稳定性进一步降低，施工时承重砖墙（柱）瞬间失稳后，部分厂房结构连锁坍塌，由于生活区设在施工区内，事故导致群死群伤。

主要教训：一是企业安全生产主体责任落实不到位，现场管理混乱；二是企业内部审批流程管理不到位；三是行业监管部门监督检查不到位。

追责情况：给予相关单位通报批评，约见警示谈话，罚款、吊销资质、吊销安全生产许可证等处理。两位项目经理均存在"挂证"行为，被吊销建造师注册资格，终身不予注册。对24名有关责任人依法依规追究责任。

 总结分析

工程招投标活动参与群体众多，以同类行业为集合，且涉及报名、制作投标书、缴纳保证金、项目经理参与现场开标等多个环节。因此，一旦出现串通投标行为，往往会出现群体违法犯罪现象，从而牵连到该地区整个行业的发展，对社会稳定和发展也存在较大的危害性。串通投标行为带来的巨额不法收益，使得一些不法分子为了提高自身中标率，不惜大量注册一些无任何实质性经营的专门用于串通投标的空壳公司，直接干扰到一些真正有实力的公司参与投标，这不仅破坏了市场秩序，使其他投标人蒙受较大的经济损失，还给工程质量和安全带来隐患，严重违反了诚实、公平、公正、合法的社会主义市场经济。

随着市场竞争日益激烈，近年来，工程建设、设备采购等领域串通投标的问题突出，严重扰乱市场秩序，妨碍公平竞争和资源合理配置，破坏投资环境，损害国家利益，影响经济社会健康发展。为此，全国多地开展打击串通投标犯罪专项行动，对公共资源交易领域开展专项整治活动，进一步加强与公共资源交易中心等相关行政部门的密切配合，对招投标领域进行全面、细致的梳理摸排，全面开展打击整治。同时，进一步强化"打财断血"，坚决摧毁串通投标犯罪团伙的经济基础，净化招投标市场秩序，优化营商环境。

任务4.2　建设工程投标程序

知识点学习

建设工程投标程序如图4-1所示。

 技能点训练

1. 训练目的

训练学生熟悉投标程序。

2. 训练内容

工程背景见本项目案例引入。

（1）将学生分成一个招标小组和若干个投标小组。

（2）投标小组模拟投标人，设定投标人相关信息，根据该工程的相关信息拟定投标工作程序。

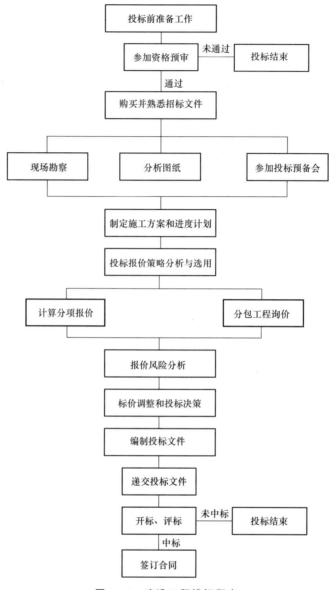

图 4-1 建设工程投标程序

 典型案例

联合体投标资质分析

背景： 某施工招标项目接受联合体投标，要求的资质条件为：钢结构工程专业承包二级和装饰装修专业承包一级施工资质。有两个联合体投标人参加了投标，其中一个联合体由三个成员单位 A、B、C 组成，具备的资质情况如下。

成员 A：具有钢结构工程专业承包二级和装饰装修专业承包二级施工资质。

成员 B：具有钢结构工程专业承包三级和装饰装修专业承包一级施工资质。

成员 C：具有钢结构工程专业承包三级和装饰装修专业承包三级施工资质。

在该联合体成员共同签订的联合体协议书中，成员 A 承担钢结构施工，成员 B、C 承担装饰装修施工。资格审查时，审查委员会对最终确定该联合体的资质是否满足本项目资质条件意见不一，有以下三种意见。

意见1：该联合体满足本项目资质要求，因为联合体成员中，分别有钢结构工程专业承包二级施工资质的成员 A 和装饰装修专业承包一级施工资质的成员 B。

意见2：该联合体不满足本项目资质要求。《招标投标法》第三十一条明确规定，联合体各方均应当具备规定的相应资格条件。这里的联合体成员 A、B、C 均不能同时满足钢结构工程专业承包二级和装饰装修专业承包一级施工资质。

意见3：该联合体不满足本项目资质要求。《招标投标法》第三十一条明确规定，由同一专业的单位组成的联合体，按照资质等级较低的单位确定资质等级。本案中，三个单位均具有钢结构和装饰装修专业资质，按照该条规定，该联合体的资质等级应该为钢结构工程专业承包三级和装饰装修专业承包三级施工资质，所以该联合体的资质不满足本项目资格条件。

问题：分析上述三种意见正确与否，说明理由，并确定该联合体的资质。

分析：意见1、2错误，意见3正确，该联合体不满足本项目资质要求。《招标投标法》第三十一条明确规定，联合体各方均应当具备规定的相应资格条件，由同一专业的单位组成的联合体，按照资质等级较低的单位确定资质等级。在本案中，联合体成员 A、B、C 均不能同时满足钢结构工程专业承包二级和装饰装修专业承包一级施工资质，但均具有钢结构和装饰装修专业资质，因此按照该条规定，该联合体的资质等级应该为钢结构工程专业承包三级和装饰装修专业承包三级，不满足本项目资质条件。

任务4.3　建设工程投标准备工作

知识点学习

4.3.1　收集招标信息

随着建筑市场竞争的日益激烈，招标信息的获取也关系到投标人的生存和发展，信息竞争成为投标人竞争的焦点。收集招标信息的主要途径如下。

（1）通过有形建筑市场、网络、广播、电视、新闻、广告，主动获取招标项目、国家重点项目、企业改扩建计划信息。

（2）提前跟踪信息，有时投标人从工程立项就开始跟踪，并根据自身的技术优势和工程经验为招标人提供合理化建议，从而获得招标人的信任。

（3）通过公共关系获取，经常派业务人员深入政府有关部门、企事业单位，广泛联系，获取信息。

（4）取得老客户的信任，从而承接后续工程。

4.3.2 调查初定目标项目

1. 调查工程业主和工程项目情况

工程业主方面的情况包括项目投资的可靠性、项目投资是否已到位、业主资信情况、履约态度、合同管理经验，工程价款的支付方式，在其他项目上有无拖欠工程款的情况，对实施工程的需求程度等。工程项目方面的情况包括工程性质、规模、发包范围；工程的技术规模和对材料性能及工人技术水平的要求；总工期及分批竣工交付使用的要求；施工场地的地形、地质、地下水位、交通运输、给排水、供电、通信条件的情况；监理工程师的资历、职业道德和工作作风等。

2. 了解相关政治和法律

投标人应当了解在招投标活动及合同履行过程中有可能涉及的法律，也应当了解与项目有关的政治形势、国家政策等，即国家对该项目采取的是鼓励政策还是限制政策。

3. 调查工程自然条件

工程自然条件包括工程所在地的地理位置、地形、地貌及气象状况，包括气温、湿度、主导风向、年降水量等，洪水、台风及其他自然灾害状况等。

4. 调查市场情况

投标人调查市场情况是一项非常艰巨的工作，其内容也非常多，主要包括建筑材料、施工机械设备、燃料、动力、水和生活用品的供应情况、价格水平，还包括过去几年批发物价和零售物价指数及今后的变化趋势和预测；劳务市场情况，如工人技术水平、工资水平、有关劳动保护和福利待遇的规定等；金融市场情况，如银行贷款的难易程度及银行贷款利率等。

对材料、设备的市场情况尤其需详细了解，包括原材料和设备的来源方式、购买的成本、来源国或厂家供货情况；材料、设备购买时的运输、税收、保险等方面的规定、手续、费用；施工设备的租赁、维修费用；使用投标人本地原材料、设备的可能性及成本比较。

5. 投标人自身情况管理

投标人对自己内部情况、资料也应当进行归纳管理。这类资料主要用于招标人要求的资格审查和分析本企业承担项目的可能性，包括投标人自身方面的因素如技术实力、经济、管理、信誉等。

6. 调查竞争对手资料

掌握竞争对手的情况，是投标策略中的一个重要环节，也是投标人参加投标并最终获胜的重要因素。投标人在制定投标策略时必须考虑到竞争对手的情况。

4.3.3 投标前决策

投标人参与投标的目的就是中标，并从中获得利润，但有时也难免会漫无目的地投标。投标决策的意义就在于考虑项目的可行性与可能性，减少盲目投标增加的成本，既要中标承包到工程，又要从承包工程中获得利润。

投标决策贯穿在整个投标过程中。在投标前期，关键是解决两个问题：其一是投标与否，针对所招标的项目是投标还是不投标；其二是如何选择投标类型，若投标，投什么性质的标，如何争取中标，获得合理的效益。

1. 投标与否的决策

一般来说，有下列情形之一的招标项目，投标人不宜参加投标。

（1）本企业业务范围和经营能力以外的工程。

（2）本企业现有工程任务比较饱满，而招标项目风险大或盈利水平较低的工程。

（3）本企业资源投入量过大的工程。

（4）有技术等级、信誉度和实力等方面具有明显优势的潜在竞争对手参加竞标的工程。

2. 投标类型的决策

（1）按投标性质分，投标有保险标和风险标。

保险标是指投标人对招标项目基本上不存在技术、设备、资金等方面的问题，或是虽有技术、设备、资金和其他方面的问题，但已有了解决的办法，投标不存在太大的风险。

风险标是指投标人存在技术、设备、资金等方面尚未解决的问题，完成工程承包任务难度较大的工程投标。投风险标，关键是要想办法解决好工程存在的问题，如果问题解决得好，可获得丰厚的利润，开拓出新的技术领域，使企业实力增强；如果问题解决得不好，企业的效益、声誉都会受到损失。因此，投标人对投风险标的决策要慎重。

（2）按投标效益分，投标有盈利标、保本标和亏损标。

盈利标是指投标人对能获得丰厚利润的工程而投的标。如果企业现有任务饱满，而招标项目是本企业的优势项目，且招标人授标意向明确，则可投盈利标。

保本标是指投标人对不能获得太多利润，但一般也不会出现亏损的工程而投的标。一般来说，当企业现有任务少，或可能出现无后继工程时，可不求盈利，为保本求生存而投此标。

亏损标是指投标人对不能获利，反而亏本的工程而投的标。我国禁止投标人以低于成本的报价竞标，若投此标，一旦被评标委员会认定为低于成本的报价，会被判定为无效投标。因此，投亏损标是投标人的一种非常手段。一般来说，投标人在急于开辟市场的情况下可考虑投此标。

3. 对投标项目选择进行定量分析

面对竞争日趋激烈的建筑市场，投标人要充分考虑影响投标的各种因素后做决策，判断的方法除了定性分析方法外，还需要定量分析方法辅助决策，定量分析方法常用的有评分法。

决策时，请企业投标机构中的技术、经济人员结合企业情况，对完成本项目涉及的各项指标按其相对重要性确定各指标的权重（W），并对每个指标确定五个不同的等级和等级分（C），对每一项指标只能选一个等级分，每个指标的权重与等级分的乘积（$W \times C$）之和（$\sum W \times C$）即为此项目投标机会的总得分。评分法选择投标项目表见表 4-1。

表 4-1　评分法选择投标项目表

序号	投标考虑的指标	要求	权重 W	等级（等级分 C）					指标得分
				好 (1.0)	较好 (0.8)	一般 (0.6)	较差 (0.4)	差 (0.2)	
1	管理条件								
2	技术条件								
3	机械设备实力								
4	对风险的控制能力								
5	实现工期的可能性								
6	资金支付条件								
7	与竞争对手实力比较								
8	与竞争对手积极性比较								
9	今后的机会（社会效益）								
10	劳务和材料条件								
$\sum W \times C$									

　　投标人可根据企业的经营目标，和对本投标项目的期望度，事先设定一个可参加投标的 $\sum W \times C$ 最低分值（如 0.70），将得分值与最低分值比较后做出投标决策。

 特别提示

　　评分法选择投标项目时，还要分析权重大的指标的得分，如果太低，也不宜投标。

 技能点训练

　　1. 训练目的
　　训练学生完成投标前期的各项工作，能对投标项目做出决策。
　　2. 训练内容
　　工程背景见本项目案例引入。
　　（1）将学生分成一个招标小组和若干个投标小组。
　　（2）投标小组模拟投标人，设定投标人相关信息，研究招标文件，根据招标文件的要求进行投标前决策。

典型案例

评分法选择投标项目

背景：某施工企业拟用评分法对某工程项目投标进行选择性决策，选择投标项目表见表4-2。

表4-2 选择投标项目表

序号	投标考虑的指标	要求	权重W	等级（等级分C）					指标得分
				好(1.0)	较好(0.8)	一般(0.6)	较差(0.4)	差(0.2)	
1	管理条件	略	0.15		√				0.12
2	技术条件	略	0.15	√					0.15
3	机械设备实力	略	0.05	√					0.05
4	对风险的控制能力	略	0.15			√			0.09
5	实现工期的可能性	略	0.10			√			0.06
6	资金支付条件	略	0.10		√				0.08
7	与竞争对手实力比较	略	0.10				√		0.04
8	与竞争对手积极性比较	略	0.10		√				0.08
9	今后的机会（社会效益）	略	0.05				√		0.02
10	劳务和材料条件	略	0.05	√					0.05
$\sum W \times C$									0.74

问题：项目可参加投标的最低分值为0.68。请对该工程的投标做出选择。

分析：项目的 $\sum W \times C$ 得分值高于项目可参加投标的最低分值，可选择参加投标。

任务4.4 投标各阶段工作

知识点学习

投标人在通过资格审查，购领了招标文件和有关资料之后，就要按招标文件确定的投标准备时间着手开展各项投标工作。

投标准备时间是指从开始发放招标文件之日起至投标截止时间为止的期限，它由招标人根据工程项目的具体情况确定，一般为28天之内。

4.4.1　组织投标班子

投标班子一般应包括下列三类人员。

（1）经营管理类人员。这类人员一般是从事工程承包经营管理的行家里手，熟悉工程投标活动的筹划和安排，具有相当的决策水平。

（2）专业技术类人员。这类人员是从事各类专业工程技术的人员，如建筑师、监理工程师、结构工程师、造价工程师等。

（3）商务金融类人员。这类人员是从事有关金融、贸易、财税、保险、会计、采购、合同、索赔等工作的人员。

4.4.2　填写资格审查（预审）表

投标人参加资审

投标人在获悉招标公告或投标邀请书后，应当按照招标公告或投标邀请书中所提出的资格审查（预审）要求，向招标人申报资格审查（预审）。资格审查（预审）是投标人投标过程中的第一关，填写资格审查（预审）表要注意以下问题。

（1）严格按照资格审查（预审）文件的要求填写。

（2）填表时应突出重点，体现企业的优势。

（3）跟踪信息，发现不足，及时补充资料。

（4）积累资料，随时备用。

4.4.3　购领招标文件，缴纳投标保证金

投标人经资格审查（预审）合格后，便可向招标人申购招标文件和有关资料，同时要缴纳投标保证金。取得招标文件之后，首要的工作就是组织投标班子，按照以下重点内容，认真仔细地研究招标文件，充分了解其内容和要求，以便有针对性地安排投标工作。

（1）研究招标文件对投标文件的要求，掌握招标范围和报价依据，熟悉投标文件格式、密封方法和标志，了解投标截止日期，避免出现失误，提高工作效率。

（2）研究评标办法，分析评标方法，根据不同的评标因素采取相应的投标策略。

（3）研究合同条款，掌握合同的计价方式，价格是否可调，了解付款方式及违约责任。

4.4.4　市场调查和询价

通过各种渠道，采用各种手段，对工程所需各种材料、设备等资源的价格、质量、供应时间、供应数量等方面进行系统、全面的了解，分析施工设备的租赁、维修费用，进行使用投标项目本地原材料、设备的可能性分析及成本比较。

4.4.5 勘察现场和参加投标预备会

1. 勘察现场

投标人拿到招标文件后，应进行全面、细致的调查研究，勘察现场。若有疑问或不清楚的地方需要招标人予以澄清和解答的，应在收到招标文件后的 7 日内以书面形式向招标人提出。

投标人在去现场勘察之前，应先仔细研究招标文件有关概念、各项要求，特别是招标文件中的工作范围、专用条款及设计图纸和说明等，然后有针对性地拟订出勘察提纲，确定勘察的重点，对要澄清和解答的问题，做到心中有数。投标人要对报价中现场勘察的相关问题承担风险。投标人参加现场勘察的费用，由投标人自己承担。招标人一般在招标文件发出后，就着手考虑安排投标人进行现场勘察等准备工作，并在现场勘察中对投标人给予必要的协助。

投标人进行现场勘察的内容，主要包括以下几个方面。

（1）工程的范围、性质，以及与其他工程之间的关系。

（2）投标人参与投标的那一部分工程与其他承包商或分包商之间的关系。

（3）现场地貌、地质、水文、气候、交通、电力、水源等情况，有无障碍物等。

（4）进出现场的方式，现场附近有无食宿条件，料场开采条件，其他加工条件，设备维修条件等。

（5）现场附近治安情况。

2. 参加投标预备会

投标预备会，又称答疑会或标前会议，一般在现场勘察之后的 1～2 天内举行。投标预备会的目的是解答投标人对招标文件和在现场勘察中所提出的各种问题，并对图纸进行交底和解释。

4.4.6 根据工程类型编制施工规划或施工组织设计

1. 施工规划或施工组织设计的内容

施工规划或施工组织设计一般包括施工程序，施工方案，施工方法，施工进度计划，施工机械、材料、设备的选定和临时生产、生活设施的安排，劳动力计划，以及施工现场平面和空间的布置。

2. 施工规划或施工组织设计的编制依据

施工规划或施工组织设计的编制依据主要有设计图纸，技术规范，经复核的工程量，招标文件要求的开工、竣工日期，以及对市场材料、机械设备、劳动力价格的调查。

3. 编制施工规划或施工组织设计的具体要求

施工规划或施工组织设计要在保证工期和工程质量的前提下，尽可能使成本最低、利润最大。其具体要求是，根据工程类型编制出最合理的施工程序，选择和确定技术上先进、经济上合理的施工方法，选择最有效的施工设备、施工设施和劳动组织，周密、均衡地安排人力、物力和生产，正确编制施工进度计划，合理布置施工现场的平面和空间。

4.4.7 确定利润方针，计算和确定报价

投标报价是投标的一个核心环节，投标人要根据工程价格构成对工程进行合理估价，确定切实可行的利润方针，正确计算和确定投标报价。投标人不得以低于成本的报价竞标。

4.4.8 出席开标会议，参加评标期间的澄清会

1. 开标会议

投标人在编制、递交了投标文件后，要积极准备出席开标会议。参加开标会议对投标人来说，既是权利也是义务。按照国际惯例，投标人不参加开标会议的，视为弃权，其投标文件将不予启封，不予唱标，不允许参加评标。投标人参加开标会议，要注意其投标文件是否被正确启封、宣读，对于被错误地认定为无效的投标文件或唱标错误，应当场提出异议。

2. 评标期间的澄清会

在评标期间，评标委员会要求澄清投标文件中不清楚问题的，投标人应积极予以说明、解释、澄清。澄清招标文件一般可以采用向投标人发出书面询问，由投标人做出书面说明或澄清的方式，也可以采用召开澄清会的方式。澄清会是评标委员会为有助于对投标文件的审查、评价和比较，而个别地要求投标人澄清其投标文件（包括单价分析表）而召开的会议。在澄清会上，评标委员会有权对投标文件中不清楚的问题向投标人提出询问，有关澄清的要求和答复最后均应以书面形式进行。所说明、澄清和确认的问题，经招标人和投标人双方签字后，作为投标书的组成部分。在澄清会中，投标人不得更改标价、工期等实质性内容，开标后和定标前提出的任何修改声明或附加优惠条件，一律不得作为评标的依据。但评标组织按照投标须知规定，对确定为实质上响应招标文件要求的投标文件进行校核时发现的计算上或累计上的计算错误，可要求投标人澄清。

4.4.9 接受中标通知书，签订合同

1. 签订合同

经评标，投标人被确定为中标人后，应接受招标人发出的中标通知书。未中标的投标人有权要求招标人退还其投标保证金。中标人收到中标通知书后，应在规定的时间和地点与招标人签订合同。在合同正式签订之前，应先将合同草案报招标管理机构审查。经审查后，中标人与招标人在规定的期限，按照约定的具体时间和地点，根据有关法律法规，依据招标文件、投标文件的要求和中标的条件签订合同。

2. 提供履约担保，分送合同副本

签订合同的同时，中标人还要按照招标文件的要求，提交履约保证金或履约保函，招

工程招投标与合同管理实务

同 步 练 习

北京大学出版社
PEKING UNIVERSITY PRESS

任务 2.2　认识建筑市场

一、单选题

1. 市场经济具有平等性的特征。这里的"平等性"是指（　　）。

①商品交换双方地位的平等；②商品交换的平等必须以交换双方社会地位的平等为前提；③商品交换的双方必须遵循等价交换的原则；④市场经济活动者之间的平等关系。

A. ①②③　　　　　B. ①③④　　　　　C. ②③④　　　　　D. ①②③④

2. 根据《建筑业企业资质管理规定》等有关规定，专业作业企业资质（　　）。

A. 设一个等级　　B. 不设等级　　　　C. 设一至三个等级　　D. 设一至二个等级

3. 全部使用国有资金投资，依法必须进行施工招标的工程项目，应当（　　）。

A. 进入有形建筑市场进行招投标活动

B. 进入无形建筑市场进行招投标活动

C. 进入有形建筑市场进行直接发包活动

D. 进入无形建筑市场进行直接发包活动

4. 承包商的实力主要包括几个方面，其中不包括（　　）。

A. 人才方面　　　　B. 技术方面　　　　C. 经济方面　　　　D. 信誉方面

5. 国际上把建设监理单位所提供的服务归为（　　）服务。

A. 工程咨询　　　　B. 工程管理　　　　C. 工程监督　　　　D. 工程策划

6. 甲于 2015 年参加并通过了一级建造师执业资格考试，下列说法正确的是（　　）。

A. 他肯定会成为项目经理

B. 只要经所在单位聘任，他马上就可以成为项目经理

C. 只要经过注册，他就可以成为项目经理

D. 只要经过注册，他就可以以建造师的名义执业

7. 下面对施工总承包企业资质等级的划分正确的是（　　）。

A. 一级、二级、三级　　　　　　　　　B. 一级、二级、三级、四级

C. 甲、乙　　　　　　　　　　　　　　D. 特级、一级、二级

8. 建设工程交易中心是我国近几年来在改革中出现的使建设市场有形化的管理形式。建设工程交易中心（　　）。

A. 是政府管理部门　　　　　　　　　　B. 是政府授权的监督机构

C. 具备监督管理职能　　　　　　　　　D. 是服务性机构

9. 下列关于建筑业企业资质管理制度的说法中，正确的是（　　）。

A. 建筑业企业资质分为施工总承包和专业承包两类

B. 建筑业企业资质是指企业的建设业绩、人员素质、管理水平、资金数量、技术装备等

C. 建筑业企业资质年检合格，可申请晋升上一个资质等级

D. 一级施工总承包企业可承担本类别各等级工程施工总承包和项目管理业务

10. 将工程建设项目招标分为勘察设计招标、设备安装招标、土建施工招标、建筑装饰招标、建设监理招标等，是按（　　）分类的。

A. 工程建设程序　　　B. 行业　　　　C. 建设项目组成　　　D. 工程发包范围

1

11. 建筑市场的进入，是指各类项目的（   ）进入建设工程交易市场，并展开建设工程交易活动的过程。

A. 业主、承包商、供应商
B. 业主、承包商、中介机构
C. 承包商、供应商、交易机构
D. 承包商、供应商、中介机构

12. 下列建筑产品中属于生产性建筑产品的是（   ）。

A. 学校的教学楼
B. 轧钢厂的生产车间
C. 体育中心田径场
D. 医院门诊大楼

二、多选题

1. 从事建筑活动的建筑施工企业应当具备的条件，下列说法正确的有（   ）。

A. 有符合国家规定的注册资本
B. 有与其从事的建筑活动相适应的具有法定执业资格的专业技术人员
C. 有向发证机关申请的资格证书
D. 有从事相关建筑活动应有的技术装备
E. 法律、行政法规规定的其他条件

2. 建筑业企业资质分为（   ）几个序列。

A. 施工综合资质
B. 施工总承包资质
C. 专业承包资质
D. 专项承包资质
E. 专业作业资质

3. 我国的建筑施工企业分为（   ）。

A. 工程监理企业
B. 施工总承包企业
C. 专业承包企业
D. 劳务分包企业
E. 工程招标代理机构

4. 获得专业承包资质的企业，可以（   ）。

A. 对所承接的工程全部自行施工
B. 对主体工程实行施工承包
C. 承接施工总承包企业分包的专业工程
D. 承接建设单位按照规定发包的专业工程
E. 将劳务作业分包给具有劳务分包资质的其他企业

5. 按照我国有关规定，所有建设项目都要在建设工程交易中心内（   ）。

A. 报建工程项目
B. 发布招标信息
C. 授予合同
D. 申领施工许可证
E. 办理工程保险

6. 工程建设标准的对象是在工程勘察、设计、施工、验收、质量检验等环节中需要统一的技术要求，包括（   ）。

A. 工程建设勘察、设计、施工、验收等的质量要求和方法
B. 工程建设的试验、检验和评定方法
C. 工程建设的术语、符号、代号、量与单位，建筑模数和制图方法
D. 与工程建设有关的安全、卫生、环境保护的技术要求
E. 以上说法均不正确

7. 从事建筑活动的建筑业企业按照其拥有的（   ）等资质条件，划分为不同的资

质等级，经资质审查合格，取得相应等级的资质证书后，方可在其资质等级许可的范围内从事建筑活动。

A. 技术装备　　　　　B. 注册资本　　　　　C. 专业技术人员

D. 已完成的建筑工程的优良率　　　　　E. 信用等级

8. 公共资源交易平台的基本功能有（　　　）。

A. 场所服务功能　　　B. 信息服务功能　　　C. 专家管理功能

D. 监督管理功能　　　E. 施工图审核

9. 下列关于建筑产品的特点，描述正确的是（　　　）。

A. 建筑生产和交易的统一性　　　　　　B. 建筑产品的多件性

C. 建筑产品的整体性和分部分项工程的相对独立性

D. 建筑产品的不可逆性　　　　　　　　E. 建筑产品的社会性

三、思考与讨论

1. 什么是招投标？列举生活中各类招投标实例，并说说你对招投标内涵的理解。

2. 请阐述建筑市场的概念。

3. 建筑市场的主体有哪些？建筑市场的客体是什么？

4. 建筑市场是怎样管理的？

5. 为什么要设立公共资源交易平台？公共资源交易平台有哪些基本功能？

任务 2.3　建设工程发承包

一、单选题

1. 在 EPC 模式下，工程质量管理的重点是（　　　）。

A. 竣工检验　　　　　　　　　　　　　B. 竣工后检验

C. 施工期间检验　　　　　　　　　　　D. 施工期间和竣工检验

2. 获得（　　　）资质的企业，可以承接施工总承包企业分包的专业工程或者建设单位按照规定发包的专业工程。

A. 劳务分包　　　　　　　　　　　　　B. 技术承包

C. 专业承包　　　　　　　　　　　　　D. 技术分包

3. 关于建筑工程的发包、承包方式，以下说法正确的是（　　　）。

A. 建筑工程实行直接发包的，应当发包给报价最低的承包单位

B. 建筑企业可以允许所属法人公司以其名义承揽工程

C. 发包单位有权将项目的勘察、设计、施工、设备采购一并发包给一个总承包单位

D. 发包单位有权将地基基础、主体结构、屋面工程分别发包给具有相应资质的承包单位

4. 采用施工总承包模式，业主需要与（　　　）签约。

A. 施工总承包管理单位　　　　　　　　B. 一家施工承包商

C. 少数几家施工承包商　　　　　　　　D. 施工总承包商与供货商

5. 下列关于工程分包的说法，错误的是（　　　）。

A. 工程分包是违法的

3

B. 是从工程承包人承担的工程中承包部分工程的行为

C. 工程分包是被允许的

D. 非发包人同意，承包人不得将承包工程的任何部分分包

6. 工程发承包模式，是指发包人与（　　）双方之间的经济关系形式。

A. 招标人　　　　B. 监理人　　　　C. 政府部门　　　　D. 承包人

7. 一般情况下，在施工总承包模式中，由（　　）与分包人签订分包合同。

A. 业主　　　　B. 施工总承包单位　C. 招投标单位　　　D. 监理单位

8. 施工总承包模式最大的缺点是（　　）。

A. 对业主的早期造价控制不利

B. 业主的协调工作量较大

C. 由于要等施工图设计全部结束后才能进行招标，其建设周期较长

D. 在质量控制方面，业主对施工总承包单位的依赖较大

9. 施工总承包模式在合同管理方面的特点有（　　）。

A. 一般情况下，施工总承包管理单位负责所有分包合同的招投标、合同谈判、签约工作，对业主有利

B. 分包人工程款可由发包人直接支付，施工总承包管理单位对分包人的管理更有利

C. 分包人工程款可由施工总承包管理单位支付，施工总承包管理单位对分包人的管理更有利

D. 一般情况下，业主方的招标及合同管理工作量较小，对业主有利

10. 按承包范围（内容）划分，（　　）的工作范围一般是从项目立项到交付使用的全过程。

A. 建筑全过程承包　　　　　　　　B. 总承包

C. 阶段承包　　　　　　　　　　　D. 专项承包

11. 按承包范围（内容）划分，（　　）的内容是某一建筑阶段中的某一专门项目，由于专业性强，多由有关的专业承包者承包。

A. 建筑全过程承包　B. 专项承包　　　C. 总承包　　　　　D. 阶段承包

12. 金属结构制作和安装，按承包范围（内容）划分属于（　　）。

A. 直接承包　　　　B. 建设全过程承包　C. 专项承包　　　D. 阶段承包

13. 某建设项目钢结构工程技术复杂，质量要求高，发包人宜采用（　　）方式。

A. 指令承包　　　　B. 全过程承包　　　C. 专项承包　　　D. 阶段承包

14. 按承包范围（内容）划分，建筑施工承包属于（　　）。

A. 专项承包　　　B. 阶段承包　　　C. 建筑全过程承包　D. 独立承包

15. 按承包人所处地位划分，（　　）方式是指承包人从总承包人承包范围内分包某一分项工程，且承包人不与发包人（建设单位）发生直接关系，而只对总承包人负责。

A. 分承包　　　　B. 独立承包　　　C. 联合承包　　　D. 直接承包

16. 按承包人所处地位划分，（　　）方式是指承包人依靠自身力量自行完成承包任务等。

A. 总承包　　　　B. 联合承包　　　C. 分承包　　　D. 独立承包

17. 按承包人所处地位划分，（　　）方式是指发包人将一项工程任务发包给两个以上承包人，由这些承包人共同承包。

A. 独立承包　　　　B. 联合承包　　　　C. 总承包　　　　D. 分承包

二、多选题

1. 获得施工总承包资质的企业，可以（　　）。

A. 对工程实行施工总承包　　　　　　B. 对主体工程实行施工承包

C. 对所承接的工程全部自行施工　　　D. 将劳务作业分包给具有相应资质的企业

E. 将主体工程分包给其他企业

2. 劳务分包合同规定，当发生（　　）情况之一的，工程承包人应当承担违约责任。

A. 工程承包人违反合同的约定　　　　B. 劳务分包人违约

C. 工程承包人不按时向劳务分包人支付劳务报酬

D. 不可抗力　　　　　　　　　　　　E. 工程承包人不按约定履行合同义务

3. 与施工总承包模式相比，施工总承包管理模式具有（　　）优点。

A. 不利于项目的安全管理　　　　　　B. 整个项目合同总额的确定更有依据

C. 不利于项目的质量控制　　　　　　D. 对业主方节约投资有利

E. 可缩短建设周期，有利于进度控制

4. 施工总承包模式的特点有（　　）。

A. 施工总承包管理单位负责对所有分包人的管理及组织协调，大大减轻了业主的工作

B. 分包单位工程款支付只能由业主支付

C. 分包单位的质量控制主要由业主进行

D. 对分包单位来说，符合质量控制上的"他人控制"原则，对质量控制有利

E. 在进行施工总承包管理单位的招标时，只确定总包管理费，没有合同造价，是业主承担的风险之一

5. 建设工程的交易方式按承包人所处地位划分为（　　）。

A. 总承包　　　　　　B. 专项承包　　　　　C. 联合承包

D. 独立承包　　　　　E. 直接承包

6. 建设工程的交易方式按承包任务获得的途径划分为（　　）。

A. 指令承包　　　　　B. 委托承包　　　　　C. 投标竞争

D. 计划分配　　　　　E. 自主承包

7. 工程建设的众多参与者中，关系最密切的三者是（　　）。

A. 业主　　　　　　　B. 设计单位　　　　　C. 勘察单位

D. 监理单位　　　　　E. 承包商

8. 建设工程的交易方式按承包范围划分为（　　）。

A. 独立承包　　　　　B. 建设全过程承包　　C. 联合承包

D. 阶段承包　　　　　E. 专项承包

三、思考与讨论

1. 你所接触过的工程是采用何种模式承包的？

2. 若要实现建设工程的发承包，发包方应具备哪些主体资格才能实现对工程的发包？承包方又应具备哪些条件才能有资格承包工程？

3. 说说你对工程发承包与工程招投标的关系的理解。

任务 3.2　建设工程招标程序

一、单选题

1. 公开招标又称无限竞争性招标，是指招标人以（　　）的方式邀请不特定的法人或者其他组织投标。

　　A. 投标邀请书　　　　B. 合同谈判　　　　C. 行政命令　　　　D. 招标公告

2. 在依法必须进行招标的工程范围内，对于重要设备、材料等货物的采购，其单项合同估算价在（　　）万元人民币以上的，必须进行招标。

　　A. 50　　　　　　　　B. 200　　　　　　　C. 150　　　　　　　D. 100

3. 下列关于施工公开招标的程序，排列正确的是（　　）。

①编制招标文件；②建设项目报建；③投标人资格预审；④发放招标文件；⑤开标、评标、定标；⑥签订合同。

　　A. ①②③④⑤⑥　　　B. ②①④③⑤⑥　　　C. ②①③④⑤⑥　　　D. ①②④③⑤⑥

4.《工程建设项目招标范围和规模标准规定》规定，勘察、设计、监理等服务的采购，单项合同估算价在（　　）万元人民币以上的，必须进行招标。

　　A. 20　　　　　　　　B. 50　　　　　　　　C. 150　　　　　　　D. 100

5. 邀请招标程序是直接向适于本工程的施工单位发出邀请，其程序与公开招标大同小异，不同点主要是没有（　　）环节。

　　A. 资格预审　　　　　　　　　　　　B. 招标预备会

　　C. 发放招标文件　　　　　　　　　　D. 招标文件的编制和送审

6. 对采用邀请招标的工程项目，参加投标的单位一般不少于（　　）。

　　A. 4 家　　　　　　　B. 3 家　　　　　　　C. 5 家　　　　　　　D. 6 家

7.《中华人民共和国招标投标法》规定，依法必须进行招标的项目，招标人自行办理招标事宜的，应当向有关行政监督部门（　　）。

　　A. 申请　　　　　　　B. 备案　　　　　　　C. 通报　　　　　　　D. 报批

8. 下列不属于《工程建设项目招标范围和规模标准规定》中关系社会公共利益、公众安全的基础设施项目的是（　　）。

　　A. 煤炭、石油、天然气、电力、新能源等能源项目

　　B. 铁路、公路、管道、水运、航空等交通运输项目

　　C. 商品住宅，包括经济适用住房

　　D. 生态环境保护项目

9. 下列不属于《工程建设项目招标范围和规模标准规定》中关系社会公共利益、公众安全的公用事业项目的是（　　）。

　　A. 邮政、电信枢纽、通信、信息网络等邮电通信项目

　　B. 供水、供电、供气、供热等市政工程项目

　　C. 商品住宅，包括经济适用住房

　　D. 科技、教育、文化等项目

10. 建设项目总承包招投标，实际上就是（　　）。

A. 工程施工招投标　　　　　　　　B. 材料、设备供应招投标

C. 勘察设计招投标　　　　　　　　D. 项目全过程招投标

二、多选题

1. 根据《中华人民共和国招标投标法》的规定，招标方式分为（　　　）。

A. 公开招标　　　B. 协议招标　　　C. 邀请招标

D. 指定招标　　　E. 行业内招标

2. 下列关于招标方式的说法中，正确的是（　　　）。

A. 公开招标又称为无限竞争招标，是由招标单位通过报刊、广播、电视等方式发布招标公告，有意的承包商均可参加资格审查，合格的承包商可购买招标文件并参加投标的招标方式

B. 邀请招标又称为无限竞争招标

C. 邀请招标又称为有限竞争招标

D. 对于涉及国家安全或军事保密的工程，或紧急抢险救灾的工程，通过直接邀请某些承包商进行协商选择承包商，这种方式称为邀请招标

E. 答案 D 中的招标方式称为议标

3. 下列（　　　）等特殊情况，不适宜进行招标的项目，按照国家规定可以不进行招标。

A. 涉及国家安全、国家秘密项目

B. 抢险救灾项目

C. 利用扶贫资金实行以工代赈，需要使用农民工等特殊情况

D. 使用国际组织或者外国政府资金的项目

E. 生态环境保护项目

4. 建设单位的招标应当具备的条件是（　　　）。

A. 招标单位可以是任何单位

B. 有与招标项目相适应的经济、技术、管理人员

C. 有组织编制招标文件的能力

D. 有审查投标单位资质的能力

E. 有组织开标、评标、定标的能力

5. 《工程建设项目招标范围和规模标准规定》中关系社会公共利益、公众安全的基础设施项目包括（　　　）等。

A. 防洪、灌溉、排涝、引（洪）水、滩涂治理、水土保持水利枢纽等水利项目

B. 道路、桥梁、地铁和轻轨交通、污水排放及处理、垃圾处理、地下管道、公共停车场等城市设施项目

C. 用于食品加工的饮食基地建设项目

D. 生态环境保护项目

E. 邮政、电信枢纽、通信、信息网络等邮电通信项目

6. 《工程建设项目招标范围和规模标准规定》中关系社会公共利益、公众安全的公用事业项目包括（　　　）等。

A. 生态环境保护项目　　　　　　　　B. 供水、供电、供气、供热等市政工程项目

C. 商品住宅，包括经济适用住房　　　　D. 科技、教育、文化等项目

E. 铁路、公路、管道、水运、航空等交通运输项目

三、思考与讨论

1. 请简述建设工程招标范围和规模。

2. 请简述建设工程可以不招标的范围。

3. 建设工程招标应具备哪些条件？

4. 建设工程招标方式有哪些？各有何区别？

5. 选择招标方式有约束条件吗？你对现阶段存在的议标如何理解？

6. 建设工程公开招标的程序有哪些？

任务 3.3　建设工程施工招标前期工作

一、单选题

1. 应当招标的工程建设项目在（　　）后，已满足招标条件的，均应成立招标组织，组织招标，办理招标事宜。

A. 进行可行性研究　　　　　　　　　B. 办理报建登记手续

C. 选择招标代理机构　　　　　　　　D. 发布招标信息

2. 工程现场的自然条件应说明（　　）。

A. 建设用地面积　　　　　　　　　　B. 建筑物占地面积

C. 工程所处的位置、现场环境　　　　D. 场地平整情况

3. 应当招标的工程建设项目，根据招标人是否具有（　　），可以将组织招标分为自行招标和委托招标两种情况。

A. 招标资质　　　　　　　　　　　　B. 招标许可

C. 招标的条件与能力　　　　　　　　D. 评标专家

4. 施工招标中，为了规范建筑市场有关各方的行为，《中华人民共和国建筑法》和《中华人民共和国招标投标法》明确规定，一个独立合同发包的工作范围不可能是（　　）。

A. 全部工程招标　　　　　　　　　　B. 单位工程招标

C. 特殊专业工程招标　　　　　　　　D. 分项工程招标

5. 招标代理机构的性质为（　　）。

A. 从事招标代理业务并提供相关服务的社会中介组织

B. 负责监督管理招标代理业务的咨询机构

C. 负责招标代理业务的机关法人

D. 招标代理行业自律的民间组织

6. 根据《中华人民共和国招标投标法》的规定，下列关于工程招标代理机构应当具备条件的说法中，不正确的是（　　）。

A. 有从事招标代理业务的营业场所和相应资金

B. 具备编制招标文件的能力

C. 具备编制标底的能力

D. 具备评标的相应专业能力

7. 根据《中华人民共和国招标投标法》的规定，下列关于招标代理机构职责的表述中，不正确的是（　　）。

A. 编制招标方案　　　　　　　　　　B. 编制资格预审文件

C. 组织招标文件的澄清、答疑和修改等工作　D. 指导评标委员会完成评标工作

8. 招标代理机构与行政机关和其他国家机关不得存在（　　）。

A. 管辖关系　　　　　　　　　　　　B. 隶属关系或其他利益关系

C. 监督关系　　　　　　　　　　　　D. 服务关系

9. 下列关于招标代理的叙述中，错误的是（　　）。

A. 招标人有权自行选择招标代理机构，委托其办理招标事宜

B. 招标人具有编制招标文件和组织评标能力的，可以自行办理招标事宜

C. 任何单位和个人不得以任何方式为招标人指定招标代理机构

D. 建设行政主管部门可以为招标人指定代理机构

10. 下列关于招标人应具备的条件的叙述中，错误的是（　　）。

A. 满足国家规定的投标人的资格条件　　B. 投标人应具备类似工程的经验

C. 满足招标文件中招标人的资格条件　　D. 投标人应具备承担招标项目的能力

二、多选题

1.《中华人民共和国招标投标法》规定，招标人应具备的条件为（　　）。

A. 法人　　　　　B. 自然人　　　　　C. 其他组织

D. 法人代表　　　E. 企业分支机构

2. 在招标准备阶段，招标人的主要工作包括（　　）。

A. 办理招标备案　　B. 编制招标文件　　C. 选择招标方式

D. 进行资格预审　　E. 发布招标公告

3. 在施工招标中，进行合同数量的划分应考虑的主要因素有（　　）。

A. 施工内容的专业要求　　　　　　　B. 施工现场条件

C. 投标人的财务能力　　　　　　　　D. 对工程总投资的影响

E. 投标人的所在地

4. 招标前期准备应满足的要求有（　　）。

A. 建设工程已批准立项，且向建设行政主管部门履行了报建手续，取得批准

B. 建设资金能满足建设工程的要求，符合规定的资金到位率

C. 建设用地已依法取得，但未领取建设工程规划许可证

D. 技术资料能满足招投标的要求

E. 法律法规规定的其他条件

5. 工程项目建设周期划分为（　　）几个阶段。

A. 项目准备阶段　　　　　　　　　　B. 项目可行性研究阶段

C. 项目策划决策阶段　　　　　　　　D. 项目竣工验收阶段

E. 项目实施阶段

6. 设备与工程招标属于工程项目建设周期的（　　）阶段。

A. 项目竣工验收阶段和总结评价　　　B. 项目策划决策

C. 项目实施　　　　　　　　　　　　D. 项目招标投标

E. 项目准备

三、思考与讨论

1. 工程建设项目为什么要进行报建？工程建设项目报建需要哪些条件？请简述报建程序。

2. 招标人自行招标应具备什么条件？招标人如果不具备自行招标的条件应怎么办？

任务 3.4 编制招标公告与投标邀请书

一、单选题

1. 关于发布招标公告，下列说法中正确的是（   ）。

A. 发布招标公告是招标必经程序

B. 采用公开招标方式的，可以用投标邀请书代替招标公告

C. 依法必须招标项目的招标公告可以自由选择发布媒介

D. 发布招标公告的目的是吸引潜在投标人参与投标竞争

2. 评标过程中，发现招标公告与招标文件对同一内容表述不一致时，应以（   ）为准进行评标。

A. 招标公告   B. 招标文件

C. 招标人的解释   D. 评标委员会的讨论意见

3. 依法必须进行公开招标项目的招标公告，必须通过国家指定的报刊、信息网络或者其他公共媒介发布，体现了招投标的（   ）原则。

A. 公开   B. 公平   C. 公正   D. 诚实信用

4. 按照《招标公告发布暂行办法》规定，依法必须招标的国际招标项目的招标公告应在（   ）发布。

A.《中国建设报》   B.《中国政府采购》杂志

C.《中国日报》   D.《中国经济导报》

5. 发布招标公告一般在一个建设项目报建（   ）进行。

A. 前   B. 后   C. 同时   D. 完成时

二、多选题

1. 以下说法正确的有（   ）。

A. 招标公告一经发出即构成招标活动的要约，招标人不得随意更改

B. 招标人采用邀请招标方式的，应当向三个以上的潜在投标人发出投标邀请书公告的发布媒介

C. 对不是必须招标的项目，招标人可以自由选择招标公告的发布媒介

D. 依法必须招标项目的招标公告应当在国家指定的媒介发布

E. 各省级政府发展计划部门无权指定招标

2. 在下列行为中，（   ）属于要约邀请。

A. 承诺   B. 投标   C. 招标公告

D. 招股说明书   E. 价目表的寄送

3. 投标邀请书的内容应载明（   ）等事项。

A. 招标项目的性质、数量   B. 招标人的名称和地址

C. 招标项目的实施地点和时间　　　　　D. 获取招标文件的办法

E. 招标人的资质证明

4. 招标人采用邀请招标方式招标时，应当向三个以上（　　）或者其他组织发出投标邀请书。

A. 特定的法人　　　　　　　　　　　　B. 资信良好的

C. 具备承担招标项目的能力　　　　　　D. 有营业执照

E. 有诉讼争议的企业

三、思考与讨论

1. 如何编制招标公告？

2. 如何编制投标邀请书？

3. 拟发布的招标公告文本在哪些情形下需要改正、补充或调整？

任务 3.5　资格审查

一、单选题

1. 下列不属于资格预审须知内容的是（　　）。

A. 工程概况　　　　　　　　　　　　　B. 资金来源

C. 资金数额　　　　　　　　　　　　　D. 资格和合格条件要求

2. 根据《工程建设项目施工招标投标办法》的规定，资格预审文件发售时间最短不得少于（　　）。

A. 3 个工作日　　　B. 5 个工作日　　　C. 3 日　　　　　　　D. 5 日

3. 下列关于工程建设项目招标资格审查的说法中，错误的是（　　）。

A. 资格预审一般在投标前进行，资格后审一般在开标后进行

B. 资格预审审查办法分为合格制和有限数量制

C. 资格后审审查办法包括综合评估法和经评审的最低投标价法

D. 资格后审应由招标人依法组建的评标委员会负责

4. 依法必须招标的工程项目，对投标人进行资格后审的主体是（　　）。

A. 招标代理机构　　B. 招标人　　　　　C. 公证机构　　　　　D. 评标委员会

5. 招标人采用资格后审对投标人进行资格审查的，其投标资格审查在（　　）进行。

A. 开标前　　　　　B. 开标后　　　　　C. 投标报名后　　　D. 招标文件发出后

6. 招标项目资格预审文件的内容一般不包括（　　）。

A. 资格预审邀请书　　　　　　　　　　B. 申请人须知

C. 资格预审申请文件格式　　　　　　　D. 评标标准和方法

7. 下列不是资格预审申请文件组成部分的是（　　）。

A. 资格预审申请函　　　　　　　　　　B. 申请人基本情况表

C. 正在施工和新承接的项目情况表　　　D. 施工组织设计

8. 依法必须招标项目实行资格预审的，资格审查主体的组成与人数应为（　　）。

A. 5 人以上单数，招标人代表不得参加

B. 7 人以上单数，招标人代表可以参加

C. 5 人以上单数，招标人代表不超过总人数的 1/3

D. 3 人以上单数，招标人代表不超过总人数的 1/3

9. 投标资格审查工作包括以下五项内容，程序安排最为恰当的是（　　）。

①确定通过资格预审的申请人及提交资格审查报告；②详细审查；③初步审查；④澄清、说明或补正；⑤审查准备工作。

A. ⑤③②④①　　　　　　　　　　B. ⑤③④②④①

C. ⑤④③②④①　　　　　　　　　　D. ⑤②③④①

10. 关于资格预审，下列说法错误的是（　　）。

A. 招标人或招标代理机构应向审查委员会提供资格审查所需的信息和数据

B. 资格预审文件中的表格不能满足需要时，审查委员会应补充编制资格审查工作所需的表格

C. 未在资格预审文件中规定的标准和方法不得作为资格审查的依据

D. 在审查委员会全体成员在场见证的情况下，由招标人检查资格预审申请文件的密封和标识情况并打开密封

11. 关于资格预审申请文件的密封与标识，下列说法正确的是（　　）。

A. 在审查委员会全体成员在场见证的情况下，由招标人检查资格预审申请文件的密封和标识情况并打开密封

B. 密封或者标识不符合要求的，资格审查委员会应当要求招标人做出说明

C. 如果认定密封或者标识不符合要求是由于招标人保管不善所造成的，应当要求招标人就相关申请人所递交的申请文件内容进行检查确认

D. 以上说法均不正确

12. 应资格审查委员会要求，申请人递交的书面澄清资料由（　　）开启。

A. 招标人　　　　　　　　　　　　B. 申请人

C. 资格审查委员会　　　　　　　　D. 招标代理机构

13. 某设计、施工一体化招标项目，甲、乙两家企业组成联合体进行资格预审申请，双方协议约定甲企业负责项目的设计工作，乙企业负责项目的施工工作，已知甲企业具备设计甲级资质、施工二级资质，乙企业具备设计乙级资质，施工一级资质，则该联合体的资质等级应为（　　）。

A. 设计乙级、施工二级　　　　　　B. 设计乙级、施工一级

C. 设计甲级、施工一级　　　　　　D. 设计甲级、施工二级

14. 某招标项目，甲、乙两家企业组成联合体进行资格预审申请，双方协议约定甲、乙工作量比例为 1:1，已知甲企业具备银行授信额度为 1 亿元，乙企业具备银行授信额度为 2 亿元，则该联合体的银行授信额度应被认定为（　　）。

A. 1 亿元　　　　　　　　　　　　B. 1.5 亿元

C. 2 亿元　　　　　　　　　　　　D. 3 亿元

15. 某招标项目，甲、乙两家企业组成联合体进行资格预审申请，双方协议约定甲、乙合同工作量比例为 1:1，甲企业负责为项目提供 1000 万元流动资金，乙企业负责为项目提供 2000 万元流动资金，双方均出具了银行相关存款专用证明，则该联合体可为本项目提供的流动资金总额应被认定为（　　）万元。

A. 1000   B. 1500

C. 2000   D. 3000

16. 在资格审查中，甲、乙、丙、丁四家企业审查得分情况如下表所示，则四家企业排名顺序正确的是（   ）。

序号	企业	项目经理得分	类似项目业绩得分	总得分
1	甲	11	10	89
2	乙	11	10	91
3	丙	12	10	89
4	丁	11	9	91

A. 乙丁甲丙   B. 丁乙丙甲   C. 乙丁丙甲   D. 丁乙甲丙

二、多选题

1. 在资格预审文件中，应规定统一表格让参加资格预审的单位填报和提交有关资料。其中资格预审单位概况包括（   ）。

A. 企业的资金运转情况   B. 企业人员和机械设备情况

C. 企业简历   D. 企业的发展前景

E. 企业的主要销售渠道

2. 在资格审查中，下列因素宜设置为申请人不合格条件的是（   ）。

A. 资质等级   B. 项目经理业绩

C. 质量管理体系认证   D. 项目特需的特种施工机械

E. 安全生产许可证

3. 在资格审查中，下列内容属于审查类似项目业绩的主要依据的是（   ）。

A. 中标通知书   B. 合同协议书

C. 工程竣工验收证书   D. 工程决算书

E. 信用等级证书

4. 在企业履约历史情况审查中，应以"近三年没有骗取中标和严重违约及重大工程质量问题"为标准，无效证明材料是（   ）。

A. 由建设行政主管部门出具的书面证明文件

B. 由申请人的法定代表人或其委托代理人签字并加盖单位章的书面承诺文件

C. 由行业主管部门有关网站记载的公告信息

D. 由招标人登录相关信用网站下载的信用信息

E. 第三方监理单位提供的证明材料

三、思考与讨论

1. 为什么要进行资格预审？资格预审与资格后审的区别是什么？各自的适用范围是什么？

2. 资格预审包括哪些内容？合格制与有限数量制的异同是什么？

3. 怎样编写资格预审申请文件？

4. 为什么说资格审查是投标人承包工程的入门证？

任务 3.6　编制招标文件

一、单选题

1. 工程项目招标文件列入的招标须知，是指导投标单位编制投标文件的文件，其目的在于避免（　　）。

    A. 经常向甲方提出疑问　　　　　　　　B. 造成废标

    C. 泄漏标底　　　　　　　　　　　　　D. 投标单位中标后不与甲方签订合同

2. 招标文件、图纸和有关技术资料发放给通过资格预审获得投标资格的投标单位。投标单位应当认真核对，核对无误后以（　　）形式予以确认。

    A. 会议　　　　　　B. 电话　　　　　　C. 口头　　　　　　D. 书面

3. 根据《中华人民共和国招标投标法》规定，招标人需要对发出的招标文件进行澄清或修改时，应当在招标文件要求提交投标文件的截止时间至少（　　）天前，以书面形式通知所有招标文件收受人。

    A. 10　　　　　　　B. 15　　　　　　　C. 20　　　　　　　D. 30

4. 发包单位与中标单位签订合同应在自中标之日起（　　）日内。

    A. 30　　　　　　　B. 40　　　　　　　C. 50　　　　　　　D. 60

5. 《中华人民共和国招标投标法》规定，依法必须招标的项目自招标文件开始发出之日起至投标人提交投标文件截止之日止，最短不得少于（　　）。

    A. 20 天　　　　　　　　　　　　　　B. 30 天

    C. 10 天　　　　　　　　　　　　　　D. 15 天

6. 下列不属于招标文件内容的是（　　）。

    A. 投标邀请书　　　　　　　　　　　　B. 设计图纸

    C. 合同主要条款　　　　　　　　　　　D. 财务报表

7. 施工招标文件不包括（　　）。

    A. 主要合同条款　　　　　　　　　　　B. 设计图纸和工程量清单

    C. 投标须知　　　　　　　　　　　　　D. 设计单位概况

8. 招标文件除了在投标须知中写明的招标内容外，还应说明招标文件的组成部分。下列关于其组成部分说法错误的是（　　）。

    A. 对招标文件的解释是其组成部分　　　B. 对招标文件的修改是其组成部分

    C. 对招标文件的补充是其组成部分　　　D. 以上说法均不对

9. 《中华人民共和国房屋建筑和市政工程标准施工招标文件》适用于一定规模以上，实行（　　）招标的房屋建筑和市政工程。

    A. 设计-施工一体化　　　　　　　　　B. 施工总承包

    C. 工程总承包　　　　　　　　　　　　D. EPC

10. 关于招标文件的解释，下列说法错误的是（　　）。

    A. 构成本招标文件的各个组成文件应互为解释，互为说明

    B. 招标文件中构成合同文件组成内容的，以专用合同条款约定的合同文件优先顺序
      解释

C. 仅适用于招标投标阶段的文件，按招标公告、投标人须知、评标办法的先后顺序解释

D. 同一组成文件中就同一事项的规定不一致的，以规定更为严格的解释为准

二、多选题

1. 施工招标文件应包括以下内容（　　　）。

A. 工程综合说明　　　　　　　　　B. 设计图纸、资料及技术说明书

C. 工程设计单位概况　　　　　　　D. 工程量清单或报价单

E. 投标须知

2. 下列属于招标文件的主要内容的是（　　　）。

A. 投标须知，包括所有对投标要求的有关事项

B. 设计图纸和工程量清单

C. 设计依据资料，包括提供设计所需资料的内容、方式和时间

D. 设计文件编制的依据

E. 招标可能涉及的其他有关内容

3. 根据《中华人民共和国招标投标法》的规定，下列主体中可以作为工程建设项目招标人的是（　　　）。

A. 股份制公司　　　　B. 自然人　　　　　C. 国家机关

D. 司法机关　　　　　E. 社会团体

4. 工程量清单的作用主要包括（　　　）。

A. 为投标人提供了一个共同的报价基础，并作为确定工程合同价款的基础

B. 在工程设计变更或处理索赔时，可用于确定新增项目价格的参照基础

C. 合理划分了项目风险，招标人承担了量的风险，投标人承担了价的风险

D. 工程量清单仅适用于单价合同

E. 以上说法均不正确

5. 下列情形中，属于以不合理条件限制或排斥潜在投标人的是（　　　）。

A. 要求施工单位垫资施工到基础完成

B. 要求施工企业资质高于招标项目所需的资质等级

C. 不接受联合体投标

D. 以特定行政区域的业绩、奖项，作为加分条件

E. 以上说法均不正确

三、思考与讨论

1. 招标文件的主要内容有哪些？

2. 怎样才能写好招标文件？

3. 编制招标文件的注意事项有哪些？

4. 你若作为招标人，怎样才能更好地完成招标任务，招到理想的承包人？

任务 3.7　编制工程标底与招标控制价

一、单选题

1. 根据《中华人民共和国招标投标法实施条例》，下列有关标底的说法正确的

是（　　）。

    A. 标底即招标控制价

    B. 标底只作为评标的参考

    C. 以投标报价是否接近标底作为中标条件

    D. 以投标报价超过标底上下浮动范围作为否决投标的条件

2. 下列说法中，表述不正确的是（　　）。

    A. 招标人设有标底的，标底在开标前应当保密，并在评标时作为参考

    B. 招标文件中没有规定的标准和方法不得作为评标的依据

    C. 评标委员会应当审查每一投标文件是否对招标文件提出的所有实质性要求和条件做出响应

    D. 评标委员会不能要求存在细微偏差的投标人予以补正

3. 启动投标人报价是否低于成本价的评审工作需要一个前提条件，即投标人报价需要低到一定限度，关于这个限度，下列说法错误的是（　　）。

    A. 拟评审的投标人的投标文件已经通过评标办法规定的初步评审，不存在被否决投标的情形

    B. 设有标底或者招标控制价时以标底或者招标控制价为基准设立下浮限度

    C. 既不设招标控制价又不设标底的，可以有效投标报价的算术平均值为基准设立下浮限度

    D. 投标人的投标报价低于招标文件规定的下浮限度，即可认定其低于成本价，其投标将被否决

4. 采用工程量清单计价法，业主对设计变更而导致的工程造价的变化一目了然，业主可以根据投资情况来决定是否进行设计变更。这反映了工程量清单计价法（　　）的特点。

    A. 满足竞争的需要   B. 有利于实现风险合理分担

    C. 有利于标底的管理与控制   D. 有利于业主对投资的控制

5. 下列有关工程标底的说法不正确的是（　　）。

    A. 标底是我国工程招标中的一个特有概念

    B. 标底是招标人对建设工程预算的期望值

    C. 标底通常被作为工程的交易价格

    D. 标底应根据有关计价依据和计价办法来计算

6. 招标标底是招标人对招标项目的预期价格，标底应体现（　　）水平。

    A. 社会生产力平均先进   B. 社会生产力平均

    C. 国家规定的平均   D. 个别企业先进

7. 如招标文件规定招标人供应主要设备、材料，提供砂石料等，在编制标底时，其工程项目的取费费率（　　）。

    A. 可相对降低   B. 可相对提高

    C. 不考虑这一因素   D. 可相等

8. 编制标底单价时，应根据工程量的大小、施工条件的优劣等因素（　　）。

    A. 调整定额中人工消耗量

B. 调整人工及施工机具台班消耗量

C. 调整人工、材料及施工机具台班消耗量

D. 调整定额中材料消耗量

9. 采用综合单价法编制标底的工作不应包括（　　）。

A. 计算工程量

B. 形成工程量清单

C. 单独计算不可预见费

D. 估算分项工程综合单价

10. 关于标底，下列说法正确的是（　　）。

A. 标底是指投标人根据招标项目的具体情况，编制的完成投标项目所需的全部费用

B. 标底由成本、利润、税金等组成，一般应控制在批准的总概算及投资包干限额的120%以内

C.《中华人民共和国招标投标法》明确规定招标工程必须设置标底

D. 标底是根据国家规定的计价依据和计价办法计算出来的工程造价，是招标人对建设工程的期望价格

二、多选题

1. 关于标底，下列描述正确的是（　　）。

A. 一个工程可以编制几个标底

B. 标底必须送招标管理机构审定

C. 标底审定后必须及时妥善封存、严格保密、不得泄露

D. 标底价格应力求与市场的实际变化吻合，有利于竞争和保证工程质量

E. 标底价格一般应控制在批准的总概算及投资包干的限额内

2. 编制标底应遵循的原则有（　　）。

A. 工程项目划分、计量单位、计算规则统一

B. 按工程项目类别计价

C. 应包括不可预见费、赶工措施费等

D. 应考虑市场变化

E. 应考虑招标人的资金状况

3. 编制招标标底时，需要考虑的因素包括（　　）。

A. 自然地理条件

B. 质量要求

C. 施工企业的技术装备

D. 工期要求

E. 建筑材料市场价格的变化

4. 工程量清单招标中，建设项目标底价格的计算基础是（　　）。

A. 工程量清单

B. 招标评标办法

C. 企业定额

D. 工程造价各种信息、资料和指数

E. 国家、地区或行业的定额资料

5. 工程量清单计价应包括按招标文件规定完成工程量清单所列项目的全部费用，一般包括（　　）。

A. 分部分项工程费

B. 规费、税金

C. 业主临时设施费

D. 措施项目费

E. 其他项目费

三、思考与讨论

1. 何谓标底？如何编制标底？

2. 你怎样理解招标控制价？是否每个工程都要有招标控制价（或标底）？

3. 招标控制价的编制方法有哪些？

4. 试比较各地区招标控制价的编制方法，分析各有何优点。

任务 3.8　组织现场勘察与投标预备会

一、单选题

1. 投标预备会结束后，由招标人（招标代理人）整理会议答疑纪要，并以书面形式将所有问题及解答向（　　）发放。

A. 所有潜在的投标人　　　　　　　　B. 所有获得招标文件的投标人

C. 所有申请投标的投标人　　　　　　D. 所有资格预审合格的投标人

2. 在工程招投标中，由（　　）来组织现场勘察、召开投标预备会。

A. 施工单位　　　　B. 造价咨询单位　　　　C. 业主　　　　　　D. 监理单位

3. 在建设工程招标中，承包商现场勘察的费用由（　　）承担。

A. 业主　　　　　　　　　　　　　　B. 承包商

C. 监理单位　　　　　　　　　　　　D. 业主和承包商共同

4. 招投标过程中需要对现场进行勘察，以了解现场情况。现场勘察组织工作由（　　）。

A. 招标人承担，费用由投标人承担　　B. 投标人承担，费用由招标人承担

C. 招标人承担，费用由招标人承担　　D. 投标人承担，费用由投标人承担

5. 当出现招标文件中的某项规定与工程交底会后招标人发给每位投标人的会议答疑纪要不一致时，应以（　　）为准。

A. 招标文件中的规定　　　　　　　　B. 招标人在会议上的口头解答

C. 发给投标人的会议答疑纪要　　　　D. 现场勘察时招标人的口头解答

二、多选题

1. 收到投标人提出的问题后，招标人应通过（　　）方式通知所有投标人。

A. 书面形式　　　　B. 投标预备会　　　　C. 口头形式

D. 补充文件　　　　E. 电话形式

2. 招标人组织现场勘察时，对某投标人提出的问题，应当（　　）。

A. 以书面形式向提出人做答复

B. 以口头方式向提出人当场答复，并随后下发补充文件

C. 以书面形式向全部投标人做同样答复

D. 可不向其他投标人做答复

E. 以上说法均不正确

3. 现场勘察的内容包括（　　）。

A. 工程性质及与其他工程的关系

B. 投标人投标的那一部分工程与其他承包商或分包商的关系

C. 工地地貌、地质、气候、交通、电力、水源等情况，有无障碍物等

D. 工地附近的治安情况

E. 工地面积大小

4. 下列关于投标预备会的解释，正确的是（   ）。

A. 投标预备会是投标人勘察现场后招标人召开的准备会

B. 投标预备会是招标人为解答投标人在勘察现场时提出的问题而召开的会议

C. 投标预备会是招标人为解答投标人在阅读招标文件后提出的问题而召开的会议

D. 投标预备会是招标人为解答投标人在阅读招标文件和勘察现场后提出的疑问，按照招标文件规定的时间而召开的会议

E. 以上说法均不正确

三、思考与讨论

1. 现场勘察的目的是什么？

2. 现场勘察的重点是什么？

3. 投标预备会的工作有哪些？

4. 投标预备会结束后要做哪些工作？

任务 3.9　策划工程开标

一、单选题

1. 下面哪个单位不需要参加施工开标会议（   ）。

A. 招标单位　　　　B. 投标单位　　　　C. 招标办公室　　　　D. 规划部门

2. 投标单位应按招标单位提供的工程量清单，逐一填写单价和合价。若在开标后发现投标单位没有填写单价或合价的分项，则（   ）。

A. 允许投标单位补充填写

B. 由招标单位退回投标文件

C. 视为废标

D. 视为此项费用已包括在其他项的单价和合价中

3. 根据《中华人民共和国招标投标法实施条例》，招标人应当按照招标文件规定的时间、地点开标。投标人少于（   ）个的，不得开标。

A. 2　　　　　　　　B. 3　　　　　　　　C. 4　　　　　　　　D. 5

4. 下列说法错误的是（   ）。

A. 招标无效应当由招标行政监督部门认定

B. 中标无效必须重新招标

C. 评标无效指评标的结果无效

D. 认定中标无效后可以在评标委员会推荐的候选人中依次递补

5. 投标人少于三个或者所有投标被否决的，招标人应当依法（   ）。

A. 重新招标　　　　B. 重新开标　　　　C. 重新评标　　　　D. 直接发包

6. 开标由（   ）主持，邀请所有投标人参加。

A. 公证机构代表人　　　　　　　　　　B. 招标人

C. 投标人代表　　　　　　　　　　　　D. 行政监督机构

7. 项目招标在开标时，应邀请所有的（   ）参加。

A. 投标人　　　　　B. 项目经理　　　　　C. 设计人员　　　　　D. 监理单位

8.《中华人民共和国招标投标法》规定开标的时间应当是（　　　）。

A. 提交投标文件截止时间的同一时间

B. 提交投标文件截止时间的 24 小时内

C. 提交投标文件截止时间的 30 天内

D. 提交投标文件截止时间后的任何时间

二、多选题

1. 开标时，投标文件出现下列（　　　）情形时，招标人不予受理。

A. 提交投标文件时未按要求提交投标担保的

B. 投标文件逾期送达或者未送达指定地点的

C. 未按招标文件要求密封的

D. 提交投标文件时未递交授权委托书原件的

E. 加盖企业法人及法人代表印章的

2. 开标时对投标文件密封情况的检验，以下描述不正确的是（　　　）。

A. 由公证机构检验投标文件的密封情况

B. 由招标监督机构检验投标文件的密封情况

C. 由投标人推选的代表检验投标文件的密封情况

D. 由招标人检验投标文件的密封情况

E. 由全体投标人在场检验投标文件的密封情况

3. 有下列情形之一的，招标人应当依法重新招标（　　　）。

A. 所有投标均被否决的

B. 评标委员会否决不合格投标后，有效投标人只有两个的

C. 招标人不认可评标结果的

D. 评标过程中，同意延长投标有效期的投标人少于三个的

E. 有效投标人多于三个的

4. 根据《中华人民共和国招标投标法》的有关规定，下列说法不符合开标程序的有
（　　　）。

A. 开标应当在招标文件确定的提交投标文件截止时间的同一时间公开进行

B. 开标由招标人主持，邀请中标人参加

C. 在招标文件规定的开标时间前收到的所有投标文件，开标时都应当众予以拆封、
宣读

D. 开标由建设行政主管部门主持，邀请中标人参加

E. 开标过程应当被记录，并存档备查

5. 被宣布为废标的投标文件包括（　　　）。

A. 投标文件未按招标文件中规定密封

B. 逾期送达的投标文件

C. 加盖法人或委托授权人印章的投标文件

D. 未按招标文件的内容和要求编写、内容不全或字迹无法辨认的投标文件

E. 投标人不参加开标会议的投标文件

1. 开标的有关规定有哪些？

2. 开标会议程序有哪些？

3. 你认为开标中的重要工作是什么？哪些情况下可判定为无效投标文件？

4. 哪些情况下要重新招标？

任务 3.10 评标、定标、签订合同

一、单选题

1. 关于评标委员会的组建，下列说法正确的是（   ）。

A. 评标委员会成员人数应当为 7 人以上的单数

B. 招标人代表可以作为评标委员会成员

C. 评标委员会负责人应当由招标人代表担任

D. 来自同一单位的评标专家不能超过 3 人

2. 关于确定中标人的说法，错误的是（   ）。

A. 招标人收到评标报告后，结合考察情况确定中标人

B. 招标人在投标有效期内确定中标人

C. 招标人可以授权评标委员会直接确定中标人

D. 国有投资项目应当确定评标委员会推荐的第一中标候选人为中标人

3. 根据《评标委员会和评标方法暂行规定》第五十四条，对有所列违法行为的评标委员会成员取消担任评标委员会成员的资格，（   ）任何依法必须进行招标项目的评标。

A. 两年后才可参加 B. 五年内不得参加 C. 不得再参加   D. 允许参加

4. 投标人在投标文件中提交分包方案的，评标委员会应予以评审，评审时可以暂不考虑的因素是（   ）。

A. 确定分包人的方式方法   B. 分包内容

C. 分包金额   D. 接受分包的第三人资质条件

5. 投标人在投标截止时间前修改了投标函中的投标总报价，然后再次密封投标，但未修改"工程量清单"中的相应报价。在评标过程中，评标委员会应当（   ）。

A. 按照算术性修正原则，以总价为准，修正单价和合价，由投标人书面确认

B. 以投标人修改前的报价为准，进行评审

C. 否决其投标，不予评审

D. 以修改后的投标总报价为基准，直接评审

6. 关于清标工作小组，下列说法错误的是（   ）。

A. 清标工作小组人数和组成必须符合国家关于评标委员会的组建要求

B. 在不影响评标委员会的法定权利前提下，清标工作可以与评标工作平行进行

C. 清标工作小组成员应为具备相应执业资格的专业人员

D. 清标成果应当经过评标委员会的审核确认，经确认的清标成果视同是评标委员会的工作成果

7. 评标委员会判断投标人的投标报价是否低于其成本，所参考的下列部分评审依据，

不包括（　　）。

 A. 施工组织设计   B. 标底或招标控制价（如有）

 C. 项目管理机构的水平高低   D. 经审计的企业近三年财务报表

8. 招标文件中公布了评标办法，未公布评标细则。该做法（　　）。

 A. 违反了招投标的公开原则

 B. 有效避免了投标人对应评标细则编制投标文件，应当推广

 C. 有利于评标委员会在开标后结合投标情况完善评标细则

 D. 适合于技术负责项目的招标

9. 工程招标方案中，设置工程评标办法、合同条款等相关内容的最主要依据是（　　）。

 A. 工程质量、造价、进度和目标 B. 工程招标顺序和招标方式、方法

 C. 工程招标资格   D. 工程招标范围和标段划分

二、多选题

1. 根据《中华人民共和国招标投标法》，依法必须进行招标的项目，其评标委员会（　　）。

 A. 由招标人的代表和有关技术、经济等方面的专家组成

 B. 成员人数为 3 人以上单数，其中技术、经济等方面的专家不得少于成员总数的 2/3

 C. 专家应当从事相关领域工作满 6 年并具有高级职称或者具有同等专业水平

 D. 专家成员由招标人从省人民政府有关部门提供的专家库内确定

 E. 以上说法均不正确

2. 招标人可以（　　）确定中标人。

 A. 根据评标委员会提出的书面评标报告和推荐的中标候选人

 B. 授权评标委员会

 C. 在评标委员会推荐的中标候选人中随机抽取

 D. 在评标委员会推荐的中标候选人中考察比选

 E. 以上说法均不正确

3. 中标人应当按照合同约定履行义务，下列说法正确的是（　　）。

 A. 不得向他人转让中标项目，也不得将中标项目肢解后分别向他人转让

 B. 按照合同约定或者经招标人同意，可以将中标项目的部分非主体、非关键性工作分包给他人完成

 C. 接受分包的人应当具备相应的资格条件，经招标人同意可以再次分包给具有相应资质的单位

 D. 应当就分包项目向招标人负责，接受分包的人就分包项目承担连带责任

 E. 以上说法均不正确

4. 根据《中华人民共和国招标投标法实施条例》第四十六条，除《中华人民共和国招标投标法》第三十七条第三款规定的特殊招标项目外，依法必须进行招标的项目，（　　）。

 A. 其评标委员会的专家成员应当从评标专家库内相关专业的专家名单中以随机抽取方式确定

 B. 任何单位和个人不得以明示、暗示等任何方式指定或者变相指定参加评标委员会

的专家成员

C. 依法必须进行招标的项目的招标人非因《中华人民共和国招标投标法》和本条例规定的事由，不得更换依法确定的评标委员会成员

D. 评标委员会成员与投标人有利害关系的，应当主动回避

E. 以上说法均不正确

5. 评标委员会成员应当依照《中华人民共和国招标投标法》和《中华人民共和国招标投标法实施条例》的规定，按照招标文件规定的评标标准和方法，客观、公正地对投标文件提出评审意见。评标委员会成员（　　　）。

A. 可以对招标文件规定的评标标准和方法进行细化，作为评标的依据

B. 不得私下接触投标人，不得收受投标人给予的财物或者其他好处

C. 可以向招标人征询确定中标人的意向

D. 不得接受任何单位或者个人明示或者暗示提出的倾向或者排斥特定投标人的要求

E. 以上说法均不正确

6. 关于国有资金投资的依法必须进行招标的项目，下列说法正确的是（　　　）。

A. 招标人应当确定排名第一的中标候选人为中标人

B. 排名第一的中标候选人放弃中标、因不可抗力不能履行合同、不符合中标条件的，招标人可以按照评标委员会提出的中标候选人名单排序依次确定其他中标候选人为中标人，也可以重新招标

C. 排名第一的中标候选人不按照招标文件要求提交履约保证金，或者被查实存在影响中标结果的违法行为等情形，招标人可以按照评标委员会提出的中标候选人名单排序依次确定其他中标候选人为中标人，也可以重新招标

D. 经综合评估法评审，招标人可以从 3 个中标候选人中选择报价最低的候选人为中标人

E. 以上说法均不正确

7. 评标委员会应当按照招标文件确定的评标方法和标准，以（　　　）的原则，对投标文件进行评审和比较。

A. 公正　　　　　B. 公开　　　　　C. 科学

D. 择优　　　　　E. 公平

8. 评标委员会发现投标人的投标报价明显低于其他投标报价或者明显低于标底的，（　　　）。

A. 可以要求该投标人重新报价

B. 可以要求该投标人做出书面说明

C. 可以要求该投标人提供相应的证明材料

D. 投标人不能合理说明或者提供相关证明材料的，评标委员会可以否决其投标

E. 以上说法均不正确

9. 评标过程中，评标委员会发现（　　　），可以否决该投标。

A. 投标文件没有对招标文件提出的实质性要求和条件做出响应

B. 明显不符合招标文件规定的技术标准

C. 投标文件附有招标人不能接受的条件

D. 投标文件对招标文件规定的付款方式做出了优惠性调整

E. 以上说法均不正确

10. 评标委员会完成评标后,应当提出书面评标报告。评标报告应当包括（　　）等。

A. 投标情况、废标处理和否决投标情况

B. 合同履行中潜在的风险提示

C. 评审方法和标准、评审报价或者评分比较

D. 推荐的中标候选人及其排列顺序、需要澄清或者说明的其他情况

E. 以上说法均不正确

三、思考与讨论

1. 建设工程施工评标的程序有哪些?

2. 建设工程施工评标的步骤有哪些?

3. 常用的评标方法有几种?

4. 你如何看待经评审的最低投标价法?

5. 采用经评审的最低投标价法评标时,怎样设置其中的各项评标指标?

任务4.2　建设工程投标程序

一、单选题

1. 下列情形,可视为投标人相互串通投标的是（　　）。

A. 不同投标人的投标文件由同一单位或者个人编制

B. 不同投标人引用同一技术标准

C. 不同投标人报价相同

D. 不同投标人的投标文件复制了招标文件的相同部分

2. 下列情形中,不能成为投标申请人的是（　　）。

A. 具有独立订立合同的权利

B. 没有处于被责令停业,投标资格被取消,财产被接管、冻结,破产状态

C. 为本标段的代建人

D. 在最近三年内没有骗取中标和严重违约及重大工程质量问题

3. 一般认为,投标是一种（　　）。

A. 要约邀请　　　　B. 要约　　　　C. 承诺　　　　D. 新要约

4. 下列行为中,表明投标人已参与投标竞争的是（　　）。

A. 通过资格预审　　　　　　　　B. 获取招标文件

C. 报名参加投标　　　　　　　　D. 递交投标文件

5. 根据《工程建设项目施工招标投标办法》,下列关于投标人参加工程建设项目投标应当具备的条件,说法错误的是（　　）。

A. 具有独立订立合同的权利

B. 具有履行合同的能力

C. 投标资格没有被取消

D. 最近两年内没有重大工程质量和安全事故问题

6. 下列情形中，不属于招标人与投标人串通投标的是（　　）。

A. 招标人在开标前开启投标文件并将有关信息泄露给其他投标人

B. 招标人直接或者间接向投标人泄露标底、评标委员会成员等信息

C. 招标人明示或者暗示投标人压低或者抬高投标报价

D. 招标人应投标人要求，澄清和修改招标文件

7. 投标人是（　　）。

A. 响应招标、进行报名的法人或者其他组织

B. 响应招标、制定招标文件的法人或者其他组织

C. 响应招标、参加投标竞争的法人或者其他组织

D. 响应招标、参加招标竞争的法人或者其他组织

8. 两个相同专业的施工企业组成联合体进行投标，甲为施工总承包特级资质，乙为施工总承包一级资质，则该联合体应按（　　）资质确定等级。

A. 一级　　　　　　　B. 二级　　　　　　　C. 三级　　　　　　　D. 特级

9. 以下关于联合体投标的说法，不正确的有（　　）。

A. 招标人应当在资格预审公告、招标公告或者投标邀请书中载明是否接受联合体投标

B. 招标人接受联合体投标并进行资格预审的，联合体应当在提交资格预审申请文件前组成

C. 经招标人同意，资格预审后联合体可增减、更换成员

D. 联合体各方在同一招标项目中以自己名义单独投标或者参加其他联合体投标的，相关投标均无效

二、多选题

1. 下列关于投标人的说法，不正确的有（　　）。

A. 投标人是响应招标、参加投标竞争的人或其他组织

B. 投标人应具有承担招标项目的能力

C. 投标人可以以低于合理预算成本的报价竞标

D. 投标人不得以他人名义投标或以其他方式弄虚作假，骗取中标

E. 投标人不得相互串通投标报价，不得排挤他人公平竞争，损害招标人的合法权益

2. 下列情形，属于投标人相互串通投标的有（　　）。

A. 投标人之间协商投标报价等投标文件的实质性内容

B. 两个投标人报价相同

C. 投标人之间约定部分投标人放弃投标或者中标

D. 属于同一集团、协会、商会等组织成员的投标人按照该组织要求协同投标

E. 两个投标人的投标文件复制了投标文件的相同部分

3. 某施工招标项目接受联合体投标，其资质条件为钢结构工程专业承包二级和装饰装修专业承包一级施工资质。以下符合该资质要求的联合体是（　　）。

A. 具有钢结构工程专业承包二级和装饰装修专业承包二级施工资质

B. 具有钢结构工程专业承包一级和装饰装修专业承包一级施工资质

C. 具有钢结构工程专业承包一级和装饰装修专业承包二级施工资质

D. 具有钢结构工程专业承包二级和装饰装修专业承包一级施工资质

E. 具有钢结构工程专业承包二级和装饰装修专业承包三级施工资质

4. 甲公司与乙公司组成联合体投标，它们在共同投标协议中约定，如果因工程质量遭遇业主索赔，各自对索赔金额承担50%的责任。在施工过程中果然因质量问题遭遇了业主的索赔，索赔金额为10万元，则下面说法正确的是（　　　）。

A. 如果业主要求甲公司全部支付10万元，甲公司不能以与乙公司有协议为理由拒绝支付

B. 如果业主要求乙公司全部支付10万元，乙公司不能以与甲公司有协议为理由拒绝支付

C. 如果甲公司支付了10万元，则业主不能再要求乙公司理赔

D. 甲公司与乙公司必须分别向业主各支付5万元

E. 以上说法均不正确

三、思考与讨论

1. 投标人的资格条件是什么？

2. 请简述投标程序。

3. 联合体投标的要求有哪些？

任务4.3　建设工程投标准备工作

一、单选题

1. 对可以预见的情况从技术、设备、资金等重大问题都有了解决的对策之后再投标，则这种标称为（　　　）。

A. 风险标　　　　　B. 保险标　　　　　C. 盈利标　　　　　D. 保本标

2.《中华人民共和国招标投标法实施条例》中关于投标保证金最高限额的规定，下列说法正确的是（　　　）。

A. 投标保证金一般不得超过投标总价的1%，最高不超过50万元人民币

B. 投标保证金一般不得超过投标总价的2%

C. 投标保证金一般不得超过投标总价的2%，最高不超过50万元人民币

D. 投标保证金一般不得超过投标总价的1%，最高不超过80万元人民币

3. 招标人为防止投标人随意撤标或拒签正式合同而设置的保证金为（　　　）。

A. 投标保证金　　　B. 履约保证金　　　C. 担保保证金　　　D. 以上都不是

4. 投标有效期自（　　　）起计算。

A. 招标文件发出　　B. 投标文件截止日　　C. 中标通知书发出日　D. 投标报名开始日

5. 下列选项中，（　　　）不是关于投标的禁止性规定。

A. 投标人以低于其成本的报价竞标

B. 招标人预先内定中标者，在确定中标人时以此决定取舍

C. 投标人以高于其成本的报价竞标

D. 投标人之间进行内部竞价，内定中标人，再参加投标

6. 甲、乙两个企业组成一个联合体进行投标，联合体协议约定甲、乙企业所占合同

工作量的比例为 3:1，甲有工程业绩 4 个，乙有工程业绩 8 个，其联合体的工程业绩应认定为（　　）个。

A. 4　　　　　　　　B. 5　　　　　　　　C. 8　　　　　　　　D. 12

二、多选题

1. 投标方在研究投标策略时，从本企业以外的客观因素方面，主要考虑（　　）。

A. 劳动力的来源情况　　　　　　　　B. 业主及其代理人的基本情况

C. 工程的全面情况　　　　　　　　　D. 企业的资金周转情况

E. 建筑材料、机械设备等的供应来源、价格、货物条件及市场预测等情况

2. 投标决策包括的内容有（　　）。

A. 针对项目招标是投标或是不投标

B. 倘若去投标，投什么性质的标

C. 投标中如何采用以长制短、以优胜劣的策略和技巧

D. 投标的区域　　　　　　　　　　　E. 投标的目的

3. 在工程项目的投标决策中，影响投标决策的因素有（　　）。

A. 技术方面的因素　　　　　　　　　B. 工程方面的因素

C. 竞争对手方面的因素　　　　　　　D. 资金方面的因素

E. 业主方面的因素

4. 投标方在研究投标策略时，从本企业的主观条件方面，主要考虑（　　）。

A. 工人和技术人员的数量　　　　　　B. 设计能力

C. 机械设备能力　　　　　　　　　　D. 对工程的熟悉程度和管理经验

E. 工人和技术人员的操作技术水平

5. 投标或是弃标，首先取决于投标单位的实力，其实力表现在（　　）。

A. 技术方面实力　　　B. 经济方面实力　　　C. 管理方面实力

D. 装备方面实力　　　　　　　　　　E. 信誉方面实力

6. 通常情况下，遇到下列哪些招标项目应放弃投标（　　）。

A. 本施工企业主管和兼营能力之外的项目

B. 工程规模、技术要求超过本施工企业技术等级的项目

C. 本施工企业生产任务饱满，或招标项目的盈利水平较低或风险较大的项目

D. 本施工企业技术等级、信誉、施工水平明显不如竞争对手的项目

E. 本施工企业技术等级达不到招标要求，但装备满足要求的项目

三、思考与讨论

1. 投标决策重点解决哪两个方面的问题？

2. 投标按其性质是怎样分类的？

任务 4.4　投标各阶段工作

一、单选题

1. 投标过程是指从填写资格预审表开始，到将正式投标文件送交业主为止所进行的全部工作。这一阶段工作量大，下列不属于这一阶段工作的是（　　）。

A. 制定施工规划   B. 填写资格预审调查表，申报资格预审

C. 购买招标文件   D. 组织投标班子

2. 下列关于投标预备会的解释，正确的是（   ）。

A. 投标预备会是招标人为投标人勘察现场而召开的准备会

B. 投标预备会是招标人为解答投标人在勘察现场时提出的问题召开的会议

C. 投标预备会是招标人为解答投标人在阅读招标文件后提出的问题召开的会议

D. 投标预备会是招标人为解答投标人在阅读招标文件和勘察现场后提出的疑问，按照招标文件规定的时间而召开的会议

3. 投标过程中投标人的现场勘察费用由（   ）承担。

A. 招标人   B. 投标人

C. 招标人和投标人   D. 政府主管部门

4. 投标人不按（   ）要求提交投标保证金的，该投标文件作废标处理。

A. 招标文件   B. 投标文件

C. 招投标监督部门   D. 代理机构

5. 在原投标有效期结束前，出现特殊情况的，招标人可以书面形式要求所有投标人延长投标有效期，投标人同意延长的，（   ）。

A. 投标人可以修改其投标报价

B. 投标人不能修改投标报价

C. 投标人可以要求退还其投标保证金

D. 投标人可以更换项目经理

6. 下列哪种情形，可以参与同一项目标段的投标（   ）。

A. 与招标人存在利害关系可能影响招标公正性的法人

B. 单位负责人为同一人的不同单位

C. 存在控股、管理关系的不同单位

D. 隶属同一公司，单位负责人不同的两个子公司

7. 在投标过程中，投标人发生（   ）情形的，无须书面告知招标人。

A. 合并   B. 分立   C. 破产   D. 增资

二、多选题

1. 现场勘察是投标单位必须经过的投标程序，应从以下几方面了解（   ）。

A. 工程性质及与其他工程间关系

B. 投标人投标的那一部分工程与其他承包商或分包商的关系

C. 工地地貌、地质、气候、交通、电力、水源等情况，有无障碍物等

D. 工地附近的治安情况

E. 工地面积大小

2. 为了在竞争中取胜，投标人的投标班子应该由以下几类人才组成（   ）。

A. 经营管理类人才   B. 技术专业类人才

C. 商务金融类人才   D. 财务类人才

E. 贸易类人才

3. 投标人递交两份以上内容不同的投标文件，或在同一投标文件中对同一招标项目

报有两个以上报价，且未声明哪个有效的，不应（   ）。

A. 由评标委员会否决其投标

B. 招标人可要求投标人做出选择

C. 招标人选择不利于投标人的文件参加评标

D. 投标人可选择其一参加评标

E. 以上说法均不正确

4. 根据《工程建设项目施工招标投标办法》，下列说法不正确的是（   ）。

A. 投标人对开标有异议的，应当在开标后提出，招标人应当与评标委员会商议后做出答复

B. 评标委员会可以向投标人明确投标文件中的遗漏和错误

C. 投标人可以通过修正或撤销其不符合要求的差异或保留，使之成为具有响应性的投标

D. 投标文件逾期送达的，招标人应当拒收

E. 以上说法均不正确

三、思考与讨论

1. 投标班子一般由哪几类人员组成？

2. 投标人对招标文件研究的重点在哪些方面？

3. 在现场勘察环节，投标人应该怎么做？

任务 4.5　编制投标报价

一、单选题

1. 某招标项目采用经评审的最低投标价法进行评标，有以下四家单位投标有效，其中（   ）的投标书为最优投标书。

A. 投标报价 1000 万元，评标价 950 万元

B. 投标报价 1050 万元，评标价 940 万元

C. 投标报价 980 万元，评标价 970 万元

D. 投标报价 990 万元，评标价 960 万元

2. 投标文件出现（   ）情况，不属于重大偏差。

A. 没有按照招标文件要求提供投标担保或者所提供的投标担保有瑕疵

B. 没有投标人授权代表签字和加盖公章

C. 载明的招标项目完成期限超过招标文件规定的期限

D. 投标报价大写金额与小写金额不一致

3. 以下哪种情形，应当否决其投标（   ）。

A. 投标文件中大写金额与小写金额不一致的

B. 投标文件载明的招标项目完成期限超过招标文件规定期限的

C. 投标文件中的唱标函与投标函报价不一致的

D. 投标总价金额与单价金额不一致的

4. 投标报价的大写金额和小写金额不一致的，应（   ）。

A. 以小写金额为准　　　　　　　　　　B. 以大写金额为准

C. 由投标人确认   D. 由评标委员会确认

5. 投标人投标报价中的劳动保险费、税金、应缴纳的各种规费（　　）。

A. 严格执行有关费用标准如实填报，不得降低标准

B. 根据自身实际自主填报

C. 在有关费用标准的基础上适当降低

D. 在有关费用标准的基础上适当提高

6. 投标人填报的工程主要材料的单价明显低于同期市场价格且不能提供证明资料的，应当（　　）。

A. 否决其投标   B. 考虑综合因素再决定其投标是否有效

C. 不影响其中标   D. 重新开标

7. 投标总价应按（　　）合计金额填写。

A. 单项工程投标报价汇总表   B. 措施项目清单与计价表

C. 建设项目投标报价汇总表   D. 其他项目清单与计价表

8. 投标报价应根据（　　）等进行编制。

A. 提供的设计图纸和有关要求   B. 提供的工程量清单和有关要求

C. 消耗量定额   D. 造价管理部门发布的价格

9. 措施项目清单列项不包括（　　）。

A. 预留金   B. 环境保护税   C. 临时设施费   D. 安全文明施工费

10. 工程量清单的计量单位应按照（　　）中的计量单位确定；清单中工程内容的计量单位应按照计价表规定的计量单位确定。

A. 计价表   B. 计价规范   C. 估价表   D. 综合预算定额

二、多选题

1. 下列项目中，属于措施项目费的有（　　）。

A. 安全文明施工费   B. 临时设施费

C. 夜间施工费   D. 二次搬运费

E. 工程排污费

2. 采用工程量清单报价法编制的投标报价，主要由（　　）部分构成。

A. 分部分项工程费   B. 其他项目费

C. 措施项目费   D. 规费和税金

E. 间接费

3. 下列情形中，属于以他人名义投标的有（　　）。

A. 使用通过受让方式获取的资格、资质证书投标的

B. 使用通过企业合并方式获取的资格、资质证书投标的

C. 使用挂靠单位的资格、资质证书投标的

D. 使用租借资格、资质证书投标的

E. 单位法人及其法人代表在自己编制的投标文件上签字盖章

4. 某工程项目施工合同估算价为 1 亿元，其施工投标保证金不可以为（　　）。

A. 估算价的 0.5%   B. 估算价的 1%

C. 估算价的 1.5%   D. 估算价的 2%

E. 估算价的 2.5%

5. 下列单位中，（ ）不可参加工程项目施工投标。

A. 为招标项目的前期准备提供咨询的法人

B. 招标人下属的具备独立法人资格的附属机构

C. 为招标项目提供设计服务的法人

D. 为招标项目提供咨询服务的法人

E. 无有效营业执照的法人

三、思考与讨论

1. 投标报价的组成与编制步骤有哪些？

2. 如何选择投标报价的编制方法？

3. 投标人如何实现自主报价？

任务4.6 投标报价策略

一、单选题

1. 某公司急于打入某一市场、某一地区，或在该地区面临工程结束、机械设备等无工地转移情况时，应该报（ ）。

A. 低价   B. 高价

C. 低于成本的价格   D. 高于招标控制价的价格

2. 在投标报价程序中，在调查研究、收集信息资料后，应当（ ）。

A. 对是否参加投标做出决定   B. 确定投标方案

C. 办理资格审查   D. 进行投标计价

3. 关于投标报价策略论证正确的是（ ）。

A. 工期要求紧但支付条件理想的工程应较大幅度提高报价

B. 施工条件好且工程量大的工程可适当提高报价

C. 一个建设项目总报价确定后，在内部调整时，地基基础部分可适当提高报价

D. 当招标文件部分条款不公正时，可采用增加建议方案法报价

4. 如招标文件规定招标人供应主要设备、材料及提供砂石料等，在编制标底时，其工程项目的取费费率（ ）。

A. 可相对降低   B. 可相对提高

C. 不考虑这一因素   D. 可相等

5. 为了鼓励通过竞争不断提高施工管理水平，不断降低社会平均劳动消耗水平，应当提倡投标人以不低于企业（ ）去编制投标报价。

A. 最小成本价   B. 个别成本价   C. 平均成本价   D. 最大成本价

二、多选题

1. 如果以投标程序中的开标为界，可将投标的技巧研究分为两阶段，即开标前的技巧研究和开标至签订合同阶段的技巧研究。开标前的投标技巧有（ ）。

A. 不平衡报价

B. 零星用工一般可稍高于工程单价表中的工资单价

C. 零星用工一般可稍低于工程单价表中的工资单价

D. 多方案报价

E. 平衡报价

2. 从招标的原则来看，投标人在投标有效期内，是不能修改其报价的，但是某些议标谈判可以例外，在议标谈判中的投标技巧主要有（　　）。

A. 降低投标价格

B. 补充投标优惠条件

C. 降低投标利润

D. 降低经营管理费

E. 设定降价系数

3. 在工程项目的投标报价中，影响投标报价的因素有（　　）。

A. 业主方面的因素

B. 工程方面的因素

C. 承包商方面的因素

D. 资金因素

E. 技术因素

4. 运用投标技巧，以下适合高报价的项目有（　　）。

A. 工程量不大，但技术复杂或地处边远，施工现场条件差的项目

B. 工程量大的项目

C. 竞争对手较少或技术上优势明显的项目

D. 交通便利的项目

E. 能发挥企业自身专有技术或优势的项目

三、思考与讨论

1. 投标人怎样运用投标报价策略提高中标率？

2. 投标人应该怎样处理报价的计算与报价策略的运用的关系？

任务4.7 投标文件的编制与递交

一、单选题

1. 投标文件一般情况下（　　）附带条件。

A. 都带

B. 不能带

C. 经上级批准可带

D. 可以带也可以不带

2. 投标文件是对招标文件提出的要求和条件做出（　　）的文本。

A. 附和　　　　　B. 否定　　　　　C. 响应　　　　　D. 实质性响应

3. 投标文件正本（　　）份，副本份数见投标人须知前附表。正本和副本的封面上应清楚地标记"正本"或"副本"的字样。当副本和正本不一致时，以正本为准。

A. 1　　　　　　B. 2　　　　　　C. 3　　　　　　D. 4

4. 投标文件应用不褪色的材料书写或打印，并由投标人的法定代表人或其委托代理人签字或盖单位章。委托代理人签字的，投标文件应附法定代表人签署的（　　）。

A. 意见书　　　B. 法定委托书　　C. 指定委托书　　D. 授权委托书

5. 下列不属于投标文件的是（　　）。

A. 投标须知

B. 投标书及投标书附件

C. 投标保证金

D. 施工规划

6. 关于投标文件的评定，下列说法错误的是（　　　）。

A. 投标文件中的大写金额与小写金额不一致的，以大写金额为准

B. 投标文件无单位盖章并无法定代表人或法定代表人授权的代理人签字或盖章的作为废标

C. 经评审的最低报标价法和综合评估法，在初步评审的内容和标准上基本是一致的

D. 评标委员会接受投标人主动提出的澄清、说明或补正

7. 关于投标文件的密封，下列说法中不正确的是（　　　）。

A. 投标人对投标文件修改的密封应按照招标文件的要求进行

B. 投标文件的密封情况应在开标时由招标人代表或其监督人员负责检查

C. 因密封不合格被招标人拒绝受理后，投标人仍可自行修改密封，在投标截止时间前再次提交

D. 招标文件根据需要增加的其他密封要求，投标人也必须遵守

二、多选题

1. 下列内容中，是投标文件内容的有（　　　）。

A. 施工组织设计　　　　　　　　　　B. 投标函及投标函附录

C. 缴税证明　　　　　　　　　　　　D. 固定资产证明

E. 投标保证金或投标保函

2. 下列对投标文件的说法正确的有（　　　）。

A. 是承包商参与投标竞争的重要凭证

B. 是评标、决标和订立合同的依据

C. 是投标人素质的综合反映

D. 不是能否取得经济效益的重要因素

E. 是能否取得经济效益的重要因素

3. 投标人在下列（　　　）情况下，将被没收投标保证金。

A. 在投标有效期内撤回其投标文件

B. 未在规定期限内提交履约保证金

C. 签订了合同

D. 领取了招标文件，但未参加投标的

E. 未在规定期限内签订合同的

三、思考与讨论

1. 请简述编制投标文件的注意事项。

2. 投标人应怎样避免投废标？

任务 5.2　认识施工合同

一、单选题

1. 下列关于建设工程合同的说法中，错误的是（　　　）。

A. 建设工程合同是承包人进行工程建设，发包人支付价款的合同

B. 建设工程合同不是双务、有偿合同

C. 建设工程合同是一种要式合同

D. 建设工程合同是一种诺成合同

2. 施工合同以付款方式划分可分为：①总价合同；②单价合同；③成本加酬金合同。以业主所承担的风险从小到大的顺序排列，正确的选项是（　　）。

A. ③②①　　　　　B. ①②③　　　　　C. ③①②　　　　　D. ①③②

3. 将建设工程合同按发承包的工程范围划分，分类不正确的是（　　）。

A. 建设工程总承包合同　　　　　　B. 建设工程设计合同

C. 建设工程承包合同　　　　　　　D. 建设工程分包合同

4. （　　）适用范围比较宽，其风险可以得到合理的分摊，能鼓励承包人提高工效，节约成本。

A. 总价合同　　　　　　　　　　　B. 单价合同

C. 成本加酬金合同　　　　　　　　D. 计量估价合同

5. 按完成承包的内容进行划分，建设工程合同不包括（　　）。

A. 建设工程勘察合同　　　　　　　B. 建设工程设计合同

C. 建设工程施工合同　　　　　　　D. 建设工程监理合同

6. 施工合同中通常基于工程的性质和承包工程量等因素约定工程预付款，其目的是（　　）。

A. 担保发包人能够按期支付工程进度款

B. 发包人帮助承包人解决工程施工前期资金紧张的困难

C. 表明发包人与承包人合作的诚意

D. 防止承包人擅自变更、终止施工合同

7. 因承包人有某项专利技术及设计资质，施工合同内约定部分施工图设计包括在承包工作范围内。承包人完成的该部分工程设计文件，应首先提交给（　　）审核。

A. 发包人　　　　　　　　　　　　B. 设计文件的审批机构

C. 监理工程师　　　　　　　　　　D. 承担工程初步设计的设计院

8. 甲是某材料供应公司的法定代表人，董事会授权其可订立 1000 万元以下的合同。甲与某施工企业订立了 2000 万元的合同，施工企业不知其超越权限。该合同的效力状态为（　　）。

A. 不成立　　　　　B. 无效　　　　　C. 不撤销　　　　　D. 效力待定

9. 下列合同中，属于可撤销合同的是（　　）。

A. 当事人约定的质量标准低于国家强制性标准的合同

B. 以虚假资质签订的合同

C. 通过申请投标订立的合同

D. 在订立时有失公平的合同

10. 下列关于合同终止的说法中，正确的是（　　）。

A. 合同终止是指当事人暂时停止合同履行

B. 合同终止并不表示合同关系消灭

C. 债权人不得通过免除债务使合同终止

D. 债权债务同归于一人导致合同终止

二、多选题

1. 下列关于建设工程合同特征的说法中，正确的有（   ）。

A. 合同主体的严格性
B. 合同标准的特殊性
C. 合同履行期限的长期性
D. 计划和程序的随意性
E. 合同形式的特殊要求

2. 建设工程合同可以从不同的角度进行分类。下列分类方法中，正确的有（   ）。

A. 从发承包的工程范围进行划分，可以分为建设工程总承包合同、建设工程承包合同和分包合同
B. 从完成承包的内容进行划分，可以分为建设工程勘察合同、设计合同和施工合同
C. 从付款方式进行划分，可以分为总价合同、单价合同、成本合同
D. 从付款方式进行划分，可以分为总价合同、单价合同、成本加酬金合同
E. 从发承包的工程范围进行划分，可以分为建设工程总承包合同和分包合同

3. 下列关于成本加酬金合同的说法中，正确的有（   ）。

A. 承包人有风险，其报酬往往较高
B. 发包人对工程总造价不易控制，承包人也往往不注意降低项目成本
C. 适用于风险很大的项目
D. 适用于需要立即开展工作的项目
E. 适用于新型的工程项目，或对项目工程内容及技术经济指标未确定的项目

4. 下列情形中，（   ）的合同是可撤销合同。

A. 以欺诈、胁迫手段订立，损害国家利益
B. 因重大误解而订立
C. 在订立合同时显失公平
D. 以欺诈、胁迫手段，使对方在违背真实意思情况下订立
E. 违反法律、行政法规强制性规定

5. 施工合同双方当事人对合同是否可撤销发生争议，可向（   ）请求撤销合同。

A. 建设行政主管部门
B. 仲裁机构
C. 人民法院
D. 工程师
E. 设计单位

三、思考与讨论

1. 简述施工合同与施工招投标的关系。
2. 简述施工合同按计价方式的分类。
3. 简述成本加酬金合同的分类和各自的特点。

任务 5.3 施工合同示范文本

一、单选题

1. 关于承包人的说法，正确的是（   ）。

A. 应是具备与工程相应资质和法人资格的，并被发包人接受的合同当事人及其合法继承人

B. 可以将工程转包或出让

C. 不征得发包人同意可进行分包

D. 必须具备组织协调的能力

2. 《建设工程施工合同（示范文本）》由三部分组成，其中不包括（　　）。

A. 合同协议书　　　B. 通用合同条款　　　C. 专用合同条款　　　D. 工程质量保修书

3. 《建设工程施工合同（示范文本）》中有一部分是将建设工程施工合同中共性的一些内容抽出来编写的一份完整的合同文件，这份文件是（　　）。

A. 合同协议书　　　B. 通用合同条款　　　C. 专用合同条款　　　D. 投标书及其附件

4. 按照《建设工程施工合同（示范文本）》规定，承包人的义务包括（　　）。

A. 协调处理施工现场周围地下管线保护工作

B. 按工程需要提供非夜间施工使用的照明

C. 办理临时停电、停水、中断道路申报批准手续

D. 组织设计交底

5. 某施工合同约定的开工日期为 2020 年 9 月 10 日，承包人在 9 月 1 日向工程师提出了将在 9 月 17 日开工的延期申请，理由是主要施工机械正在大修，工程师批准了延期申请，要求按延期申请的日期开工，承包人的主要施工机械于 9 月 25 日运抵施工现场，实际开工日期为 9 月 30 日，根据《建设工程施工合同（示范文本）》，该工程的开工日期应为（　　）。

A. 9 月 10 日　　　B. 9 月 17 日　　　C. 9 月 25 日　　　D. 9 月 30 日

6. 按照《建设工程委托监理合同（示范文本）》对合同文件组成的规定，下列文件中不属于对监理人有约束力的是（　　）。

A. 监理委托函　　　　　　　　　B. 工程变更申请书

C. 监理合同专用条件　　　　　　D. 实施过程中与委托人签署的补充文件

7. 根据《建设工程委托监理合同（示范文本）》，监理人巡视过程中发现危及作业人员安全的紧急情况时，首先应采取的措施是（　　）。

A. 通知委托人，建议下达停工指令　　B. 征得委托人同意后，下达停工指令

C. 立即下达停工指令并尽快通知委托人　　D. 立即召开现场会议，讨论对策

8. 根据《建设工程施工合同（示范文本）》，当组成合同的文件出现矛盾时，应按合同约定的优先顺序进行解释，合同中没有约定的，优先顺序正确的是（　　）。

A. 合同协议书、通用合同条款、专用合同条款

B. 中标通知、专用合同条款、合同协议书

C. 中标通知、专用合同条款、投标书

D. 中标通知、专用合同条款、工程量清单

9. 下列关于施工合同计价方式的说法中，正确的是（　　）。

A. 工期在 18 个月以上的合同，因市场价格不易准确预期，宜采用可调价格合同

B. 业主在初步设计完成后即招标的，因工程量估算不够准确，宜采用固定总价合同

C. 采用新技术的施工项目，因合同双方对施工成本不易准确确定，宜采用固定单价合同

D. 设备安装工程因无法估算工程量，宜采用成本加酬金合同

10. 关于连带责任保证的说法，正确的是（　　）。

A. 当事人没有明确约定保证方式，保证人应按一般保证承担责任

B. 连带责任保证的债务人在债务履行期满没有履行债务时，债权人即可要求保证人承担保证责任

C. 主合同的债务人经审判应履行债务后，债务人才可以要求连带责任保证人承担保证责任

D. 主合同的债务人经审判应履行债务，其财产依法强制执行仍不能履行，债权人才可以要求连带责任保证人承担责任

二、多选题

1.《建设工程施工合同（示范文本）》由（　　　）组成。

A. 合同协议书　　　B. 中标通知书　　　C. 通用合同条款　　　D. 工程量清单

E. 专用合同条款

2. 订立施工合同应具备的条件包括（　　　）。

A. 初步设计已经批准

B. 工程项目已经列入年度建设计划

C. 建设资金和主要建筑材料设备来源不明确、没落实

D. 有能够满足施工需要的设计文件和有关技术资料

E. 招投标的工程中标通知书已经下达

3. 订立施工合同应遵守的原则包括（　　　）。

A. 守法原则　　　B. 平等、自愿原则　　C. 邻近原则　　　　D. 公平原则

E. 诚实信用原则

4.《建设工程施工合同（示范文本）》附有11个附件，其中包括（　　　）。

A. 通用合同条款　　　　　　　　B. 承包人承揽工程项目一览表

C. 发包人供应材料设备一览表　　D. 工程质量保修书

E. 专用合同条款

5. 按照施工合同示范文本的规定，对合同双方有约束力的合同文件包括（　　　）。

A. 投标书及其附件　　　　　　　B. 招标阶段对投标人质疑的书面解答

C. 资格审查文件　　　　　　　　D. 工程报价单

E. 履行合同过程中的变更协议

三、思考与讨论

1. 施工合同文件的组成有哪些？

2. 施工合同文件组成的解释顺序是什么？

3. 招标文件是施工合同的组成部分吗？为什么？

任务 5.4　施工合同的管理

一、单选题

1.《建设工程施工合同（示范文本）》规定，承包人要求的延期开工应（　　　）。

A. 经工程师批准　　　　　　　　B. 经发包人批准

C. 由承包人自行决定　　　　　　D. 由承包人通知发包人

2. 依据《建设工程施工合同（示范文本）》规定，因承包人的原因不能按期开工，（   ）后推迟开工日期。

A. 需承包人书面通知工程师　　　　　　　B. 应经建设行政主管部门批准

C. 应经工程师批准　　　　　　　　　　　D. 需承包人书面通知发包人

3. 工程按发包人要求修改后通过竣工验收的，实际竣工日为（   ）。

A. 承包人送交竣工验收报告之日　　　　　B. 修改后通过竣工验收之日

C. 修改后提请发包人验收之日　　　　　　D. 完工日

4. 下列关于业主享有的权利，说法错误的是（   ）。

A. 业主有选定工程总设计单位和总承包单位，以及与其订立合同的签订权

B. 业主有对工程规模、设计标准、规划设计、生产工艺设计和设计使用功能要求的认定权

C. 监理单位调换总监理工程师可以不经过业主同意

D. 业主有权要求监理机构提交监理工作月度报告及监理业务范围内的专项报告

5. 《建设工程施工合同（示范文本）》规定的设计变更范畴不包括（   ）。

A. 增加合同中约定的工程量

B. 删减承包范围的工作内容交给其他人实施

C. 改变承包人原计划的工作顺序和时间

D. 更改工程有关部分的标高

6. 下列关于分包合同的履行，说法错误的是（   ）。

A. 分包工程价款由承包人与分包单位结算

B. 发包人可以自主向分包单位支付各种工程款项

C. 工程分包不能解除承包人任何责任与义务

D. 分包单位因任何原因给发包人造成损失的，承包人承担连带责任

7. 下列关于工程变更的说法，错误的是（   ）。

A. 工程变更包括改变有关工程的施工时间和顺序

B. 任何工程变更均需由工程师确认并签发工程变更指令

C. 施工中承包方不得擅自对原工程设计进行变更

D. 工程师同意采用承包方合理化建议，所发生的费用全部由业主承担

8. 在施工合同的履行中，如果建设单位拖欠工程款，经催告后在合理的期限内仍未支付，则施工企业可以主张（   ），然后要求对方赔偿损失。

A. 撤销合同，无须通知对方　　　　　　　B. 撤销合同，但应当通知对方

C. 解除合同，无须通知对方　　　　　　　D. 解除合同，但应当通知对方

9. 质量保修期从竣工验收之日算起。分单项竣工验收的工程，按单项工程分别计算质量保修期，其中，装修工程的最低质量保修期是（   ）。

　　A. 5 年　　　　　　B. 2 年　　　　　　C. 3 年　　　　　　D. 1 年

10. 材料采购约定由采购方自提货物，合同在履行过程中，供货方提前一个月将订购物资运抵项目所在地的车站并向采购方发出提前提货通知，且交付数量多于合同约定的尾差，（   ）。

A. 采购方不能拒绝提货，多交货的保管费用应由采购方承担

B. 采购方不能拒绝提货，多交货的保管费用应由供货方承担

C. 采购方可以拒绝提货，多交货的保管费用应由采购方承担

D. 采购方可以拒绝提货，多交货的保管费用应由供货方承担

11. 下列行为中，不符合暂停施工规定的是（　　　）。

A. 工程师在确有必要时，应以书面形式下达停工指令

B. 工程师应在提出暂停施工要求后 48 小时内提出书面处理意见

C. 承包人实施工程师处理意见，提出复工要求后可复工

D. 工程师应在承包人提出复工要求后 48 小时内给予答复

12. 下列关于工程量计量的说法中，正确的是（　　　）。

A. 工程师接到承包人的报告后 14 天内，按设计图纸核实已完工程量，并在现场实际
    计量前 48 小时通知承包人共同参加

B. 工程师接到承包人的报告后 7 天内，按设计图纸核实已完工程量，并在现场实际
    计量前 24 小时通知承包人共同参加

C. 若工程师不按约定时间通知承包人，致使承包人未能参加计量，工程师单方计量
    的结果也可能有效

D. 工程师收到承包人报告后 14 天内未进行计量，从第 15 天起，承包人报告中开列
    的工程量即视为已被确认，作为工程价款支付的依据

13. 若工程师未参加某工程隐蔽工程验收，后期工程师对已经隐蔽的工程质量又有所
怀疑，提出重新检验。承包人应进行剥露配合检验，但检验表明承包人施工质量不合格，
此时对影响正常施工的费用和工期处理为（　　　）。

A. 费用和工期损失全部由业主承担　　　B. 费用和工期损失全部由承包人承担

C. 费用由承包人承担，工期给予顺延　　D. 工期不予顺延，但费用由业主给予补偿

14. 在施工合同中，（　　　）是承包人的义务。

A. 提供施工场地　　　　　　　　　　　B. 办理土地征用

C. 在保修期内负责照管工程现场　　　　D. 在施工期内负责照管施工现场

二、多选题

1. 发包人出于某种需要希望工程能够提前竣工，则其应做的工作包括（　　　）。

A. 向承包人发出必须提前竣工的指令　　B. 与承包人协商并签订提前竣工协议

C. 负责修改施工进度计划　　　　　　　D. 为承包人提供赶工的便利条件

E. 减少对工程质量的检测试验项目

2. 依据《建设工程施工合同（示范文本）》规定，施工合同发包人的义务包括（　　　）。

A. 办理临时用地、停水、停电申请手续　　B. 向施工单位进行设计交底

C. 提供施工场地地下管线资料

D. 做好施工现场地下管线和邻近建筑物的保护

E. 开通施工现场与城乡公共道路的通道

3. 在建设工程勘察中，发包人向承包人提交的基础资料有（　　　）。

A. 可行性研究报告　　　　　　　　　　B. 工程需要勘察的地点、内容

C. 工程施工详图　　　　　　　　　　　D. 勘察技术要求

E. 附图

4. 甲建设单位与乙施工单位签订建设工程承包合同，接着乙与丙施工单位签订了一份《内部承包协议》，约定由丙完成全部建设任务并承担全部责任，则下列说法不正确的有（　　）。

A. 该协议为专业工程转包合同，有效　　　B. 该协议为转包合同，无效

C. 该协议为分包合同，无效　　　　　　　D. 该协议为分包合同，有效

E. 该协议为劳务分包合同，有效

5. 按照《建设工程施工合同（示范文本）》的规定，由于（　　）等原因造成的工期延误，经工程师确认后工期可以顺延。

A. 发包人未按约定提供施工场地　　　　　B. 分包人对承包人造成施工干扰

C. 设计变更　　　　　　　　　　　　　　D. 承包人的主要施工机械出现故障

E. 发生不可抗力

三、思考与讨论

1. 什么情况下是发包人违约？

2. 什么情况下是承包人违约？

3. 什么情况下可以顺延工期？

4. 请简述工程变更的内容。

5. 什么情况下可以调整工程款？

任务 5.5　施工索赔

一、单选题

1. 因总监理工程师在施工阶段管理不当，给承包人造成了损失，承包人应当要求（　　）给予补偿。

A. 监理人　　　　　B. 总监理工程师　　　　C. 发包人　　　　　　　D. 发包人和监理人

2. 下列关于解决合同争议的表述中，正确的是（　　）。

A. 对裁决结果不服，可向法院起诉　　　B. 争议双方均可单方面要求仲裁

C. 当事人不必经调解解决合同争议　　　D. 对法院一审判决不服，可申请仲裁

3. 承包人负责采购的材料、设备，到货检验时发现与标准要求不符，承包人按工程师要求进行了重新采购，最后达到了标准要求。处理由此发生的费用和延误的工期的正确方法是（　　）。

A. 费用由发包人承担，工期给予顺延　　　B. 费用由承包人承担，工期不予顺延

C. 费用由发包人承担，工期不予顺延　　　D. 费用由承包人承担，工期给予顺延

4. 某施工合同约定由施工单位负责采购材料，在合同履行过程中，由于材料供应商违约而没有按期供货，导致施工没有按期完成。此时应当由（　　）违约责任。

A. 建设单位直接向材料供应商追究

B. 建设单位向施工单位追究责任，施工单位向材料供应商追究

C. 建设单位向施工单位追究责任，施工单位向项目经理追究

D. 建设单位不追究施工单位的责任，施工单位应向材料供应商追究

5. 承包人要求的延期开工，如果工程师不同意延期要求，工期不予顺延。如果承包

人未在规定时间内提出延期开工要求，如在协议书约定的开工日期前（   ）才提出，工期也不予顺延。

 A. 5天   B. 10天   C. 14天   D. 28天

6. 如果施工单位项目经理由于工作失误导致采购的材料不能按期到货，施工合同没有按期完成，则建设单位可以要求（   ）承担责任。

 A. 施工单位   B. 监理单位   C. 材料供应商 D. 项目经理

7. 工程师直接向分包人发布了错误指令，分包人经承包人确认后实施，但该错误指令导致分包工程返工，为此分包人向承包人提出费用索赔，承包人应（   ）。

 A. 以不属于自己的原因拒绝索赔要求

 B. 认为要求合理，先行支付后再向业主索赔

 C. 以自己的名义向工程师提交索赔报告

 D. 不予支付，以分包人的名义向工程师提交索赔报告

8. 在我国工程合同索赔中，既有承包人向发包人索赔，也有发包人向承包人索赔，这说明我国工程合同索赔是（   ）。

 A. 不确定的   B. 单向的   C. 无法确定   D. 双向的

9. 甲公司与乙公司组成联合体投标，它们在共同投标协议中约定，如果因工程质量遭遇业主索赔，各自对索赔金额承担50%的责任。在施工过程中，果然因质量问题遭遇了业主的索赔，索赔金额为10万元，则下面说法不正确的是（   ）。

 A. 如果业主要求甲公司全部支付10万元，甲公司不能以与乙公司有协议为理由拒绝支付

 B. 如果业主要求乙公司全部支付10万元，乙公司不能以与甲公司有协议为理由拒绝支付

 C. 如果甲公司支付了10万元，则业主不能再要求乙公司理赔

 D. 甲公司与乙公司必须分别向业主各支付5万元

10. 在建设单位的暗示下，施工单位购买了劣质的脚手架，所幸的是，在整个施工的过程中并没有发生安全生产事故。下列说法正确的是（   ）。

 A. 由于没有发生安全生产事故，所以建设单位并不违法

 B. 如果建设单位并没有在购买脚手架的过程中获利，则建设单位并不违法

 C. 即使没有发生安全生产事故，建设单位也是违法的

 D. 如果发生安全生产事故，施工单位可以向建设单位索赔

11. 当出现索赔事项时，承包人以书面的索赔意向通知书形式，在索赔事项发生后的（   ）天以内向工程师正式提出索赔意向通知。

 A. 28   B. 14   C. 21   D. 7

12. 以下不属于索赔程序的是（   ）。

 A. 提出索赔要求 B. 报送索赔资料 C. 工程师答复 D. 上级调解

二、多选题

1. 下列工程施工合同当事人的行为造成工程质量缺陷，应当由发包人承担过错责任的有（   ）。

 A. 不按照设计图纸施工   B. 使用不合格建筑构配件

 C. 提供的设计书有缺陷   D. 直接指定分包人分包专业工程

 E. 指定购买的建筑材料不符合强制性标准

2. 关于《中华人民共和国民法典》中解决合同争议的方式，下列表述正确的有（　　　）。

A. 当事人可以通过和解或调解解决合同争议

B. 当事人订立有仲裁协议的，当事人可以选择向仲裁机构申请仲裁或向人民法院起诉

C. 当事人不愿和解、调解，可根据仲裁协议向仲裁机构申请仲裁

D. 当事人不履行仲裁裁决的，对方可以请求人民法院执行

E. 当事人未约定仲裁协议的，只能以诉讼作为解决纠纷的方式

3. 下列关于总索赔的描述中，正确的有（　　　）。

A. 总索赔是一揽子索赔　　　　　　　　　B. 总索赔是综合索赔

C. 总索赔是在国际工程中经常采用的索赔处理和解决方法

D. 总索赔是在完成了工程决算后提出的

E. 总索赔是在工程交付时进行的

4. 建设工程索赔成立的条件有（　　　）。

A. 与合同对照，事件已造成了承包人的额外支出或直接工期损失

B. 造成费用增加或工期损失的原因，按合同约定不属于承包人的行为责任或风险责任

C. 承包人按合同规定的程序提交索赔意向通知书和索赔报告

D. 造成费用增加或工期损失额度巨大

E. 索赔费用容易计算

5. 合同文件是索赔的最主要依据，它包括（　　　）。

A. 合同协议书、中标通知书

B. 投标书及其附件、标准、规范及有关技术文件

C. 通用合同条款、专用合同条款

D. 图纸、工程量清单、工程报价单或预算书

E. 合同履行过程中发包人与承包人之间的电话记录

6. 工程索赔中的证据包括（　　　）。

A. 招标公告　　　　　　　　　　　　　　B. 来往信件

C. 各种会谈纪要　　　　　　　　　　　　D. 施工进度计划和实际施工进度记录

E. 施工现场的工程文件

7. 索赔文件包括（　　　）。

A. 证据部分　　　　　　　　　　　　　　B. 合同引证部分

C. 总论部分　　　　　　　　　　　　　　D. 索赔款额（或工期）计算部分

E. 摘要部分

三、思考与讨论

1. 说说你对索赔的理解。

2. 索赔的程序是什么？

3. 索赔文件的组成有哪些？

C. 工程量清单

D. 工程设计文件

E. 施工组织设计和施工方案

9. 某电梯安装工程评标，招标人指定 2 名代表，又通过某行业协会聘请了 2 名水利工程师，组建了评标委员会，这个评标委员会存在的问题有（　　）。

A. 评标委员会总人数不符合要求

B. 招标人代表所占比例超过规定

C. 招标人代表的产生方式不符合要求

D. 外聘专家的专业不符合要求

E. 外聘专家的产生方式不符合要求

10. 评标专家应该具有的资格条件有（　　）。

A. 从事相关领域工作满 8 年并具有中级及中级以上职称或同等专业水平

B. 熟悉有关招投标的法律法规，并具有与招标项目相关的实践经验

C. 能够认真、公正、诚实、廉洁地履行职责

D. 身体健康，能够承担评标工作

E. 熟悉招标文件的有关技术、经济、管理特征和需求

11. 评标委员会评标的依据包括（　　）。

A. 招标文件

B. 招标人在开标后拟定的评标细则

C. 招标人对投标人的考察报告

D. 投标人在网上公布的信息资料

E. 法律法规

12. 相对于招标而言，拍卖的主要特点有（　　）。

A. 主要适用于出售标的　　　　　　　B. 出售给最低出价者

C. 多次竞价　　　　　　　　　　　　D. 密封报价

E. 价格是选择交易对象的唯一竞争因素

三、判断题（每题 1 分，共 10 题，计 10 分）

1. 采用综合评估法评审的，除对投标文件提出的工程质量、施工工期、投标价格、施工组织设计或者施工方案、投标人及项目经理业绩等，能否最大限度地满足招标文件中规定的各项要求和评价标准进行评审和比较，以评分方式进行评估外，还应对各种评比奖项进行额外加分。　　　　　　　　　　　　　　　　　　　　　　　　　　　　　　（　　）

2. 采用经评审的最低投标价法，中标人的投标应当符合招标文件规定的技术要求和标准，且评标委员会需对投标文件的技术部分进行价格核算。　　　　　　　　　　（　　）

3. 资格预审的目的是排除一些低资质的投标申请人，使投标人的能力等方面能够满足招标项目的要求，同时也减少评标的工作量。　　　　　　　　　　　　　　　（　　）

4. 联合体中标的，联合体各方应当分别与招标人签订合同，就中标项目向招标人承担连带责任。　　　　　　　　　　　　　　　　　　　　　　　　　　　　　　（　　）

5. 具备自行招标条件的单位，应委托中介服务机构代理招标工作。　　　　　（　　）

6. 对于投标人提交的优越于招标文件中技术标准的备选投标方案所产生的附加效益，不得考虑进评标价中。　　　　　　　　　　　　　　　　　　　　　　　　　（　　）

7. 符合招标文件的基本技术要求且评标价最低或综合评分最高的投标人，其所提交的备选方案不予以考虑。　　　　　　　　　　　　　　　　　　　　　　　　　（　　）

8. 招标文件中没有规定的标准和方法可以考虑作为评标的依据。　　　　　（　　）

9. 招标人设有标底的，标底应当保密，并在评标时作为参考。　　　　　　（　　）

10. 重大偏差和细微偏差均未在实质上响应招标文件的要求。　　　　　　（　　）

四、简答题（每题 4 分，共 4 题，计 16 分）

1. 什么是不平衡报价法？

2. 建设工程招标代理与工程造价咨询有何区别？

3. 何为招标控制价？它与标底的关系是什么？

4. 通常情况下，废标的条件有哪些？

五、案例分析题（共 1 题，计 10 分）

背景：某建设单位准备建一座图书馆，建筑面积 5000m²，预算投资 400 万元，建设工期为 10 个月。工程采用公开招标的方式确定承包商。按照《中华人民共和国招标投标法》和《中华人民共和国建筑法》的规定，建设单位编制招标文件并向当地建设行政管理部门提出招标申请，得到批准。但在招标前，该建设单位就已经与甲公司进行了工程招标沟通，对投标价格、投标方案等实质性内容达成了一致意向。

招标公告发布后，共甲、乙、丙三家公司投标。按照招标文件规定的时间、地点及投标程序，三家公司向建设单位投递了投标书。在开标过程中，甲公司和乙公司在施工技术、施工方案、施工力量及投标报价上相差不大，乙公司在总体技术和实力上较甲公司好一些，但结果是甲公司中标。乙公司很不满意，但最终接受了这个竞标结果。

答：不应判为废标。对某分项工程报价有漏项不影响投标书的有效性，可视为包含在其他项目的报价中。

8. A、B企业分列综合得分第一名、第二名。由于A企业投标报价高于B企业，招标人向B企业发出中标通知书，是否合法？

答：不合法。按照综合评分法评标时，因投标报价已经作为评价内容考虑在得分中，再重新单列投标报价作为中标依据显然不合理。招标人应按综合得分先后顺序确定中标人，不应任意改变评标委员会推荐的顺序。

9. 投标报价与标底价格相差较大，能否作无效投标处理？

答：不能。投标报价与标底价格有较大差异不能作为判定是否为无效投标的依据。只有当投标人不能合理说明或者提供相关证明材料时，才能认定为废标。

10. 某投标人提供的企业法定代表人委托书是复印件，能否作无效投标处理？

答：应作无效投标处理。企业法定代表人的委托书必须是原件。

11. 某招标文件规定，根据编制的标底判断投标报价的有效性和合理性，在标底价格浮动范围之外的为废标，是否合理？

答：不合理。标底不能作为评定投标报价有效性和合理性的唯一和直接依据。招标文件中不得规定投标报价最接近标底的投标人为中标人，也不得规定超出标底价格上下允许浮动范围的投标报价直接作为废标处理。

12. 某投标人在开标后又递交了一份补充说明，该投标文件是否有效？

答：该投标人的投标文件有效。但补充说明无效，因开标后投标人不能变更或更改投标文件的实质性内容。

13. 某投标文件的投标函盖有企业及法定代表人的印章，但没有加盖项目负责人的印章，该投标文件是否有效？

答：该投标文件有效。投标函需盖法人印章、法定代表人或代理人签字或盖章，而对项目负责人无要求。

14. 某投标人在开标后撤回了其投标文件，该投标文件是否有效？对其撤回投标文件的行为如何处理？

答：该投标文件有效。对其撤回投标文件的行为，招标人可以没收其投标保证金，给招标人造成损失超过投标保证金的，招标人可以要求其赔偿。

15. 确定中标人之后，招标人经审查发现中标人所选择的分包单位不符合要求，于是指定另一家公司作为分包单位。该做法是否合理？

答：不合理。根据《工程建设项目施工招标投标办法》，招标人不得直接指定分包人。

16. 某投标人在投标截止时间之前，经书面声明撤回投标文件，撤回的投标文件在开标时是否唱标？

答：虽该投标人在投标截止时间前撤回了投标文件，但仍应作为投标人宣读其名称，但不宣读其投标文件的其他内容。

17. 某招标文件规定：若采用联合体形式投标，必须在投标文件中明确牵头人并提交联合投标协议；若某联合体中标，招标人将与该联合体牵头人订立合同。该规定是否正确？

答：错误。"若某联合体中标，招标人与该联合体的牵头人订立合同"有误。联合体中标的，联合体各方应当共同与招标人签订合同。

18. 某投标人的投标文件未按招标文件要求密封，该投标人重新密封并在投标截止时

工程招投标与合同管理模拟试题二

班级：　　　　　　姓名：　　　　　　学号：

题号	一	二	三	四	五	总分
得分						

一、**单选题**（每题2分，共20题，计40分）

1. 在建设工程总承包合同中，属于发包人应当完成的工作的是（　　）。
A. 使施工现场具备开工条件
B. 指令承包人申请办理规划许可证
C. 提供工程进度计划
D. 保护已完工程并承担损坏修复费用

2. 下列关于合同文件的表述，不正确的是（　　）。
A. 专用条款的内容比通用条款更明确、具体
B. 合同文件中专用条款的解释优于通用条款
C. 合同文件之间应能相互解释、互为说明
D. 专用条款与通用条款是相对立的

3. 对承包商来说，采取下列（　　）合同形式其承担的风险最小。
A. 固定总价　　　　B. 单价　　　　C. 调价总价　　　　D. 成本加酬金

4. 承包人在索赔事项发生后的（　　）天以内，应向工程师正式提出索赔意向通知。
A. 14　　　　　　B. 7　　　　　　C. 28　　　　　　D. 21

5. 下列关于建设工程索赔的说法，正确的是（　　）。
A. 承包人可以向发包人索赔，发包人不可以向承包人索赔
B. 索赔按处理方式的不同分为工期索赔和费用索赔
C. 工程师在收到承包人送交的索赔报告的有关资料后28天未予答复或未对承包人做进一步要求，视为该项索赔已经认可
D. 索赔意向通知发出后的14天内，承包人必须向工程师提交索赔报告及有关资料

6. 索赔是指在合同的实施过程中，（　　）因对方不履行或未能正确履行合同所规定的义务或未能保证承诺的合同条件实现而遭受损失后，向对方提出的补偿要求。
A. 业主方　　　　B. 第三方　　　　C. 承包商　　　　D. 合同中的一方

7. 在施工过程中，由于发包人或工程师指令修改设计、修改实施计划、变更施工顺序，造成工期延长和费用损失，承包商可提出索赔。这种索赔属于（　　）引起的索赔。
A. 地质条件的变化　　B. 不可抗力　　　　C. 工程变更　　　　D. 发包人风险

问题：（1）指出上述招标程序中的不妥和不完善之处。

（2）该工程共有 7 家投标人投标，在开标过程中，出现如下情况：①其中 1 家投标人的投标书没有按照招标文件的要求进行密封和加盖企业法人印章，经招标监督机构认定，对该投标作无效投标处理；②其中 1 家投标人提供的企业法定代表人委托书是复印件，经招标监督机构认定，对该投标作无效投标处理；③开标人发现剩余的 5 家投标人中，有 1 家的投标报价与标底价格相差较大，经现场商议，也对其作无效投标处理。指明以上处理是否正确，并说明原因。

间之前递交，招标人能否受理？

答：应该受理。只要投标人在投标截止时间之前重新递交的投标文件封装和标识符合招标文件的要求，招标人就应当受理。

19. 某投标人递交投标文件时没有带投标保证金发票，招标人能否受理该投标文件？

答：应该受理。无须查对其是否按照招标文件要求提交了投标保证金，以及投标保证金是否有效等，因为投标文件不予受理仅存在两种情形：①逾期送达或未送达到指定地点的；②未按照招标文件要求密封的。投标文件是否符合招标文件要求属于评标委员会工作范畴。

20. 某投标人在投标截止时间前几秒钟，携带投标文件跨进投标文件接收地点某会议室，递交给投标文件接收人时，已超过投标截止时间，招标人是否应该受理？

答：应该受理。只要投标文件的密封和标识情况符合要求，就应受理该投标文件。招标文件明确的投标文件接收地点，一般为某房间或某会议室，而不是投标文件接收人在该房间内所处地点。注意：判定一份投标文件是否在投标截止时间前送达投标文件接收地点，不应包括登记及检查投标文件是否满足招标文件对封装和标识要求的时间。

21. 某投标人在投标截止时间前递交了投标文件，但投标保证金递交时间晚于投标截止时间 2 分钟送达，招标人应如何处理？该投标文件属于无效投标还是废标？

答：该投标人的投标文件有效，应在开标会议当众拆封、唱标。但对投标保证金不能受理，否则招标人就属于在投标截止时间后接收投标文件。无效投标一般是招标人不予受理的投标文件，招标人受理后经评标委员会评审不合格的投标文件为废标。该投标文件按废标处理。

22. 某招标人报价时将工程量清单中的 29456m^2 错写为 9456m^2，并据此进行报价，评标委员会未能发现，并最终推荐其为第一中标候选人。招标人应如何处理？

答：招标人应向行政监管部门投诉评标委员会评标违规，没有按照招标文件中的评标标准和方法，对投标文件进行系统的评审和比较，应要求重新进行评标。

23. 评标委员会按招标文件的约定，仅推荐了一名中标候选人，招标人向其发出中标通知书后，该中标候选人 A 来函表示放弃中标资格，招标人没收了其投标保证金，并确定排名第二的投标人 B 为中标人。招标人的做法是否合理？

答：招标人可以没收 A 的投标保证金，但招标人不能在评标委员会推荐的中标候选人以外直接确定排名第二的投标人为中标人，而需要依法重新招标。

24. 开标时，招标人当众拆封，并宣布了评标标准。该做法是否正确？

答：应根据情况评判。评标标准在开标时宣布，可能涉及两种情况：一是评标标准未包括在招标文件中，开标时才宣布，这是错误的；二是评标标准已包括在招标文件中，开标时只是重申性地宣布，则不属于错误。

25. 某工程开标时，由公证处人员对投标单位的资质进行审查，并对所有投标文件进行审查，确认所有投标文件均有效后，正式开标。该做法是否正确？

答：不正确。公证处人员无权对投标单位的资格和投标文件进行审查，其到场的作用仅在于确认开标的公正性和合法性。

26. 某工程招标项目，发出中标通知书后，招标人希望中标人在原中标价基础上再优惠两个百分点，即中标价由 136.00 万元调整为 133.28 万元。招标人和中标人协商后达成一致意见。这种做法是否正确？

46. 评标委员会是否可以否定招标文件中的某几个评标标准而重新制订、添加评标标准？

答：评标委员会的权力就是依据招标文件中的评标标准和方法进行评标，没有权力修改与制订评标标准。如果所有评标委员会成员均认为评标标准和方法不符合法规，可以提出书面报告判定本次招标无效，招标人依法重新招标。

47. 开标时，若发现所有投标人的报价均超过招标控制价，是否应组织评标？

答：应组织评标委员会评标并做出"所有投标均不能通过初步审查"的结论意见，完成评标报告。这种情况下不能推荐中标候选人。

48. 开标时，对于投标人提出的各种疑问应怎样处理？

答：直接记录在开标记录上，交由评标委员会审查，并做出处理意见。

49. 开标现场是否可以直接判某个投标为无效标而不交给评标委员会评审？

答：不可以。开标时不仅开标人，任何人均没有权力评判投标是否有效。

50. 某投标人投标报价预算书中的投标报价为1800万元，但在投标函中错打成1800元，唱标时应如何唱标？

答：核对投标函正本，如果无误，则直接唱出1800元。

51. 某投标人在一个项目投标中报出了两个报价，应如何唱标？

答：按照投标函正本唱标，直接唱出两个报价。

52. 某工程建设项目发了两次招标公告，第一次仅2个企业报名，第二次有4个企业报名。但在投标截止时间前，仅有2个投标人递交了投标文件。招标人是否可以直接确定承包人或供应商？

答：如该项目属于必须审批的建设项目，需报原审批部门审批，审批后可以直接确定承包人或供应商；其他项目招标人可以自主决定。

53. 投标人采用传真方式递交投标文件是否可以被接受？

答：不可以。因为满足不了法律对投标文件的密封要求。

54. 是否可以分别组织投标人进行现场勘察？

答：不可以，分别组织投标人勘察现场违反了招标人不得单独或分别组织任何一个投标人进行现场勘察的规定，也不能保证投标人获得同样的信息，包括口头说明等。

55. 工程量清单是否可以在开标前7天发给投标人？

答：不可以，工程量清单是招标文件的一部分，应与招标文件一起发给投标人，最迟在投标截止时间前15日发给投标人。

56. 工程建设项目施工总承包招标时，以暂估价形式将4台电梯纳入总承包的承包范围，合计164万元，是否可以直接采购电梯？

答：不可以直接采购。依据《工程建设项目招标范围和规模标准规定》，重要设备、材料等货物的采购，单项合同估算价在100万元人民币以上的，必须进行招标。该项目已经达到了必须进行招标的规模标准，应由总承包的中标人和招标人共同组织招标。

57. 如果招标文件中没有规定出哪些条件是实质性条件，评标时招标人想依据惯例对某个投标人未响应其中一个条件而判其为废标。这种做法是否允许？

答：不允许，除非采用的条件是法规明确规定的条件。相关法规明确规定，招标人应当在招标文件中规定实质性要求和条件，说明不满足其中任何一项实质性要求和条件的投标将被拒绝，同时实质性要求和条件要用醒目的方式标明。

19. 融资招标项目中，（ ）是证明投标人有能力胜任招标项目的重要因素。

A. 投标人信誉   B. 项目管理能力

C. 类似项目业绩   D. 财务实力和融资能力

20. （ ）是工程建设项目设计招标与工程和货物招标的区别条款。

A. 投标保证金的金额   B. 投标补偿费用和奖金

C. 未中标投标文件的退还   D. 知识产权的范围及归属

二、多选题（每题2分，共12题，计24分，选错不得分）

1. 评标的原则包括（ ）。

A. 竞争优选

B. 公正，公平，科学管理

C. 质量好，信誉高，价格合理，工期适当，施工方案先进可行

D. 规范性与灵活性相结合

E. 反不正当竞争

2. 标底是（ ）。

A. 建筑安装工程造价表现形式   B. 招标工程的预期价格

C. 评标的依据之一   D. 由上级主管部门编制并审定的

E. 判断是否投标的依据

3. 招标单位在编制标底时需考虑的因素包括（ ）。

A. 材料价格因素   B. 工程质量因素

C. 工期因素   D. 本招标工程资金来源因素

E. 本招标工程的自然地理条件和招标工程范围等因素

4. 施工合同当事人为（ ）。

A. 发包人   B. 承包人

C. 监理单位   D. 设计单位

E. 咨询单位

5. 《建设工程施工合同（示范文本）》的附件包括（ ）等。

A. 协议书   B. 通用条款

C. 工程质量保修书   D. 专用条款

E. 发包人供应材料设备一览表

6. 邀请招标与公开招标比较，具有（ ）等优点。

A. 竞争更激烈   B. 无须设置资格预审程序

C. 节省招标费用   D. 节省招标时间

E. 减少承包方违约的风险

7. 我国施工招标文件部分内容的编写应遵循的规定有（ ）。

A. 明确投标有效时间不超过18天

B. 明确评标原则和评标方法

C. 招标文件的修改，可用各种形式通知所有招标文件接收人

D. 明确提前工期奖的计算办法

E. 明确投标保证金数量

8. 建设项目招标投标的意义主要有（ ）。

A. 基本形成了由市场定价的价格机制

10. 下列关于建设工程招投标的说法，正确的是（   ）。

A. 在投标有效期内，投标人可以补充、修改或者撤回其投标文件

B. 投标人在招标文件要求提交投标文件的截止时间前，可以补充、修改或者撤回投标文件

C. 投标人可以挂靠或借用其他企业的资质证书参加投标

D. 投标人之间可以先进行内部竞价，内定中标人，再参加投标

11. 下列关于联合体共同投标的说法，正确的是（   ）。

A. 两个以上法人或其他组织可以组成一个联合体，以一个投标人的身份共同投标

B. 联合体各方只要其中任意一方具备承担招标项目的能力即可

C. 由同一专业的单位组成的联合体，投标时按照资质等级较高的单位确定资质等级

D. 资格预审后联合体可增减、更换成员

12. 中标通知书、合同协议书和图纸是施工合同文件的组成部分，就这三部分而言，当在施工合同文件中出现不一致时，其优先解释顺序为（   ）。

A. 中标通知书、合同协议书、图纸   B. 合同协议书、中标通知书、图纸

C. 合同协议书、图纸、中标通知书   D. 中标通知书、图纸、合同协议书

13. 当工程分包时，分包单位应对（   ）负责。

A. 建设单位   B. 总承包单位

C. 监理单位   D. 质量监督部门

14. 下列关于工程分包的说法，正确的是（   ）。

A. 施工总承包人不得将建设工程主体结构的施工分包给其他单位

B. 工程分包后，总承包人不再对分包的工程承担任何责任

C. 施工总承包人可以将承包工程中的专业工程自主分包给分包单位

D. 分包单位可以将其承包的建设工程再分包给其他单位

15. 在劳务分包合同中，属于劳务分包人义务的是（   ）。

A. 全面履行总（分）包合同，对工程的工期和质量向发包人负责

B. 负责与发包人、监理、设计及有关部门联系，协调现场工作关系

C. 负责编制施工组织设计，统一制定各项管理目标

D. 对本合同劳务分包范围内的工程质量向工程承包人负责

16. 科技研究开发和咨询服务的评标方法，通常采用综合评估法，且可以根据项目特点和具体需求情况，参照（   ）的评标办法，设置评标因素和标准。

A. 特许经营项目融资招标   B. 工程建设项目设计招标

C. 工程施工监理招标   D. 工程建设项目管理招标

17. 特许经营项目招标的最终工作目标是（   ）。

A. 确定中标候选人

B. 解决特许经营项目的资金筹集问题

C. 与中标人成立的项目公司签署项目协议

D. 确定有资格参加项目竞争的合格投标人

18. （   ）是资格预审程序中的重要内容。

A. 编制资格预审文件   B. 发布资格预审公告

C. 出售资格预审文件   D. 资格预审文件的澄清、修改

58. 房屋建筑等的施工招标，按资质标准三级企业可以承揽的项目，是否可以在招标文件中直接规定要一级企业？

答：不可以。房屋建筑或市政基础设施工程施工招标，按资质标准三级企业可以承揽的项目，不可以在招标文件中直接规定要一级企业。不能对潜在投标人提出与招标工程实际要求不符的过高的资质等级要求和其他要求。

59. 什么类型的项目可以不执行"从发出文件之日起至投标截止时间止不少于 20 天"等规定？

答：下述两种情况可以不执行"从发出文件之日起至投标截止时间止不少于 20 天"和"招标文件的澄清与修改在投标截止时间前 15 日发出"的规定。

（1）项目本身不属于依法必须招标的项目类型。

（2）项目属于依法必须招标的项目类型但未达到依法必须招标的规模标准。

60. 资格预审结束后，是否允许招标人在报名投标人外增加两家投标人直接参加投标？

答：不允许。但如果是邀请招标，招标人可以在发售招标文件后再增加两家投标人。因为邀请招标时，邀请的对象由招标人确定，只要投标截止时间未到，招标人均可以增加邀请名单。

61. 招标人依据什么进行资格审查？

答：依据招标人的资格预审文件和申请人的申请文件，其他条件不得作为资格审查的依据。

62. 是否允许在资格预审文件或招标文件中修改申请人或投标人的资质条件？

答：招标公告及资格预审文件或招标文件中的资质条件应满足招标项目的最低要求。资格预审文件中的资质条件应与招标公告中的资质条件完全一致，不允许在资格预审文件或招标文件中修改资质条件。如果招标人在招标公告发出后要求更改资质条件，必须重新发布招标公告。

63. 招标公告发出后是否允许终止项目的招标？

答：不允许。国内法规规定，除有正当理由外，招标人在发出招标公告、投标邀请书或者售出资格预审文件、招标文件后终止招标的，有关行政监督部门应给予警告，可处 3 万元以下罚款；给投标人造成损失的，应当赔偿投标人损失。

64. 资格预审文件、招标文件费用如何收取？

答：资格预审文件、招标文件不得以营利为目的。招标人发售资格预审文件、招标文件收取的费用应当限于补偿印刷、邮寄的成本支出，不得以营利为目的。另外，对于图纸押金，招标代理机构也应以合理的金额为准，而且在投标人退还图纸等设计文件后，将押金退还给投标人。

65. 对资格预审文件或招标文件有异议，应在何时提出？

答：对资格预审文件或招标文件有异议，应在法定期限内提出。潜在投标人或者其他利害关系人对资格预审文件有异议的，应当在提交资格预审申请文件截止时间 2 日前提出；对招标文件有异议的，应当在投标截止时间 10 日前提出。招标人应自收到异议之日起 3 日内做出答复，做出答复前，应当暂停招投标活动。

66. 投标保证金是否不得超过投标价的 2%？

答：投标保证金不得超过招标项目估算价的 2%，而非投标价的 2%。投标保证金的金额上限应统一为招标项目估算价的 2%。根据有关规定，对于货物和施工招标，投标保证

了避免过高的履约保证金增加中标人的负担，《中华人民共和国招标投标法实施条例》明确规定了履约保证金的最高限额，即不得超过中标合同金额的 10％。

该规定并未明确履约保证金的形式。在实践中，履约保证金可以采用银行保函、转账支票、银行汇票等形式，如果招标文件有要求的，应按照招标文件要求执行。

工程招投标与

综 合

合同管理实务

实 训

出版社
VERSITY PRESS

工程招投标与合同管理模拟试题一

班级：　　　　　　　姓名：　　　　　　　学号：

题　号	一	二	三	四	五	总　分
得分						

一、单选题（每题 2 分，共 20 题，计 40 分）

1. 根据《工程建设项目招标范围和规模标准规定》的规定，属于工程建设项目招标范围的工程建设项目，包括勘察、设计、监理等服务，施工单项合同估算价在（　　　）万元人民币以上的，必须进行招标。

　　A. 100　　　　　　B. 50　　　　　　C. 150　　　　　　D. 200

2. 某招标人在招标文件中规定了对本省的投标人在同等条件下将优先于外省的投标人中标，根据《中华人民共和国招标投标法》，这个规定违反了（　　　）原则。

　　A. 公开　　　　　B. 公平　　　　　E. 公正　　　　　D. 诚实信用

3. 某政府办公大楼项目对社会招标，招标文件中限定外省的投标人需与本省工程承包单位组成联合体方可参加竞标，此举违背了招投标活动的（　　　）原则。

　　A. 公开　　　　　B. 公平　　　　　C. 公正　　　　　D. 诚实信用

4. 《中华人民共和国招标投标法》规定，依法必须招标的项目，自招标文件开始发出之日起至投标人提交投标文件截止之日止，最短不得少于（　　　）。

　　A. 20 天　　　　　B. 30 天　　　　　C. 10 天　　　　　D. 15 天

5. 根据《中华人民共和国招标投标法》规定，招标人和中标人应当在中标通知书发出之日起（　　　）内，按照招标文件和中标人的投标文件订立书面合同。

　　A. 20 天　　　　　B. 30 天　　　　　C. 10 天　　　　　D. 15 天

6. 招标人采用邀请招标方式招标的，应当向（　　　）个以上具备承担招标项目的能力、资信良好的特定的法人或者其他组织发出投标邀请书。

　　A. 3　　　　　　B. 4　　　　　　C. 5　　　　　　D. 2

7. 评标委员会的组成人员中，要求技术经济方面的专家不得少于成员总数的（　　　）。

　　A. 1/2　　　　　B. 2/3　　　　　C. 1/3　　　　　D. 1/5

8. 招标人对已发出的招标文件进行必要的澄清或者修改的，应当在招标文件要求提交投标文件截止时间至少（　　　）前，以书面形式通知所有招标文件收受人。

　　A. 20 天　　　　　B. 10 天　　　　　C. 15 天　　　　　D. 7 天

9. 公开招标亦称无限竞争性招标，是指招标人以（　　　）的方式邀请不特定的法人或者其他组织投标。

　　A. 投标邀请书　　　B. 合同谈判　　　C. 行政命令　　　D. 招标公告

B. 能够不断降低社会平均劳动消耗水平

C. 节约选择施工单位的时间

D. 便于供求双方更好地相互选择

E. 有利于规范价格行为

9. 特许经营项目融资招标文件的（   ）具体内容和格式可以参照工程施工招标文件。

A. 投标邀请书   B. 项目协议

C. 参考资料   D. 投标人须知

E. 投标文件格式

10. 下列属于招投标特性的有（   ）。

A. 选择性   B. 时效性

C. 规范性   D. 一次性

E. 技术经济性

11. 相对于招标而言，拍卖的主要特点有（   ）。

A. 主要适用于出售标的   B. 出售给最低出价者

C. 多次竞价   D. 密封报价

E. 价格是选择交易对象的唯一竞争因素

12. 当其他条件相同时，工程施工招标的标段规模划分较小，可能会（   ）。

A. 增加中小企业投标人数量

B. 限制大型施工机械的使用效率

C. 降低招标人的工程管理难度

D. 增加工程承包单位的固定成本，减少标段工程造价竞争下降的空间

E. 缩短工程施工工期

三、判断题（每题 1 分，共 10 题，计 10 分）

1. 资格预审的目的是排除一些低资质的投标申请人，使投标人的能力等方面能够满足招标项目的要求，同时也减少评标的工作量。（   ）

2. 根据《中华人民共和国招标投标法》《房屋建筑和市政基础设施工程施工招标投标管理办法》的规定，招标文件应当包括的具体内容通常有五个部分。（   ）

3. 开标会议应当在规定的时间、规定的地点公开举行，应充分体现招标的公开、公平和公正的原则。（   ）

4. 在确定投标人之前，招标人应与投标人就投标价格、投标方案等实质性内容进行谈判。（   ）

5. 经评审的最低投标价法一般适用于具有通用技术、性能标准或者招标人对其技术、性能没有特殊要求的招标项目。（   ）

6. 根据综合评估法，最大限度地满足招标文件中规定的各项综合评价标准的投标人，应当被推荐为中标候选人。（   ）

7. 两个以上法人或者其他组织可以组成一个联合体，以一个投标人的身份共同投标。（   ）

8. 清单计价模式招投标意味着其只能采用固定单价合同。（   ）

9. 依法必须进行招标的项目，招标人应当确定排名第一的中标候选人为中标人。（   ）

10. 为加强工程项目管理，项目主管部门人员可以担当评标委员会成员。（　　）

四、简答题（每题 4 分，共 4 题，计 16 分）

1. 建设工程招标程序是什么？

2. 什么是建设工程招标？

3. 合同类型按计价方式可分为几类？各有何特点？

4. 工程造价咨询业务的工作范围有哪些？

五、案例分析题（共 1 题，计 10 分）

背景：某建设单位经相关主管部门批准，组织某建设项目全过程总承包（即 EPC 模式）的公开招标工作。根据实际情况和建设单位要求，该工程工期定为两年，考虑到各种因素的影响，决定该工程在基本方案确定后即开始招标，确定的招标程序如下：①成立该工程招标领导机构；②委托招标代理机构代理招标；③发出投标邀请书；④对报名参加的投标人进行资格预审，并将结果通知合格的投标申请人；⑤向所有获得投标资格的投标人发售招标文件；⑥召开投标预备会；⑦招标文件的澄清与修改；⑧建立评标组织，制定标底和评标、定标办法；⑨召开开标会议，审查投标书；⑩组织评标；⑪与合格的投标人进行质疑澄清；⑫决定中标单位；⑬发出中标通知书；⑭建设单位与中标单位签订承发包合同。

8. 索赔可以从不同角度分类，如按索赔事件的影响分类，可分为（ ）。

A. 单项索赔和综合索赔

B. 工期拖延索赔和工程变更索赔

C. 工期索赔和费用索赔

D. 发包人与承包人、承包人与分包人之间的索赔

9. （ ）是索赔处理的最主要依据。

A. 合同文件　　　　 B. 工程变更　　　　 C. 结算资料　　　　 D. 市场价格

10. 下列关于索赔和反索赔的说法，正确的是（ ）。

A. 索赔实际上是一种经济惩罚行为

B. 索赔和反索赔具有同时性

C. 只有发包人可以针对承包人的索赔提出反索赔

D. 索赔单指承包人向发包人的索赔

11. 建设工程勘察合同法律关系的客体是指（ ）。

A. 物　　　　　　 B. 行为　　　　　 C. 智力成果　　　　 D. 财产

12. 投标文件中出现工程量清单有变动、补充和修改时，应（ ）。

A. 属细微偏差，修正报价　　　　 B. 评标委员会成员讨论后确定

C. 属细微偏差，但报价不得修正　　 D. 属重大偏差，废标

13. 招标文件应当载明投标有效期。投标有效期从（ ）起计算。

A. 发布招标公告　　　　　　 B. 发售招标文件

C. 提交投标文件截止日　　　　 D. 投标报名

14. 确定评标专家成员一般应当采取（ ）的方式。

A. 招标人指定　　　　　　 B. 行政监督机构确定

C. 随机抽取　　　　　　　 D. 交易中心选定

15. 中标人不按照招标文件的规定提交履约担保的，将失去订立合同的资格，其提交的投标担保（ ）。

A. 退还一部分　　　　　　 B. 全部退还

C. 不退还　　　　　　　　 D. 不退还并且追加罚金

16. 使用国有资金投资或者国家融资的项目，招标人应当确定（ ）的中标候选人为中标人。

A. 排名第一　　　 B. 报价最低　　　 C. 得分最高　　　 D. 排名第一或第二

17. 未能在实质上响应的投标，应（ ）。

A. 做出必要的澄清、说明或者补正　 B. 作废标处理

C. 由评标委员会决定是否为废标　　 D. 不予受理

18. 一般招标项目评标专家的产生可以采取（ ）方式，特殊招标项目可以（ ）。

A. 招标人直接确定　随机抽取　　 B. 随机抽取　招标人直接确定

C. 招标人直接确定　不需专家评审　 D. 随机抽取　不需专家评审

19. 开标由（ ）主持，邀请所有投标人参加。

A. 公证机构代表人　　　　　　 B. 招标人

C. 投标人代表　　　　　　　　 D. 行政监督机构

20. 投标预备会结束后，由招标人（招标代理人）整理会议纪要和解答的内容，以书

面形式将所有问题及解答向（　　）发放。

A. 所有潜在的投标人　　　　　　　B. 所有获得招标文件的投标人

C. 所有申请投标的投标人　　　　　D. 所有资格预审合格的投标人

二、多选题（每题2分，共12题，计24分，选错不得分）

1. 施工招标文件应包括（　　）内容。

A. 投标须知　　　　　　　　　　　B. 投标函

C. 拟签订合同的主要条款　　　　　D. 投标函的格式及附录

E. 施工组织设计

2. 投标文件应当包括的内容有（　　）。

A. 投标函　　　　　　　　　　　　B. 投标邀请书

C. 投标报价　　　　　　　　　　　D. 施工组织设计

E. 投标须知

3. 采用工程量清单法编制标底时，各分项工程的单价中应包括（　　）。

A. 人工费　　　　　　　　　　　　B. 材料费

C. 施工机具使用费　　　　　　　　D. 其他直接费

E. 间接费

4. 投标文件的技术性评审包括（　　）。

A. 实质性响应程度

B. 质量控制措施

C. 方案可行性评估和关键工序评估

D. 环境污染的保护措施评估

E. 现场平面布置和进度计划

5. 开标会议上应宣布投标书为废标的情况包括（　　）。

A. 未密封递送的投标书

B. 投标工期长于招标文件中要求工期的投标书

C. 关键内容、字迹无法辨认的投标书

D. 没有委托代理人印章的投标书

E. 投标截止时间以后送达的投标书

6. 编制标底应遵循的原则有（　　）。

A. 工程项目划分、计量单位、计算规则统一

B. 按工程项目类别计价

C. 应包括不可预见费、赶工措施费等

D. 应考虑市场变化

7. 建设工程的招标方式可分为（　　）。

A. 公开招标　　　　　　　　　　　B. 邀请招标

C. 议标　　　　　　　　　　　　　D. 系统内招标

E. 行业内招标

8. 标底的编制依据有（　　）。

A. 招标文件确定的计价依据和计价方法

B. 经验数据资料

20多天后，一个偶然的机会，乙公司接触到甲公司一名中层管理员工，该员工透露说，在招标之前，该建设单位已与甲公司多次接触，中标条件和标底是双方议定的，参加投标的其他人都蒙在鼓里。对此情节，乙公司认为，该建设单位严重违反了招投标的有关法律规定，遂向当地建设行政管理部门举报，要求建设行政管理部门依照职权宣布该招标结果无效。经建设行政管理部门审查，乙公司所陈述的事实属实，遂宣布本次招标结果无效。

甲公司认为，建设行政管理部门的行为侵犯了甲公司的合法权益，遂起诉至法院，请求法院依法判令被告承担侵权的民事责任，并确认招标结果有效。

问题：（1）简述建设单位进行施工招标的程序。

（2）通常情况下，招标人和投标人串通投标的行为有哪些表现形式？

（3）按照《中华人民共和国招标投标法》的规定，该建设单位应对本次招标承担什么法律责任？

工程招投标与合同管理综合辨析型问题

1. 某企业项目审批核准部门对该项目安装工程的招标方式核准意见为公开招标方式，但主要设备的安装工期十分紧张，招标人决定采用邀请招标的方式确定该设备安装单位，招标人的做法是否合理？

答：不合理。招标方式核准意见中的招标方式不能在执行过程中随意调整，必须调整时，应报原项目审批核准部门重新核准后，才能按新的核准意见执行。

2. 合同工期和合同开工日期到合同竣工日期的时间天数不一致时应如何处理？

答：《中华人民共和国民法典》规定了合同履行中合同文件前后约定不一致的解释方法，以及争议解决途径。合同工期及合同开工日期为合同的实质性内容，出现不一致时，以合同协议书中的工期和开工日期推算竣工日期，进而确定承包人是否如期履约。

3. 在合同文件中，用数字表示的数额与用文字表示的数额不一致时，应如何处理？

答：在合同文件中，用数字表示的数额与用文字表示的数额不一致时，应遵照以文字表示的数额为准的解释惯例。

4. 在对 10 份资格预审申请文件进行详细资格审查过程中，资格审查委员会没有依据资格预审文件对通过初步审查的申请人逐一进行审查和比较，而采取了去掉 3 个评审最差的申请人的方法。资格审查委员会的做法是否合理？

答：合理。审查委员会应依据资格预审文件中确定的资格审查标准和方法，对招标人受理的资格预审申请文件进行审查，资格预审文件中没有规定的方法和标准不得采用，同时也不得以不合理的条件限制、排斥潜在投标人，不得对潜在投标人实行歧视待遇。

5. 某招标人在对招标文件完成澄清与修改时，距项目的开标仅剩下 5 日时间，为保证投标人在开标后不投诉，招标人在发放投标文件澄清与修改时，要求每个投标人写下书面承诺，承诺不会因为招标文件的澄清与修改晚 10 日发出而影响其投标。招标人的这种做法是否正确？

答：不正确。依法必须进行招标的项目，招标人对已发出的招标进行必要的澄清或者修改的，应当在招标文件要求提交投标截止时间至少 15 日前，以书面形式通知所有招标文件接收人。这里的 15 日时间是法律赋予投标人依法享有的最短投标时间，任何人，无论是招标人、投标人还是监管机构，均无权通过审批、确认等非法形式缩短投标人的最短投标时间。招标人应在发出招标文件的澄清与修改的同时，将投标截止时间相应延长 10 日，以保证投标人在收到招标文件的澄清与修改后，有不短于 15 日的法定投标时间进行投标活动。

6. 重新招标给投标人造成的损失应如何赔偿？

答：招标在合同订立中仅仅是要约邀请，对招标人不具有合同意义上的约束力，招标并不能保证投标人中标，若重新招标不属于欺诈等违反诚实信用的行为，投标的费用应当由投标人自己承担。

7. 某企业报价时对某分项工程报价有漏项，是否判为废标？

答：不正确。投标人同意优惠价格，然后双方按照优惠后的价格签订合同，无论是按优惠后的价格签订合同，还是由中标人出具一个优惠承诺，在结算时直接扣除的做法，均属于签订了背离合同实质性内容，即中标价格的其他协议，招标人和中标人同时违法。

27．在评标汇总结果出台后，有一位评标委员会成员不同意汇总后的结论，评标委员会通过举手表决，超过2/3的评标委员会成员同意重新发放空白表格，按照少数服从多数的原则重新评审。招标代理机构给每个评标委员会成员重新提供了一份空白表格，以便其对投标文件重新进行评审。此做法是否正确？

答：不正确。在评标汇总结果出台后，无论是全体评标委员会成员还是某个、某几个评标委员会成员进行重新评审，均违反了法律赋予其独立评审的职责，违反了公平、公正的原则。

28．第一中标候选人在没有发出中标通知书之前，提出退出投标，放弃候选人资格。该情形是否属于"在有效期内撤回投标"？

答：属于。在投标有效期内，且中标通知书发出之前，投标人退出投标的行为都属于在投标有效期内撤回投标，按照在投标有效期内撤回投标处理。在中标通知书发出之后的投标退出行为则属于放弃（中标）合同，因为这时招标人与中标人的合同关系已经存在。

29．招标人能否要求投标人在购买招标文件前递交履约保证金？

答：不能。履约保证金的作用是保证承包人完整地履行合同义务。在中标通知书发出之前，招标人与任何一个投标人之间均没有合同关系，谈不上履约保证的问题，在此之前不能要求投标人递交履约保证金。

30．1亿元人民币总投资的监理招标可以由乙级招标代理机构代理吗？

答：不能。乙级招标代理机构只能代理工程投资额在1亿元人民币以下的工程，即可以代理投资额在1亿元人民币以下工程涉及的勘察、设计、施工、监理和重要材料、设备采购招标。在此限额之上的，无资格代理。

31．某地下人防通道招标项目，建筑面积19800m²，跨度24m，高度7.8m，如何确定施工企业资质？

答：如果采用大开挖工艺施工，建议选择房屋建筑、市政公用工程施工总承包乙级及以上资质；如果采用暗挖、盾构等工艺施工，建议选用市政公用工程施工总承包乙级及以上或隧道工程专业承包甲级资质。

32．某工程采用直接发包，由代理公司做一个发包文件，两家投标公司做一个承包文件，再从专家库中抽评委定一个承包人。以上做法是否符合法定程序？

答：如果招标项目不属于依法必须招标的项目范围和规模标准，发包人可以自行决定采购方式及做法，上述做法不违反法规。否则，上述做法不符合法规规定。

33．招标公告、招标文件、投标文件、中标通知这些环节，哪些属于要约邀请？哪些属于要约？哪些属于承诺？

答：招标公告、招标文件属于要约邀请，投标文件属于要约，中标通知属于承诺。

34．招标文件中仅含有评标原则，没有评标细则，开标前3日招标人公布评标细则。该评标细则是否可以作为评标依据？

答：首先，招标文件中必须包含评标标准和方法。如果没有，作为招标文件的一部分，评标细则可以作为招标答疑在投标截止时间前15日发给投标人，否则不能作为评标的依据。

35. 合同谈判过程中发现中标人所报的业绩是假的，招标人是否可以取消其中标资格？

答：可以，并对其进行处罚。

36. 如果投标有效期即将结束，但还没有确定中标人，招标人应做哪些工作？

答：一般应在规定的时间内确定中标人并签订合同，如有特殊原因造成迟迟确定不了中标人，应以书面形式要求所有投标人延长其投标有效期。注意，如果同意延长投标有效期的投标人数少于3个，招标人应当依法重新招标。

37. 评标结束后发现评标委员会分数汇总有算术错误怎么办？

答：如果不影响排序，特别是前三名排序，则不用处理；如果影响前三名排序，则应组织原评标委员会进行修正，必要时应在行政监督部门的监督下进行。

38. 评标报告完成后，少数评标委员会成员不在评标报告上签字怎么办？

答：应明确要求这些评标委员会成员以书面方式阐述其不同意见和理由，同时评标委员会应做出说明并记录在案。如果既不签字，又不提交书面意见和理由，按相关法规规定其行为视为同意评标结论。

39. 发现个别评标委员会成员对客观性评价指标打分有误怎么办？

答：可以依据评标标准，通过评标委员会主任或监督人督促其改正；如果其不整改应记录在案。

40. 评标委员会解散前，招标人还应做哪些工作？

答：招标人应完成下述工作。

（1）检查评标报告是否完整、算术计算是否正确、签字是否齐全、修改处是否有小签等。

（2）将评标过程中涉及的各种资料、纸张、表格等统一收回。

（3）对评标保密事项做出进一步要求，发还通信工具，宣布评标委员会解散等。

41. 通过初步审查的投标人数量不足3个时，是否可以继续评标？

答：可以。是否继续评标由评标委员会决定，委员会成员均须做出结论性意见，完成评标报告。

42. 开标记录在评标过程中起什么作用？

答：依据国内法规，开标记录不能作为评标的依据，评标委员会仅需要以开标记录中记录的问题作为提示，依据招标文件规定的评标标准和方法对投标文件进行比较，并进行处理。

43. 投标人已经通过了资格预审，评标时评标委员会发现该投标人资格实际上不符合招标文件的要求，是否可以否决该投标人的投标？

答：可以。依据《评标委员会和评标方法暂行规定》，投标人资格条件不符合国家有关规定和招标文件要求的，评标委员会可以否决其投标。

44. 投标函上仅有投标人授权代表的签字，没有加盖投标人印章，其投标是否无效？

答：按相关法规，其投标有效。只有当投标函上既没有盖投标人印章，又无法定代表人或其授权代表签字时方判为无效。

45. 评标过程中，评标委员会发出需要投标人澄清的一些含义不清的问题是否需要签字？

答：评标委员会向投标人发出需要澄清的问题时不能签字，否则透露了评标委员会成员。投标人的澄清、说明、补正需要加盖其法人印章、法定代表人或其授权代表签字确认。

金最高限额为 80 万元人民币，对于工程勘察设计招标，投标保证金最高限额为 10 万元人民币。投标保证金有效期应当与投标有效期一致。依法必须进行招标的项目的境内投标人，以现金或者支票形式提交的投标保证金应当从基本账户转出。

67. 投标报价是否可以超过招标文件规定的招标控制价？

答：投标报价不应超过招标文件规定的招标控制价，否则将被废标。招标人设有招标控制价的，应当在招标文件中明确招标控制价或者招标控制价的计算方法，并规定如果投标报价高于招标控制价，其投标将作废标处理。

因此，投标人在投标时应特别关注招标文件中是否有招标控制价。如果有招标控制价，应注意不能超过该招标控制价；如果投标人认为该招标控制价过低，无利可图，则可以选择放弃投标。

68. 退还投标保证金时，有相应的利息吗？

答：退还投标保证金时，投标人有权要求支付相应的利息。根据《中华人民共和国招标投标法实施条例》的有关规定，招标人在终止招标、与中标人签订合同后 5 日内，在退还投标保证金时还需另行支付银行同期存款利息。若招标人不按照规定退还投标保证金及银行同期存款利息的，将可能被行政监督部门处以罚款，造成投标人损失的，还应承担赔偿责任。

《中华人民共和国招标投标法实施条例》规定，招标人终止招标的，应当及时发布公告，或者以书面形式通知被邀请的或者已经获取资格预审文件、招标文件的潜在投标人。已经发售资格预审文件、招标文件或者已经收取投标保证金的，招标人应当及时退还所收取的资格预审文件、招标文件的费用，以及所收取的投标保证金及银行同期存款利息。

69. 招标人可以特定区域或特定行业的业绩、奖项作为加分或中标条件吗？

答：招标人不得以特定区域或特定行业的业绩、奖项作为加分或中标条件。

《中华人民共和国招标投标法实施条例》中列举了 7 种属于招标人以不合理条件限制、排斥潜在投标人或者投标人的情形。

（1）就同一招标项目向潜在投标人或者投标人提供有差别的项目信息。

（2）设定的资格、技术、商务条件与招标项目的具体特点和实际需要不相适应或者与合同履行无关。

（3）依法必须进行招标的项目以特定行政区域或者特定行业的业绩、奖项作为加分条件或者中标条件。

（4）对潜在投标人或者投标人采取不同的资格审查或者评标标准。

（5）限定或者指定特定的专利、商标、品牌、原产地或者供应商。

（6）依法必须进行招标的项目非法限定潜在投标人或者投标人的所有制形式或者组织形式。

（7）以其他不合理条件限制、排斥潜在投标人或者投标人。

70. 与招标人存在利害关系可能影响招标公正性的投标人可以参加投标吗？

答：不得参加投标。《中华人民共和国招标投标法实施条例》规定，与招标人存在利害关系可能影响招标公正性的法人、其他组织或者个人，不得参加投标，否则投标无效。

这一规定应当引起投标人的重视。在招投标实践中，招标人的下属单位、关联企业等参与投标的情形广泛存在，与其他投标人之间形成了明显的不公平竞争。在对如何界定"利害关系"作出进一步规定或解释前，投标人应关注并谨慎对待该类投标。

71. 存在控股关系的不同单位可以参加同一标段投标吗？

答：存在控股关系的不同单位（如母公司和其控股子公司）不得参加同一标段投标。为了保证投标人之间的公平竞争，《中华人民共和国招标投标法实施条例》规定，单位负责人为同一人或者存在控股、管理关系的不同单位，不得参加同一标段投标或者未划分标段的同一招标项目投标。

根据《中华人民共和国公司法》的规定，控股股东是指出资额占有限责任公司资本总额百分之五十以上或者持有的股份占股份有限公司股份总额百分之五十以上的股东，出资额或者持有股份的比例虽然不足百分之五十，但依其出资额或者持有的股份所享有的表决权已足以对股东会、股东大会的决议产生重大影响的股东。

需要说明的是，上述投标人可以参加同一招标项目的不同标段的投标。

72. 通过资格预审后的联合体增减、更换成员的，其投标还有效吗？

答：投标无效。关于资格预审后联合体发生增减或者更换成员的问题，因为法律没有明确规定，实践中的处理方式各异，容易引发争议。

《中华人民共和国招标投标法实施条例》施行后，招标人接受联合体投标并进行资格预审的，联合体应当在提交资格预审申请文件前组成。资格预审后联合体增减、更换成员的，其投标无效。联合体各方在同一招标项目中以自己名义单独投标或者参加其他联合体投标的，相关投标均无效。

投标人组成联合体投标的，对此应予以重点关注。

73. 投标保证金可以从同一账户转出吗？

答：投标保证金从同一账户转出，将被视为串通投标，投标人应注意避免。

《中华人民共和国招标投标法实施条例》规定，有下列情形之一的，视为投标人相互串通投标。

（1）不同投标人的投标文件由同一单位或者个人编制。

（2）不同投标人委托同一单位或者个人办理投标事宜。

（3）不同投标人的投标文件载明的项目管理成员为同一人。

（4）不同投标人的投标文件异常一致或者投标报价呈规律性差异。

（5）不同投标人的投标文件相互混装。

（6）不同投标人的投标保证金从同一单位或者个人的账户转出。

投标人应注意避免出现上述情形，防止被认定为串通投标。

需要注意的是，第（6）条规定的同一单位的"账户"，不仅指基本存款账户，还包括一般存款账户、临时存款账户等。

74. 合同主要条款与招投标文件不一致可以吗？

答：合同主要条款与招投标文件不一致，将面临行政处罚。

招标人和中标人应当依照《中华人民共和国招标投标法》和《中华人民共和国招标投标法实施条例》的规定签订书面合同，合同的标的、价款、质量、履行期限等主要条款应当与招标文件和中标人的投标文件的内容一致。招标人和中标人不得再行订立背离合同实质性内容的其他协议。违反前述规定的，将被有关行政监督部门责令改正，处以中标项目金额 5‰以上 10‰以下的罚款。

75. 履约保证金应为多少？

答：履约保证金不得超过中标合同金额的 10%。考虑到国内工程建设的实际情况，为标人同时退还中标人的投标保证金。中标人如拒绝在规定的时间内提交履约担保和签订合同，由招标人报请招标管理机构批准同意后取消其中标资格，并按规定不退还其投标保证金。招标人可考虑在其余中标候选人中重新确定中标人，与之签订合同，或重新招标。

中标人与招标人正式签订合同后，应按要求将合同副本分送有关主管部门备案。

 技能点训练

1. 训练目的

训练学生能完成投标各阶段的工作。

2. 训练内容

工程背景见本项目案例引入。

（1）将学生分成一个招标小组和若干个投标小组。

（2）投标小组模拟投标人，设定投标人相关信息，根据招标文件的要求，完成投标的各项工作。

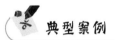 **典型案例**

对招标文件的研究分析

背景： 某市新建中心医院工程项目进行公开招标。计价方式为工程量清单报价，合同类型为固定单价。招标文件中关于投标报价条款约定如下。

（1）投标报价应包括招标文件所确定的招标范围内工程量清单中所含施工图项目的全部内容，以及为完成上述内容所需的全部费用。投标人应按招标人提供的工程量计算工程项目的单价和合价。工程量清单中的每一单项均需计算填写单价和合价。未填单价或合价的子目，招标人将以其他投标人对该子目的最低报价作为结算依据。

（2）招标人的工程量为估算工程量，投标人应对招标文件提供的各项工程量进行复核，并对其已标价工程量清单中填报工程量的准确性负责，除发生下面两种情形外，结算时工程量不再调整：①与实际工程量差异在10%以上的，据实调整工程量；②工程设计变更。

（3）附件中给出的设备材料暂估价供投标人报价时参考。

（4）投标函报价应与已标价工程量清单汇总一致。投标文件中的大写金额与小写金额不一致的，以大写金额为准；总价金额与单价金额不一致的，以单价金额为准，但单价金额小数点有明显错误的除外。

（5）评标基准价计算方法为：评标基准价＝去掉一个最低、一个最高有效报价的算术平均数。投标报价高于评标基准价时，中标价为评标基准价；低于评标价时，中标价为投标报价。

（6）签订施工承包合同时，中标人应将中标价让利3%。

问题：指出上述报价条款中的不妥之处，并逐一说明理由。

分析：第（1）项中"未填单价或合价的子目，招标人将以其他投标人对该子目的最低报价作为结算依据"不妥。理由：投标文件是投标人本人的意思表示，不应以他人的意思表示为依据。可规定为"视为已经包含在该投标人其他报价之中。"

第（2）项中"投标人……对其已标价工程量清单中填报工程量的准确性负责"不妥。理由：工程量准确性应由招标人负责。"与实际工程量差异在10％以上的，据实调整工程量"不妥。理由：单价合同工程量应据实结算。

第（3）项中"暂估价供投标人报价时参考"不妥。理由：暂估价为非竞争因素，不允许投标人修改暂估价。

第（5）项中"投标报价高于评标基准价时，中标价为评标基准价；低于评标价时，中标价为投标报价"不妥。理由：中标价必须为中标人投标价格。

第（6）项中"签订施工承包合同时，中标人应将中标价让利3％"不妥。理由：招标人与中标人在中标通知书发出之日起30日内签订合同，不得做实质性修改。

任务4.5 编制投标报价

知识点学习

建设工程投标竞争的焦点是报价的竞争。投标报价是整个投标活动的核心环节，是影响投标人投标成败的关键因素。投标报价，既要满足招标文件的要求，又要合理反映投标人的实际成本，还要使得投标价格在市场上有竞争力。因此，任何投标人都要重视工程的投标报价。

4.5.1 投标报价的概念与原则

1. 投标报价的概念

编制投标报价

投标报价是在工程采用招标发包的过程中，由投标人按照招标文件的要求，根据工程特点，并结合自身的施工技术、装备和管理水平，依据有关计价规定自主确定的工程投标价格，是投标人希望达成工程承包交易的期望价格。投标报价是工程施工投标竞争的关键。

2. 投标报价的原则

投标报价主要是投标人对承建招标项目所要发生的各种费用的计算，应预先确定施工方案和施工进度，此外，投标报价的计算形式还必须与采用的合同形式相协调。投标报价最基本的特征是投标人自主报价，它是市场竞争形成价格的体现。投标人自主决定投标报价应遵循的原则如下。

（1）遵守有关规范、标准和建设工程设计文件的要求。

（2）遵守国家或省级、行业建设主管部门及其工程造价管理机构制定的有关工程造价政策要求。

（3）遵守招标文件中有关投标报价的要求，以招标文件中设定的发承包双方责任划分作为考虑投标报价费用项目和费用计算的基础；根据工程发承包模式考虑投标报价的费用内容和计算深度；以施工方案、技术措施等作为投标报价计算的基本条件；以反映企业技术和管理水平的企业定额作为计算人工、材料和施工机具台班消耗量的基本依据。充分利用现场勘察、调研成果、市场价格信息和行情资料，编制综合单价。

（4）投标报价不得低于成本，不得高于招标控制价。投标报价应由投标人或受其委托具有相应资质的工程造价咨询人编制。

（5）实行工程量清单招标的，招标人应在招标文件中提供工程量清单，其目的是使各投标人在投标报价中具有共同的竞争平台。因此，要求投标人在投标报价时填写的工程量清单中的项目编码、项目名称、项目特征、计量单位、工程数量必须与招标人招标文件中提供的一致。

4.5.2 投标报价的编制依据与方法

1. 投标报价的编制依据

投标报价应根据招标文件中的计价要求，由投标人按照下列依据自主报价。

（1）《建设工程工程量清单计价规范》。

（2）国家或省级、行业建设主管部门颁发的计价办法。

（3）企业定额，国家或省级、行业建设主管部门颁发的计价定额。

（4）招标文件、工程量清单及其补充通知、答疑纪要。

（5）建设工程设计文件及相关资料。

（6）施工现场情况、工程特点及拟定的投标施工组织设计或施工方案。

（7）与建设项目相关的标准、规范等技术资料。

（8）市场价格信息或工程造价管理机构发布的工程造价信息。

（9）其他的相关资料。

在标价的计算过程中，对于不可预见费用的计算必须慎重考虑，不要遗漏。

2. 投标报价的编制方法

根据不同的交易模式、不同的合同方式，投标报价有不同的编制方法。在我国现行的计价体制下，有定额计价法与工程量清单计价法。

（1）定额计价法。

采用定额计价法编制投标报价主要是通过实物量法。

用实物量法编制投标报价，主要是计算出直接费，即用各分项工程的实物工程量，分别套取预算定额中的人工、材料、施工机具消耗指标，并按类相加，求出单位工程所需的各种人工、材料、施工机具台班的总消耗量，然后分别乘以当时当地的人工、材料、施工机具台班市场单价，求出人工费、材料费、施工机具使用费，再汇总求和。对于其他各类费用、计划利润和税金等费用的计算则根据当地建筑市场的情况给予具体确定。计算公式如下。

$$单位工程预算直接费 = \sum\left(工程量 \times \begin{matrix}人工预算\\定额用量\end{matrix} \times \begin{matrix}当时当地人工\\工资单价\end{matrix}\right) +$$

$$\sum\left(工程量 \times \begin{matrix}材料预算\\定额用量\end{matrix} \times \begin{matrix}当时当地材料\\预算价格\end{matrix}\right) + \quad (4-1)$$

$$\sum\left(工程量 \times \begin{matrix}施工机具\\台班预算\\定额用量\end{matrix} \times \begin{matrix}当时当地\\施工机具\\台班单价\end{matrix}\right)$$

（2）工程量清单计价法。

这是与市场经济相适应的投标报价方法，也是国际通用的竞争性招标方式所要求的投标报价方法。工程量清单报价由招标人给出工程量清单，投标人填报单价（投标人填入工程量清单中的单价是综合单价，应包括人工费、材料费、施工机具使用费、其他直接费、间接费、利润、税金，以及材料差价、风险金等全部费用），将工程量与该单价相乘得出合价，将全部合价汇总后即得出投标总报价。然后通过投标竞争，最终确定合同价。综合单价应完全依据企业技术、管理水平等企业实力而定，以满足市场竞争的需要。

4.5.3 工程量清单报价的组成

工程量清单报价由五部分组成：分部分项工程费、措施项目费、其他项目费、规费、税金，如图 4-2 所示。

投标报价编制单位按工程量清单计算直接费，并根据项目特点进行综合分析，然后按市场价格、取费标准、取费程序及其他条件计算综合单价，含完成该项工程内容所需的所有费用，最后汇总成投标报价。计算公式如下。

$$分部分项工程费 = \sum 分部分项工程量 \times 相应分部分项工程单价$$
$$（包括人工费、材料费、施工机具使用费、 \quad (4-2)$$
$$企业管理费、利润，并考虑风险费用）$$

$$措施项目费 = \sum 单个措施项目费 \quad (4-3)$$

$$其他项目费 = 招标人部分金额 + 投标人部分金额（暂列金额 + \quad (4-4)$$
$$暂估价 + 计日工 + 总承包服务费）$$

$$单位工程报价 = 分部分项工程费 + 措施项目费 + 其他项目费 + 规费 + 税金 \quad (4-5)$$

$$单项工程报价 = \sum 单位工程报价 \quad (4-6)$$

$$建设项目总报价 = \sum 单项工程报价 \quad (4-7)$$

1. 分部分项工程费

分部分项工程费是指完成分部分项工程量清单项目所需的费用。投标人负责填写分部分项工程量清单中的"金额"一项，金额按照综合单价填报。分部分项工程量清单中的合价等于工程数量和综合单价的乘积。

（1）综合单价。综合单价是完成一个规定计量单位的分部分项工程量清单项目或措施清单项目所需的人工费、材料费、施工机具使用费、企业管理费和利润，以及一定范围内的风险费用。确定分部分项工程量清单项目综合单价的最重要依据之一是该清单项目的特

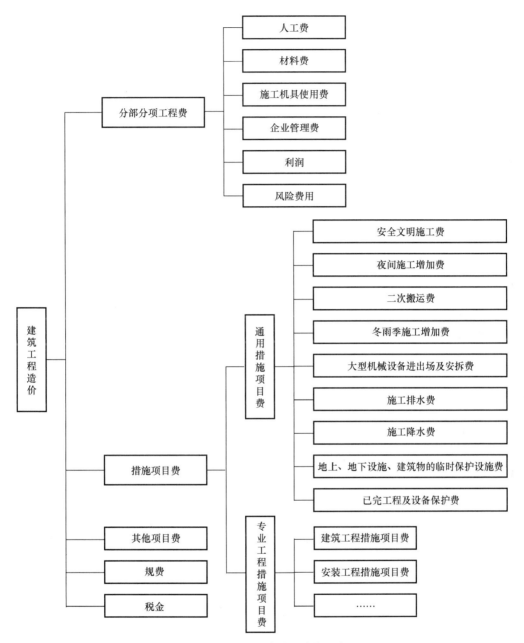

图 4‑2　工程量清单报价的组成

征描述，投标人投标报价时应依据招标文件中分部分项工程量清单项目的特征描述确定清单项目的综合单价。在招投标过程中，当出现招标文件中分部分项工程量清单项目特征描述与设计图纸不符时，投标人应以分部分项工程量清单项目特征描述为准，确定投标报价的综合单价。当施工中施工图纸或设计变更与分部分项工程量清单项目特征描述不一致时，发承包双方应按实际施工的项目特征，依据合同约定重新确定综合单价。

（2）材料暂估价。招标文件中提供了暂估单价的材料，按暂估的单价计入综合单价。

（3）风险费用。招标文件中要求投标人承担的风险费用，投标人应考虑计入综合单价。

在施工过程中，当出现的风险内容及其范围（幅度）在招标文件规定的范围（幅度）内时，综合单价不得变动，工程价款不做调整。

2. 措施项目费

措施项目费是指分部分项工程费以外，为完成该工程项目施工必须采取的措施所需的费用，包括通用措施项目费和专业工程措施项目费。措施项目费应根据招标文件中的措施项目清单及投标时拟定的施工组织设计或施工规划，由投标人自主确定，投标人可根据工程实际情况对招标文件中所列的措施项目进行增补。由于影响措施项目设置的因素太多，清单规范中不可能将施工中可能出现的措施项目一一列出，不同的省、地区对措施项目的列项和补充也各有规定。

（1）通用措施项目。在编制措施项目清单时，通用措施项目可作为措施项目列项的参考。例如，《通用安装工程工程量计算规范》（GB 50856—2013）中列出了 7 项措施项目，包括安全文明施工、夜间施工增加、非夜间施工增加、二次搬运、冬雨季施工增加、已完工程及设备保护、高层施工增加。

（2）专业工程措施项目。各专业工程的措施项目，根据计量规范附录中的内容选择列项，也可根据工程具体情况对措施项目清单进行补充。例如，建筑工程措施项目，包括混凝土、钢筋混凝土模板及支架、脚手架、垂直运输机械等项目。

措施项目清单计价应根据拟建工程的施工组织设计，适宜采用分部分项工程量清单方式的措施项目应采用综合单价计价，其余措施项目可以"项"为单位计价，应包括除规费、税金外的全部费用。措施项目清单中的安全文明施工费应按照国家或省级、行业建设主管部门的规定计价，不得作为竞争性费用。

3. 其他项目费

其他项目费指的是分部分项工程费和措施项目费以外，该工程项目施工中可能发生的其他费用。其他项目清单宜按照下列内容列项。

（1）暂列金额。

（2）暂估价（包括材料暂估价、专业工程暂估价）。

（3）计日工（包括用于计日工的人工、材料、施工机具）。

（4）总承包服务费。

其他项目费应按下列规定报价。

（1）暂列金额应按招标人在其他项目清单中列出的金额填写。

（2）材料暂估价应按招标人在其他项目清单中列出的单价计入综合单价；专业工程暂估价应按招标人在其他项目清单中列出的金额填写。

（3）计日工应按招标人在其他项目清单中列出的项目和数量，自主确定综合单价并计算计日工费用。

（4）总承包服务费根据招标文件中列出的内容和提出的要求自主确定。

4. 规费

规费项目清单应按下列内容列项。

（1）社会保障费（包括养老保险费、失业保险费、医疗保险费、工伤保险费、生育保险费）。

（2）住房公积金。

（3）环境保护税。

5. 税金

现行有两种计税方法：简易计税方法与一般计税方法。在简易计税方法中，税金是指国家税法规定的应计入建筑安装工程造价内的营业税、城市维护建设税、教育费附加及地方教育附加。在一般计税方法中，税金是指根据建筑服务销售价格，按规定税率计算的增值税销项税额。税金按工程所在地有关部门规定的标准计取。

规费、税金为不可竞争性费用，必须按规定的标准计取，不得随意降低计取标准或让利。

4.5.4 投标报价的编制程序

不论采用何种投标报价方法，投标报价的编制都包括以下程序，具体见图4-3。

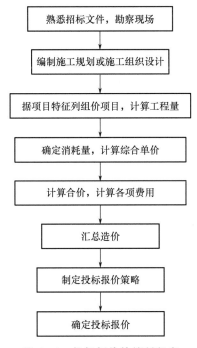

图4-3 投标报价的编制程序

1. 熟悉招标文件，勘察现场

招标文件对投标报价采用的方法、编制规定、价格的调整方法等都有规定，这是投标报价的基本依据，也是影响工程报价的直接因素，只有认真领会招标文件的内涵，才能避免盲目报价，保证报价的准确性。为了全面、真实地掌握工程实际施工条件及报价所需的相关基本资料，投标人必须对工程现场进行勘察，了解可能对投标报价产生影响的信息，从而准确报价。

2. 编制施工规划或施工组织设计

投标人编制施工规划或施工组织设计，就是为了发挥本企业的优势，采用先进的施工技术，合理的施工方案，优化资源配置，保证施工质量，实现工期目标，有效降低成本、降低报价，实现经济效益最大化。

3. 列组价项目，计算工程总造价

根据项目工程内容列组价项目，根据计价表计算工程量，按企业定额确定消耗量，按市场价计算各项综合单价，得出合价，再计算分部分项工程费、措施项目费、其他项目费、规费、税金，汇总工程总造价。

4. 进行标价分析，确定最终报价

对工程总造价进行审查、核算和评估，考虑企业的竞争态势，充分考虑影响报价的各种因素，运用一定的投标策略和技巧对价格进行调整，最终提出有竞争力的报价。

4.5.5 工程量清单报价的标准格式及填写规定

工程量清单报价应采用统一格式，由招标人随招标文件发至投标人，由投标人填写。

根据《建设工程工程量清单计价规范》，工程量清单报价的标准格式如下。

1. 封面（图 4-4）

```
                                   工程
                     投标总价
         投标人：_____
                    （单位盖章）
                    年    月    日
```

图 4-4 封面

2. 扉页（图 4-5）

```
                    投 标 总 价
    招标人：_____
    工程名称：_____
    投标总价（小写）：_____
             （大写）：_____
    投标人：_____
           （单位盖章）
    法定代表人或其授权人：_____
                （签字或盖章）
    编制人：_____
           （造价人员签字盖专用章）
    时间：        年  月  日
```

图 4-5 扉页

3. 总说明（表4-3）

表4-3 总说明

工程名称：　　　　　　　　　　　　　　　　　　　　　　　第　页　共　页

总说明应按下列内容填写： （1）工程概况、建设规模、工程特征、计划工期、施工组织设计的特点、自然地理条件、环境保护要求等。 （2）编制依据等。

4. 建设项目投标报价汇总表（表4-4）

表4-4 建设项目投标报价汇总表

工程名称：　　　　　　　　　　　　　　　　　　　　　　　第　页　共　页

序号	单位工程名称	金额/元	其中：/元		
			暂估价	安全文明施工费	规费
	合计				

注：本表适用于建设项目投标报价的汇总。

5. 单项工程投标报价汇总表（表4-5）

表4-5 单项工程投标报价汇总表

工程名称：　　　　　　　　　　　　　　　　　　　　　　　第　页　共　页

序号	单位工程名称	金额/元	其中：/元		
			暂估价	安全文明施工费	规费
	合计				

注：本表适用于单项工程投标报价的汇总。暂估价包括分部分项工程中的暂估价和专业工程暂估价。

6. 单位工程投标报价汇总表（表 4 - 6）

表 4 - 6　单位工程投标报价汇总表

工程名称：　　　　　　　　　　　　标段：　　　　　　　　　　　第　页　共　页

序号	汇总内容	金额/元	其中：暂估价/元
1	分部分项工程		
1.1			
1.2			
···			
2	措施项目		—
2.1	其中：安全文明施工费		—
3	其他项目		—
3.1	其中：暂列金额		—
3.2	其中：专业工程暂估价		—
3.3	其中：计日工		—
3.4	其中：总承包服务费		—
4	规费		—
5	税金		—
	投标报价合计＝1＋2＋3＋4＋5		—

注：本表适用于单位工程投标报价的汇总，如无单位工程划分，单项工程也使用本表汇总。

7. 分部分项工程和单价措施项目清单与计价表（表 4 - 7）

表 4 - 7　分部分项工程和单价措施项目清单与计价表

工程名称：　　　　　　　　　　　　标段：　　　　　　　　　　　第　页　共　页

序号	项目编码	项目名称	项目特征描述	计量单位	工程量	金额/元		
						综合单价	合价	其中：暂估价
			本页小计					
			合计					

注：为计取规费等的使用，可在本表中增设"其中：定额人工费"。

8. 综合单价分析表（表 4-8）

表 4-8 综合单价分析表

工程名称：　　　　　　　　　　　标段：　　　　　　　　　　　第 页 共 页

项目编码		项目名称		计量单位		工程量	

清单综合单价组成明细

定额编号	定额项目名称	定额单位	数量	单价/元				合价/元			
				人工费	材料费	机械费	管理费和利润	人工费	材料费	机械费	管理费和利润

人工单价		小计	
元/工日		未计价材料费	

清单项目综合单价

材料费明细	主要材料名称、规格、型号	单位	数量	单价/元	合价/元	暂估单价/元	暂估合价/元
	其他材料费			—		—	
	材料费小计			—		—	

注：1. 如不使用省级或行业建设主管部门发布的计价依据，可不填定额编号、名称等。

2. 招标文件提供了暂估单价的材料，按暂估的单价填入表内"暂估单价"及"暂估合价"栏。

3. 未计价材料费是指安装、市政等工程中的主材费。

9. 总价措施项目清单与计价表（表 4-9）

表 4-9 总价措施项目清单与计价表

工程名称：　　　　　　　　　　　标段：　　　　　　　　　　　第 页 共 页

序号	项目编码	项目名称	计算基础	费率/%	金额/元	调整费率/%	调整后金额/元	备注
1		安全文明施工费						
2		夜间施工增加费						
3		二次搬运费						
4		冬雨季施工增加费						
5		已完工程及设备保护费						
6								
7								

续表

序号	项目编码	项目名称	计算基础	费率/%	金额/元	调整费率/%	调整后金额/元	备注
8								
9								
		合计						

编制人（造价人员）：　　　　　　　　　　复核人（造价工程师）：

注：1. "计算基础"中安全文明施工费可为"定额基价""定额人工费"或"定额人工费＋定额机械费"，其他项目可为"定额人工费"或"定额人工费＋定额机械费"。

2. 按施工方案计算的措施费，若无"计算基础"和"费率"的数值，也可只填"金额"数值，但应在备注栏说明施工方案出处或计算方法。

10. 其他项目清单与计价汇总表（表 4 - 10）

表 4 - 10　其他项目清单与计价汇总表

工程名称：　　　　　　　　　　标段：　　　　　　　　　　第　页　共　页

序号	项目名称	金额/元	结算金额/元	备注
1	暂列金额			明细见表 4 - 11
2	暂估价			
2.1	材料（工程设备）暂估价/结算价	—		明细见表 4 - 12
2.2	专业工程暂估价/结算价			明细见表 4 - 13
3	计日工			明细见表 4 - 14
4	总承包服务费			明细见表 4 - 15
5	索赔与现场签证	—		明细见表 4 - 16
	合计			—

注：材料（工程设备）暂估单价计入清单项目综合单价，此处不汇总。

11. 暂列金额明细表（表 4 - 11）

表 4 - 11　暂列金额明细表

工程名称：　　　　　　　　　　标段：　　　　　　　　　　第　页　共　页

序号	项目名称	计量单位	暂定金额/元	备注
	合计			

注：此表由招标人填写，如不能详列，也可只列暂定金额总额，投标人应将上述暂列金额计入投标总价中。

12. 材料（工程设备）暂估单价及调整表（表4－12）

表4－12　材料（工程设备）暂估单价及调整表

工程名称：　　　　　　　　　　　　标段：　　　　　　　　　　　　第　页　共　页

序号	材料（工程设备）名称、规格、型号	计量单位	数量		暂估/元		确认/元		差额±/元		备注
			暂估	确认	单价	合价	单价	合价	单价	合价	
合计											

注：1. 此表由招标人填写暂估单价，并在备注栏说明暂估单价的材料、工程设备拟用在哪些清单项目上，投标人应将上述材料、工程设备暂估单价计入工程量清单综合单价报价中。

2. 材料包括原材料、燃料、构配件及按规定应计入建筑安装工程造价的设备。

13. 专业工程暂估价及结算价表（表4－13）

表4－13　专业工程暂估价及结算价表

工程名称：　　　　　　　　　　　　标段：　　　　　　　　　　　　第　页　共　页

序号	工程名称	工程内容	暂估金额/元	结算金额/元	差额±/元	备注
合计						

注：此表"暂估金额"由招标人填写，投标人应将"暂估金额"计入投标总价中。结算时按合同约定结算金额填写。

14. 计日工表（表4－14）

表4－14　计日工表

工程名称：　　　　　　　　　　　　标段：　　　　　　　　　　　　第　页　共　页

编号	项目名称	单位	暂定数量	实际数量	综合单价/元	合价/元	
						暂定	实际
一	人工						
1							
2							
…							
人工小计							

续表

编号	项目名称	单位	暂定数量	实际数量	综合单价/元	合价/元	
						暂定	实际
二	材料						
1							
2							
…							
材料小计							
三	施工机械						
1							
2							
…							
施工机械小计							
四、企业管理费和利润							
总计							

注：此表"项目名称""暂定数量"由招标人填写，编制招标控制价时，单价由招标人按有关计价规定确定；投标时，单价由投标人自主报价，按暂定数量计算合价计入投标总价中。结算时，按发承包双方确认的实际数量计算合价。

15．总包服务费计价表（表 4 - 15）

表 4 - 15　总承包服务费计价表

工程名称：　　　　　　　标段：　　　　　　　　　　　　　　第　页　共　页

序号	项目名称	项目价值/元	服务内容	计算基础	费率/%	金额/元
1	发包人分包专业工程					
2	发包人提供材料					
合计						

注：此表"项目名称""服务内容"由招标人填写，编制招标控制价时，费率及金额由招标人按有关计价规定确定；投标时，费率及金额由投标人自主报价，计入投标总价中。

16. 索赔与现场签证计价汇总表（表4-16）

表4-16　索赔与现场签证计价汇总表

工程名称：　　　　　　　　　　　　标段：　　　　　　　　　　　　第　页　共　页

序号	索赔及签证项目名称	计量单位	数量	单价/元	合价/元	索赔及签证依据
—	本页小计	—	—	—	—	—
—	合计	—	—	—	—	—

注：索赔及签证依据是指双方认可的索赔依据和签证单的编号。

17. 规费、税金项目计价表（表4-17）

表4-17　规费、税金项目计价表

工程名称：　　　　　　　　　　　　标段：　　　　　　　　　　　　第　页　共　页

序号	项目名称	计算基础	计算基数	计算费率%	金额/元
1	规费	定额人工费			
1.1	社会保险费	定额人工费			
1.2	住房公积金	定额人工费			
1.3	环境保护税	按工程所在地环保部门收取标准按实计入			
2	税金	分部分项工程费＋措施项目费＋其他项目费＋规费－按规定不计税的工程设备金额			
合计					

编制人（造价人员）：　　　　　　　　　　　　复核人（造价工程师）：

18. 发包人提供材料和工程设备一览表（表4-18）

表4-18　发包人提供材料和工程设备一览表

工程名称：　　　　　　　　　　　　标段：　　　　　　　　　　　　第　页　共　页

序号	材料（工程设备）名称、规格、型号	单位	数量	单价/元	交货方式	送达地点	备注

注：此表由招标人填写，供投标人在投标报价、确定总承包服务费时参考。

19. 承包人提供主要材料和工程设备一览表（表4-19）

表4-19　承包人提供主要材料和工程设备一览表

工程名称：　　　　　　　　　　　标段：　　　　　　　　　　　　　　第　页　共　页

序号	名称、规格、型号	单位	数量	风险系数/%	基准单价/元	投标单价/元	发承包人确认单价/元	备注

注：1. 此表由招标人填写除"投标单价"栏的内容，投标人投标时自主确定投标单价。

　　2. 招标人应优先采用工程造价管理机构发布的单价作为基准单价，未发布的，通过市场调查确定其基准单价。

 技能点训练

1. 训练目的

训练学生编制投标报价。

2. 训练内容

工程背景见本项目案例引入。

（1）将学生分成一个招标小组和若干个投标小组。

（2）投标小组模拟投标人，设定投标人相关信息，编制工程量清单报价，编写投标文件，避免废标。

 **典型案例**

工程量清单的分析

背景：某房屋建筑工程位于某市商业繁华地带，工程场地十分狭窄，总建筑面积36286m^2，地下3层，地上25层，为全现浇箱型基础，框架-剪力墙结构。现采用工程量清单计价法进行工程施工总承包人招标。

问题：（1）招标文件工程量清单由哪几部分组成？简述各部分内容。

（2）分部分项工程量清单与计价表中一般有哪几部分内容？请画表示意。其中，综合单价包括哪些费用？与工程结算是什么关系？

（3）造价咨询单位提供的本项目措施项目清单与计价表内容见表4-20。该表中的内容是否正确、完整？为什么？

表 4-20　措施项目清单与计价表

序号	项目名称	项目特征描述	计量单位	工程量
1	环境保护		项	1
2	安全文明施工		项	1
3	夜间施工		项	1
4	冬雨季施工		项	1
5	大型机械设备进出场及安拆		项	2
6	施工排水		项	1
7	地上、地下设施、建筑物的临时保护设施		项	1
8	已完工程及设备保护		项	1
9	混凝土、钢筋混凝土模板及支架		项	1
10	脚手架		项	3

分析： （1）招标文件工程量清单一般由 10 部分内容组成：①封面；②扉页；③总说明；④项目、单项工程、单位工程投标报价汇总表；⑤分部分项工程量清单与计价表；⑥综合单价分析表；⑦措施项目清单与计价表；⑧其他项目清单与计价汇总表；⑨暂列金额明细表、材料（工程设备）暂估单价及调整表、专业工程暂估价及结算价表、计日工表、总承包服务费计价表；⑩规费、税金项目计价表等。

（2）分部分项工程量清单与计价表中，一般应包括序号、项目编码、项目名称、项目特征描述、计量单位、工程量、综合单价、合价等内容，见表 4-21。

表 4-21　分部分项工程量清单与计价表

工程名称：　　　　　　　　　　　　　标段：　　　　　　　　　　　　第　页　共　页

序号	项目编码	项目名称	项目特征描述	计量单位	工程量	金额/元	
						综合单价	合价
合计							

表中的综合单价是完成单位工程量所需的人工费、材料费、施工机具使用费、企业管理费和利润，并考虑合同风险因素的价格。在工程量清单计价模式下进行工程结算时，实际工程量乘以综合单价得到该子目的结算价格，所有计算价格汇总，加上暂估价项目实际费用、暂列金额实际支出及其他一些规定费用，得到工程造价。

（3）造价咨询单位给出的措施项目清单与计价表中的内容不完全正确。存在以下问题。

① 措施项目清单是以"项"为单位进行计量的子目，对应于合同条款中的总价子目，对一个具体的建设工程来说，对应的工程量均为一项。所以，本案中大型机械设备进出场及安拆与脚手架分别给出工程量为"2"和"3"不正确，均须调整为"1"。

② 造价咨询单位给出的措施项目清单内容不完整，因为工程地处商业繁华地带，场地十分狭窄，要求投标人考虑基坑支护、材料二次搬运、人员不能在场内居住，以及在装修装饰施工阶段材料、人员垂直运输等事项，须在措施项目清单与计价表中补充相应项目。

③ 没有项目特征描述的内容。正确的措施项目清单与计价表见表4-22。

表4-22　正确的措施项目清单与计价表

序号	项目名称	项目特征描述	计量单位	工程量
1	环境保护	现场及周边环境保护，污染物指标控制在国家规定范围内	项	1
2	安全文明施工	按国家规范、行业规程设置现场安全防护，保持现场良好作业、卫生环境和工作秩序	项	1
3	夜间施工	夜间施工生产、生活设施、人员安排及夜餐补助等	项	1
4	冬雨季施工	冬雨季施工生产、生活设施及人员安排、防雨防寒	项	1
5	大型机械设备进出场及安拆	自重5t及以上大型机械设备准备、安拆、场内外运输，路基、路轨铺拆	项	1
6	施工排水	施工排水设施修建及拆除	项	1
7	地上、地下设施、建筑物的临时设施保护	施工期间地上、地下设施及建筑物临时保护材料及设置	项	1
8	已完工程及设备保护	已完工程及设备保护材料准备、保护措施及保护	项	1
9	混凝土、钢筋混凝土模板及支架	混凝土、钢筋混凝土施工模板及支架准备、模板及支架安拆	项	1
10	脚手架	施工期间脚手架材料准备及脚手架搭拆	项	1
11	基坑支护	基坑支护方案及基坑支护施工、基坑支护体系监测	项	1

续表

序号	项目名称	项目特征描述	计量单位	工程量
12	场外生产生活设施及交通费	场外生产生活设施及人员交通	项	1
13	二次搬运	材料二次搬运	项	1
14	垂直运输	材料、人员垂直运输	项	1

任务4.6　投标报价策略

知识点学习

投标报价策略是指投标人在投标竞争中的系统工作部署及其参与投标竞争的方式和手段。投标报价策略作为投标取胜的方式、手段和艺术，贯穿于投标竞争的始终，内容十分丰富。下面将介绍常用的投标报价策略。

1. 根据招标项目的不同特点采用不同报价

投标报价时，既要考虑自身的优势和劣势，又要分析招标项目的特点，按照招标项目的不同特点、类别、施工条件等来选择投标报价策略。

投标报价策略

（1）遇到如下情况报价可高一些：施工条件差的工程；专业要求高的技术密集型工程；总价低的小工程；特殊的工程，如港口码头、地下开挖工程等；工期要求急的工程；投标对手少的工程；支付条件不理想的工程。

（2）遇到如下情况报价可低一些：施工条件好的工程；工作简单、工程量大，且一般企业都可以做的工程；本企业目前急于打入某一市场、某一地区，或在该地区面临工程结束、机械设备等无工地转移等问题时；本企业在附近有工程，而本项目又可利用该工程的设备、劳务；有条件短期内突击完成的工程；投标对手多，竞争激烈的工程；非急需工程；支付条件好的工程。

2. 不平衡报价

这一方法是指一个工程项目总报价基本确定后，通过调整内部各个项目的报价，以期既不提高总报价，又不影响中标，还能在结算时得到更理想的经济效益。一般可以考虑在以下几方面采用不平衡报价。

不平衡报价

（1）能够早日结账收款的项目（如开办费、基础工程、土方开挖、桩基等）可适当提价。

（2）预计今后工程量会增加的项目，单价可适当提高，这样在工程结算时可提示盈利；对工程量可能减少的项目单价可适当降低，可减少工程结算时的损失。

上述两种情况要统筹考虑，即对于工程量有错误的早期工程，如果实际工程量可能小于工程量表中的数量，则不能盲目抬高单价，要具体分析后再定。

（3）设计图纸不明确，估计修改后工程量要增加的，可适当提高单价；而工程内容解说不清楚的，则可适当降低单价，待澄清后可再要求提价。

（4）暂定项目，又叫任意项目或选择项目，对这类项目要具体分析。因为这类项目要在开工后由业主研究决定是否实施，以及由哪家承包商实施。如果工程不分标，不会另由一家承包商施工，则其中一定要做的单价可高些，不一定做的应低些；如果工程分标，该暂定项目也可能由其他承包商施工，则不宜报高价，以免抬高总报价。

采用不平衡报价时，一定要建立在对工程量表中工程量仔细核对分析的基础上，特别是对报低单价的项目，如工程量在执行时增多将造成投标人的重大损失；不平衡报价过多和过于明显，可能会引起招标人的反对，甚至导致废标。

3. 计日工单价的报价

计日工单价的报价要视具体情况而定，如果是单纯报计日工单价，而且不计入总价中，可以报高些，以便在业主额外用工或使用施工机具时可多盈利。但如果计日工单价要计入总报价，则需具体分析是否报高价，以免抬高总报价。总之，要分析业主在开工后可能使用的计日工数量，再来确定报价方针。

4. 可供选择项目的报价

有些工程项目的分项工程，招标人可能要求按某一方案报价，而后再提供几种可供选择的方案比较报价。例如，某住房工程的水磨石地面砖，工程量表中要求按 25cm×25cm×2cm 的规格报价；另外，还要求投标人用更小规格（20cm×20cm×2cm）水磨石地面砖和更大规格（30cm×30cm×3cm）水磨石地面砖作为可供选择项目报价。投标时，除对几种水磨石地面砖调查询价外，还应对当地习惯用砖情况进行调查。对于将来有可能被选择使用的地面砖铺砌应适当提高其报价；对于当地难以供货的某些规格地面砖，可将价格有意抬高得更多一些，以引导招标人放弃选用。但是，所谓"可供选择项目"并非由投标人任意选择，而是招标人才有权进行选择。因此，适当提高可供选择项目的报价，并不意味着一定可以取得较好的利润，只是提供了一种可能性，一旦招标人今后选用，投标人即可得到额外加价的利益。

5. 暂定工程量的报价

暂定工程量有三种。第一种是招标人规定了暂定工程量的分项内容和暂定总价款，并规定所有投标人都必须在总报价中加入这笔固定金额，但由于分项工程量不很准确，因此允许将来按投标人所报单价和实际完成的工程量付款。第二种是招标人列出了暂定工程量的项目的数量，但并没有限制这些工程量的估价总价款，要求投标人既要列出单价，又应按暂定项目的数量计算总价，当将来结算付款时可按实际完成的工程量和所报单价支付。第三种是只有暂定工程的一笔固定总金额，将来这笔金额做什么用，由招标人确定。第一种情况，由于暂定总价款是固定的，对各投标人的总报价水平和竞争力没有任何影响，因此，投标时应当对暂定工程量的单价适当提高，这样既不会因今后工程量变更而吃亏，又不会削弱投标报价的竞争力。第二种情况，投标人必须慎重考虑。如果单价定得高了，同其他工程量计价一样，将会增大总报价，影响投标报价的竞争力；如果单价定得低了，将来这类工程量增大，将会影响收益。一般来说，这类工程量可以采用正常价格。如果招标人确认今后实际工程量会增大，则可适当提高单价，使将来可获得额外收益。第三种情况对投标竞争没有实际意义，按招标文件要求将规定的暂定款列入总报价即可。

6. 多方案报价法

对于一些招标文件，如果发现工程范围不很明确，条款不清楚或很不公正，或技术规范要求过于苛刻，则要在充分估计投标风险的基础上按多方案报价法处理。即按原招标文件报一个价，然后提出如某某条款做某些变动，报价可降低多少，由此可报出一个较低的价。这样可以降低总价，吸引招标人。

7. 增加建议方案法

有时招标文件中规定，可以提出一个建议方案，即可以修改原招标方案，提出投标人的方案。投标人这时应抓住机会，组织一批有经验的设计和施工工程师，对原招标文件的设计和施工方案仔细研究，提出更为合理的方案以吸引招标人，促成自己的方案中标。这种新建议方案要能够降低总造价或缩短工期，或使工程运用更为合理。但要注意对原招标方案一定也要报价。建议方案不要写得太具体，要保留方案的技术关键，防止招标人将此方案交给其他承包商；建议方案也要比较成熟，有较高的可操作性。

8. 分包商报价的采用

由于现代工程的综合性和复杂性，总承包商很难将全部工程内容完全独家包揽，特别是有些专业性较强的工程内容，需分包给其他专业工程公司施工。还有些招标项目，招标人规定这些项目必须由其指定的几家分包商承担。因此，总承包商通常应在投标前先取得分包商的报价，并增加总承包商摊入的一定的管理费，而后作为自己投标报价的一个组成部分一并列入报价单中。

 特别提示

应当注意，分包商在投标前可能同意接受总承包商压低其报价的要求，但等到总承包商得标后，他们常以各种理由要求提高分包价格，这将使总承包商处于十分被动的地位。解决的办法是，总承包商在投标前寻找 2～3 家拟合作的分包商分别报价，而后选择其中一家信誉较好、实力较强和报价合理的分包商签订协议，同意该分包商作为本分包项目的唯一合作者，并将分包商的姓名列到投标文件中，但要求该分包商相应地提交该项目的投标保函。这种把分包商的利益同投标人捆在一起的做法，不但可以防止分包商事后反悔和涨价，还可能迫使分包商在分包时报出较合理的价格，以便共同争取得标。

9. 无利润算标

缺乏竞争优势的投标人，在不得已的情况下，只好不考虑利润去算标，以求夺标。这种办法一般在以下条件时采用。

（1）在得标后，将大部分工程分包给索价较低的分包商。

（2）对于分期建设的项目，先以低价获得首期工程，而后赢得机会创造第二期工程中的竞争优势，并在以后的实施中赚得利润。

（3）在较长时期内，投标人没有在建的工程项目，如果再不得标，就难以维持生存。因此，虽然本工程无利可图，但只要能有一定的管理费维持企业的日常运转，就可设法渡过暂时的困难，以图将来东山再起。

上述策略与技巧是投标报价中经常采用的，此外还有以信誉取胜、联合保标等。施工投标报价是一项系统工程，必须掌握足够的信息，根据工程实际情况在报价中灵活运用。

需要说明的是,报价的策略与技巧只是提高中标率的辅助手段,最根本的还是要依靠企业自身的实力参加竞争。

技能点训练

1. 训练目的

训练学生灵活运用投标报价策略完成投标。

2. 训练内容

工程背景见本项目案例引入。

(1)将学生分成一个招标小组和若干个投标小组。

(2)投标小组模拟投标人,编写工程量清单报价,研究投标报价策略,应用不平衡报价完成报价工作。

典型案例

不平衡报价的运用

某承包商参加某工程投标,决定对其中部分子项采用不平衡报价。

承包商决定将垫层单价提高20%,则此项调整为

单价:$80.86 \times (1+20\%) \approx 97.03$(元)

合价:$97.03 \times 20.00 = 1940.60$(元)

调整后,合价上升了$1940.60 - 1617.20 = 323.40$(元)

为了保持报价不变,将增加的部分平均分摊给其余四个分项。

下降系数=分项工程调整额之和/其余分项工程合价之和=$323.40 / (10306.22 - 1617.20) \approx 0.0372$

调整系数=$1 - 0.0372 = 0.9628$

调整后其余分项工程单价=单价×调整系数

报价调整前后对照表见表4-23。

4-23 报价调整前后对照表

序号	项目名称	单位	工程量	调整前		调整后	
				单价/元	合价/元	单价/元	合价/元
1	挖基础土方	m³	40.00	6.77	270.80	6.52	260.80
2	垫层	m³	20.00	80.86	1617.20	97.03	1940.60
3	水磨石面层	m²	30.30	17.50	530.25	16.85	510.56
4	找平层	m²	28.39	273.27	7758.13	263.10	7469.47
5	墙面粉刷	m²	8.00	16.23	129.84	15.63	125.04
合计					10306.22		10306.47

任务4.7　投标文件的编制与递交

知识点学习

4.7.1　投标文件的组成与编制

1. 投标文件的组成

投标文件一般应包括以下内容。

（1）投标书。

（2）投标书附录。

（3）投标保证书（银行保函、担保书等）。

（4）法定代表人资格证明书。

（5）授权委托书。

（6）具有标价的工程量清单和报价表。

（7）施工规划或施工组织设计。

（8）施工组织机构表及主要工程管理人员的简历、业绩。

（9）拟分包的工程和分包商的情况（如有时）。

投标文件的
编制与递交

（10）其他必要的附件及资料，如投标保函、承包商营业执照和能确认投标人财产经济状况的银行或其他金融机构的名称及地址等。

2. 投标文件的编制

（1）编制投标文件准备工作。

投标人领取招标文件、图纸和有关技术资料后，应仔细阅读投标须知，投标须知是投标人投标时应注意和遵守的事项。

投标人应根据图纸核对招标人在招标文件中提供的工程量清单，如发现工程项目或工程量有误，应在收到招标文件7日内以书面形式向招标人提出。

组织投标班子，确定参加投标文件编制人员，收集现行定额标准、取费标准及各类标准图集，收集掌握政策性调价文件，以及材料和设备价格情况。

（2）编制投标文件。

投标文件应完全按照招标文件的各项要求编制，投标人依据招标文件和工程技术规范要求，并根据施工现场情况编制施工方案或施工组织设计。投标文件应当对招标文件规定的实质性要求和条件做出响应。投标文件要按招标文件规定的格式编制。编制完成后应仔细整理、核对，按招标文件的规定进行密封和标志，并提供足够份数的投标文件副本。

4.7.2　投标文件的递交与接收

1. 投标文件的递交

在投标截止时间前，应按规定的地点将投标文件递交给招标人。递交投标文件以后，在投标截止时间之前，投标人可以对所递交的投标文件进行修改或撤回，但所递交的修改或撤回通知必须按招标文件的规定进行编制、密封和标志。

2. 投标文件的接收

在投标截止时间前，由招标人做好投标文件的接收工作，在接收中应注意核对投标文件是否按招标文件的规定进行密封和标志，并做好接收时间的记录等。投标文件递交签收单如图4－6所示。

投标文件递交签收单

_____（投标人名称）：

　　你单位递交的招标编号为_____的投标文件正

本_____份，副本_____份收讫。

递交时间：

地　　点：

签收人：

年　　月　　日

说明：此单一式二份，招标人、投标人各执一份。

图4－6　投标文件递交签收单

在开标前，应妥善保管好投标文件、修改或撤回通知等投标资料；由招标人管理的投标文件需经招标管理机构密封或送交招标管理机构统一保管。完成接受投标工作后，招标人应按规定准时开标。

扩展阅读

编制投标文件的常见错误如下。

（1）投标文件封面或扉页、投标函未加盖投标人印章，或未经法定代表人或其委托代理人签字或盖章，或由委托代理人签字或盖章，但未随投标文件一起提交有效的授权委托书原件。

（2）投标人的法定代表人出席开标会议时，未持本人身份证原件和营业执照原件，或法定代表人授权代理人出席开标会议时，未持授权委托书原件和本人身份证原件。

（3）授权委托书内容、格式与招标文件要求不一致或有缺项、错误。如授权委托代理人身份证号忘记填上或所填的号码与身份证不符。

（4）投标人填报工程量清单和报价表时，未按招标人提供的工程量清单顺序和格式填写，未报送工程量清单电子文本，或报送的电子文本与书面投标文件不一致。

（5）投标报价中的分部分项工程量清单报价或措施项目费用明显低于社会平均成本，但未在投标文件中附报价的依据、证明材料和说明。

（6）投标报价中的安全文明施工费、税金及应交纳的各种规费未按国家或地方现行有关收费标准如实填报，随意抬高或降低标准。

（7）报价金额与投标报价汇总表合计、投标报价汇总表、综合报价表不一致，大小写不一致。

（8）投标人递交两份或多份内容不同的投标文件，或在一份投标文件中对同一招标项目有两个或多个报价，且未声明哪一个有效，按招标文件规定提交备选投标方案的除外。

（9）投标人的投标报价超过招标文件规定的招标控制价。

（10）报价表格式未按照招标文件要求的格式，子目排序不正确。

（11）定额套用与施工组织设计安排的施工方法不一致，机具配置应尽量与施工方案相吻合，避免工料机统计表与机具配置表出现较大差异。

（12）投标文件载明的招标项目完成期限超过招标文件规定的期限。

（13）投标文件承诺与招标文件要求不吻合，附有招标人不能接受的条件。

（14）投标文件未按照招标文件要求密封。

（15）投标人未按招标文件的要求提交投标保证金或者投标保函。

（16）投标文件的内容不全或者关键内容字迹模糊、无法辨认。

（17）组成联合体投标，投标文件未附联合体各方共同投标协议。

（18）投标文件不符合招标文件规定的其他实质性要求，存在重大偏差。

（19）投标人名称或组织机构主要人员与资格预审时不一致，文字叙述与平面图、组织机构框图、人员简历等不吻合。

（20）拟投入本工程的总监（或项目经理）承担多项工程的项目管理工作。

（21）施工方案与施工方法、工艺不匹配。

（22）施工方法和工艺的描述不符合现行规范要求。

（23）工程进度计划的文字叙述、施工顺序安排与形象进度图、横道图、网络图不一致。

（24）平面图中施工场地、临时设施建筑的布置与文字叙述不相符。

（25）特殊工程项目没有特殊安排。如在冬雨季施工时无冬雨季施工措施，或季节颠倒、措施混乱。

（26）劳动力计划、材料计划、机械设备安置与施工方案、施工方法、工艺描述不一致。

（27）施工组织及施工进度安排的叙述与质量保证措施、安全保证措施、工期保证措施叙述不一致，材料供应与甲方要求不一致。

（28）施工方案、方法与相邻标段、前后工序不配合、不衔接。

（29）承诺未涵盖招标文件的所有内容，不能从实质上响应招标文件的全部内容及招标人的意图。

（30）计划开竣工日期不符合招标文件中的工期安排与规定，分项工程的阶段工期、节点工期不能满足招标文件规定。

 技能点训练

1. 训练目的

训练学生编制投标文件。

2. 训练内容

工程背景见本项目案例引入。

（1）将学生分成一个招标小组和若干个投标小组。

（2）投标小组模拟投标人，正确编写投标文件，避免废标。

项目 5　建设工程合同与管理

思维导图

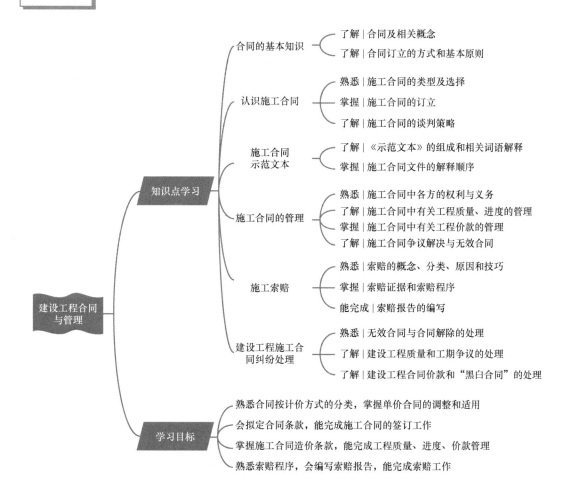

建设工程合同与管理

- 知识点学习
  - 合同的基本知识
    - 了解 | 合同及相关概念
    - 了解 | 合同订立的方式和基本原则
  - 认识施工合同
    - 熟悉 | 施工合同的类型及选择
    - 掌握 | 施工合同的订立
    - 了解 | 施工合同的谈判策略
  - 施工合同示范文本
    - 了解 | 《示范文本》的组成和相关词语解释
    - 掌握 | 施工合同文件的解释顺序
  - 施工合同的管理
    - 熟悉 | 施工合同中各方的权利与义务
    - 了解 | 施工合同中有关工程质量、进度的管理
    - 掌握 | 施工合同中有关工程价款的管理
    - 了解 | 施工合同争议解决与无效合同
  - 施工索赔
    - 熟悉 | 索赔的概念、分类、原因和技巧
    - 掌握 | 索赔证据和索赔程序
    - 能完成 | 索赔报告的编写
  - 建设工程施工合同纠纷处理
    - 熟悉 | 无效合同与合同解除的处理
    - 了解 | 建设工程质量和工期争议的处理
    - 了解 | 建设工程合同价款和"黑白合同"的处理
- 学习目标
  - 熟悉合同按计价方式的分类，掌握单价合同的调整和适用
  - 会拟定合同条款，能完成施工合同的签订工作
  - 掌握施工合同造价条款，能完成工程质量、进度、价款管理
  - 熟悉索赔程序，会编写索赔报告，能完成索赔工作

案例引入

某工程为三栋小高层商住楼，建筑面积 4000m²，发包人与承包人于 2009 年 4 月签订了施工合同，承包人承包范围为土建、装饰、水电安装工程，合同价暂定为 6600 万元，结算按实计，合同对计价原则进行了约定，合同工期 700 天。承包人于 2009 年 7 月开工，施工至主体封顶，发包人与承包人因工程进度款、施工质量等问题产生纠纷造成停工，承包人中途离场，在双方当事人没有对已完工程量、现场备料、施工设备等进行核对并形成清单的情况下，发包人单方面解除了施工合同，直接将工程发包给第三方施工，使得双方发生争议。本工程争议的焦点在哪里？怎样预防和解决争议？本项目介绍了合同与合同管理相关知识，以及如何妥善进行合同管理，解决合同争议问题。

任务5.1　合同的基本知识

知识点学习

5.1.1　合同及相关概念

1. 合同

合同是民事主体之间关于设立、变更、终止民事法律关系的协议。合同是根据法律规定和与合同当事人约定编制的具有约束力的文件。

建设工程合同的认识

2. 建设工程合同

建设工程合同是指在工程建设过程中，发包人与承包人依法订立的、明确双方权利与义务关系的协议。

3. 施工合同

施工合同即建筑安装工程承包合同，是发包人和承包人为完成商定的建筑安装工程任务，明确相互权利、义务关系的合同。依照施工合同，承包人应完成一定的建筑安装工程任务，发包人应提供必要的施工条件并支付工程价款。施工合同是建设工程合同的一种，它与其他建设工程合同一样，也是一种双务合同。

5.1.2　合同订立的方式

合同订立是指双方或多方当事人通过协商而于互相之间建立合同关系的行为。

《民法典》规定，当事人订立合同，可以采取要约、承诺方式或者其他方式。依此规定，合同订立主要有要约和承诺两种方式，当事人要约和承诺的意思表示均为合同订立的程序。

1. 要约

要约是希望和他人订立合同的意思表示。

在建设工程合同的订立过程中，投标人的投标文件是要约。因此，投标文件的内容应具体、明确。

（1）要约应具备的条件：内容具体确定；必须是特定人所为的意思表示；要约必须向相对人发出；表明经受要约人承诺，要约人即受该意思表示约束。

（2）要约邀请：希望他人向自己发出要约的意思表示。

（3）要约生效时间：要约到达受要约人时生效。采用数据电文形式订立合同的，收件人指定特定系统接收数据电文的，该数据电文进入该特定系统的时间，视为到达时间；未指定特定系统的，该数据电文进入收件人的任何系统的首次时间，视为到达时间。

（4）要约的撤回：为了尊重要约人的意志和保护要约人的利益，只要要约撤回的通知先于或同时于要约到达受要约人的时间，就可产生撤回的效力。

（5）要约的撤销：要约人在要约生效后，使要约的法律效力归于消灭的意思表示。撤销要约的通知应当于受要约人发出承诺通知之前到达受要约人。因为要约的撤销往往涉及受要约人的利益，所以法律对其设定了一定的限制。《民法典》规定，要约可以撤销，但有下列情形之一的除外：要约人以确定承诺期限或者其他形式明示要约不可撤销；受要约人有理由认为要约是不可撤销的，并已经为履行合同做了合理准备工作。

（6）要约的失效：要约失效即要约丧失其法律效力，要约人和受要约人均不再受其约束。有下列情形之一的，要约失效：要约被拒绝；要约被依法撤销；承诺期限届满，受要约人未做出承诺；受要约人对要约的内容做出实质性变更。

2. 承诺

承诺是受要约人同意要约的意思表示。

（1）承诺应具备的条件：承诺必须由受要约人做出；承诺必须向要约人做出；承诺的内容必须与要约的内容一致；承诺必须在有效期限内做出。

（2）承诺的方式：承诺应当以通知的方式做出，通知的方式可以是口头的，也可以是书面的。

（3）承诺的期限：承诺应当在要约确定的期限内到达要约人。要约没有确定承诺期限的，承诺期限应依照下列规定到达：要约以对话方式做出的，应当即时做出承诺；要约以非对话方式做出的，承诺应当在合理期限内到达；要约以信件或者电报做出的，承诺期限自信件载明的日期或者电报交发之日开始计算，信件未载明日期的，自投寄该信件的邮戳日期开始计算；要约以电话、传真、电子邮件等快速通信方式做出的，承诺期限自要约到达受要约人时开始计算。

（4）承诺的生效：承诺通知到达要约人时生效。承诺可以撤回。撤回承诺的通知应当在承诺通知到达要约人之前或者与承诺通知同时到达要约人。

受要约人对要约的内容做出实质性变更的，为新要约。承诺对要约的内容做出非实质性变更的，除要约人及时表示反对或者要约表明承诺不得对要约的内容做出任何变更外，该承诺有效，合同的内容以承诺的内容为准。

5.1.3　合同订立的基本原则

订立合同时，谈判双方都应遵循一定的原则，只有这样，合同的订立才有意义。合同订立的基本原则如下。

1. 守法原则

2. 自愿原则

3. 公平原则

在签订合同过程中，任何一方不得把自己的意志强加给对方，任何单位和个人不得非法干预。以上三个原则主要强调了三点。

(1) 强调了签约双方在法律上的平等地位，在利益上的互相兼顾。不允许以上压下、以大欺小、以强凌弱，也不允许以小讹大、以穷吃富。

(2) 强调了签约双方在订立合同时，必须充分协商，在意思表示真实的前提下达成一致协议（凡是采取欺诈、胁迫手段把自己的意志强加给对方，订立违反对方真实意愿的合同，都属无效合同）。

(3) 强调了签约双方权利义务的对等，坚持商品交换的基本原则。合同不同于行政调拨，一般来说它应是有偿的。

因此，订立合同，必须将守法、自愿、公平贯穿始终。当事人订立合同，应将公平作为出发点，这是合同顺利履行的前提条件。

4. 诚实信用原则

诚实信用原则，简称诚信原则，是指民事主体在从事民事活动、行使民事权利和履行民事义务时，应本着善意、诚实的态度，即讲究信誉、恪守信用、意思表示真实、行为合法、不规避法律和曲解合同条款等。具体体现在以下三个方面。

(1) 民事主体在从事民事活动时，必须将有关事项和真实情况如实告知对方，禁止隐瞒事实真相和欺骗对方当事人。

(2) 民事主体之间一旦做出意思表示并且达成合意，就必须重合同、守信用，正当行使权利和履行义务。法律禁止当事人背信弃义、擅自毁约的行为。

(3) 民事活动过程中发生损害双方利益的行为，民事主体双方均应及时采取合理的补救措施，避免和减少损失。

诚实信用是市场经济活动的道德准则，不仅要求当事人之间的利益平衡，还要求当事人利益与社会利益的平衡。诚实信用还是道德准则的法律化，被《民法典》确定为一个法律条文后，已经不再是单纯的道德规范，而成为一项法律规范，是将道德规则与法律规则合为一体，而同时具有法律调节和道德调节的双重功能。

 展开讨论

案例：海擎重工机械有限公司与江苏中兴建设有限公司建设工程施工合同纠纷案。

20××年，发包人海擎重工机械有限公司（以下简称海擎公司）就重型钢结构厂房基础工程发出招标邀请，其招标文件载明，本次报价只对钢结构厂房桩基及基础的施工进行报价（图纸内所有项目）；投标方依据招标方提供的厂房基础设计图纸要求及招标文件要求，根据材料市场自主报价，一次包死风险自负。承包人江苏中兴建设有限公司（以下简称中兴公司）进行投标并中标，双方签订了《钢结构厂房桩基及基础工程合同》。合同履行过程中，双方因工程发生桩基倾斜与断裂事故的工程质量问题及其他问题发生争议，海

擎公司遂诉至法院。

法院观点： 案涉工程质量出现重大问题，建设单位海擎公司与施工单位中兴公司均有过错。海擎公司对本案工程质量问题的发生应承担主要责任（70%），中兴公司承担次要责任（30%）。

主要理由： 海擎公司违反诚实信用原则，在签订合同之前未提交岩土工程详细勘查报告，未提交经过审核的施工图纸，违反《建设工程质量管理条例》规定的基本建设程序，为质量事故发生埋下隐患；未能会同监理单位、设计单位对施工单位提出的合理建议予以充分重视并研究相应措施，亦未能会同监理单位对施工单位的土方开挖方案进行审查及组织专家论证；且在施工过程中，使用载重汽车参与土方开挖及运输导致道路碾压，一味强调工程造价不变价，并以中兴公司施工应当采取何种方案与建设单位无关为由，对施工单位调整设计方案的建议未予重视与答复，故应承担相应的责任。

作为专业施工单位，中兴公司在没有看到岩土工程详细勘查报告及经过审核的施工图纸的情况下，即投标承揽工程，本身就不够慎重；在发现特殊地质情况后虽提出建议，但在海擎公司不予认可之后仍不计后果冒险施工，对桩基出现的质量问题采取了一种放任态度。这种主观状态和做法应得到否定性评价。如果中兴公司真正关心工程质量，应当与海擎公司就地质情况所带来的问题进行协商，协商不成，明知工程无法继续应当采取措施避免损失的扩大。在案涉工程施工过程中，中兴公司都可采取停止施工的止损措施，但其为了谋取合同利益而忽视了质量风险，故应承担相应的责任。

 总结分析

从事建设工程活动，必须严格执行基本建设程序，坚持先勘察、后设计、再施工原则。建设单位未提前交付地质勘查报告、施工图设计文件未经过建设主管部门审查批准的，应对因双方签约前未曾预见的特殊地质条件导致的工程质量问题承担主要责任。施工单位应秉持诚实信用原则，采取合理施工方案，避免损失扩大。

人民法院应当根据合同约定、法律及行政法规规定的工程建设程序，依据诚实信用原则，合理确定建设单位与施工单位对于建设工程质量问题的责任承担。

任务5.2　认识施工合同

知识点学习

5.2.1　施工合同的类型

施工合同可以按照不同的方法分类。按照合同的计价方式划分，可分为总价合同、单价合同、其他价格形式合同。

施工合同

合同分类

1．总价合同

总价合同是发承包双方约定以施工图及其预算和有关条件进行合同价款计算、调整和确认的施工合同。

（1）总价合同的调整。

当合同约定的工程施工内容和有关条件不发生变化时，发包人付给承包人的工程价款总额就不变。当工程施工内容和有关条件发生变化时，发承包双方依据变化情况和合同约定调整合同价款，但工程量变化引起的合同价款调整应遵循以下原则：当合同价款是依据承包人根据施工图自行计算的工程量确定的时，除工程变更造成的工程量变化外，合同约定的工程量是承包人最终完成的工程量，发承包双方不能以工程量变化作为合同价款调整的依据；当合同价款是依据发包人提供的工程量清单确定的时，发承包双方应依据承包人最终实际完成的工程量（包括清单错、漏项，工程变更）调整确定合同价款。

（2）总价合同的适用。

总价合同仅适用于工程量不太大且能精确计算、工期较短、技术不太复杂、风险不大的项目。采用这种合同类型要求发包人必须准备详细而全面的设计图纸（一般要求施工详图）和各项说明，使承包人能准确计算工程量。

采用总价合同对承包人有一定的风险，合同价款一旦被承包人接受一般不得变动，但如果设计图纸和说明书不太详细，未知变量比较多，或者遇到材料突然涨价、地质条件和气候条件恶劣等意外情况，承包人就难以精确地估算造价，承担的风险就会增大。

2．单价合同

单价合同是发承包双方约定以工程量清单及其综合单价进行合同价款计算、调整和确认的施工合同。

（1）单价合同的调整。

实行工程量清单计价的工程，一般应采用单价合同方式，即合同中工程量清单项目的综合单价在合同给定的条件内固定不变，当超过合同约定的条件时，依据合同约定进行调整；工程量清单项目及工程量依据承包人实际完成且应予以计量的工程量确定。

（2）单价合同的适用。

单价合同由于其风险可以得到合理的分摊，发包人承担量的风险，承包人承担报价的风险，因此其适用范围比较宽。

3．其他价格形式合同

其他价格形式合同，如成本加酬金合同、定额计价合同及其他合同类型。在此只介绍成本加酬金合同。

成本加酬金合同又称成本补偿合同，是按工程实际发生的成本，加上商定的总管理费和利润，来确定工程总造价的。工程实际发生的成本，主要包括人工费、材料费、施工机具使用费、其他直接费和施工管理费，以及各项独立费，但不包括承包人的总管理费和应缴所得税。

成本加酬金合同是由发包人向承包人支付工程项目的实际成本，并按事先约定的某一种方式支付酬金的合同类型。在这类合同中，发包人需承担项目实际发生的一切费用，因此也就承担了项目的全部风险。而承包人由于无风险，其报酬往往也较低。

成本加酬金合同主要适用于以下项目：需要立即开展工作的项目，如震后的救灾工作；新型的工程项目，或对项目工程内容及技术经济指标未确定；风险很大的项目。

成本加酬金合同规定的承包方式包括以下三种类型。

（1）成本加固定百分数酬金。这种承包方式对发包人不利，因为工程总造价随工程成本增大而相应增大，这样承包人不仅不会注意对成本的精打细算，反而会希望成本增大，不能有效地鼓励承包人降低成本、缩短工期。现在这种承包方式已很少被采用。其计算式为

$$C=C_d(1+P) \tag{5-1}$$

式中　C——工程总造价；

　　　C_d——实际发生的工程成本；

　　　P——固定的百分数。

（2）成本加固定酬金。这种承包方式的酬金采取事先商定一个固定数目的办法，通常按估算的工程成本的一定百分比确定，数额固定不变。这种承包方式克服了酬金随成本水涨船高的现象，虽不能鼓励承包人关心降低成本，但可鼓励承包人为尽快取得酬金而关心缩短工期。其计算式为

$$C=C_d+F \tag{5-2}$$

式中　F——固定酬金。

有时为鼓励承包人更好地完成任务，也可在固定酬金之外，再根据工程质量、工期和降低成本情况另加奖金，且奖金所占比例的上限可以大于固定酬金。

（3）成本加浮动酬金。成本加浮动酬金承包方式，通常是由双方当事人事先商定工程成本和酬金的预期水平，然后将实际发生的工程成本与预期水平相比较，如果实际成本恰好等于预期成本，工程总造价就是成本加固定酬金；如果实际成本低于预期成本，则增加酬金；如果实际成本高于预期成本，则减少酬金。上述三种情形的计算式分别为

$$如\ C_d=C_0，则\ C=C_d+F$$
$$如\ C_d<C_0，则\ C=C_d+F+\Delta F$$
$$如\ C_d>C_0，则\ C=C_d+F-\Delta F \tag{5-3}$$

式中　C_0——预期成本；

　　　ΔF——酬金增减部分，可以是一个百分数，也可以是一个固定的绝对数。

采用这种承包方式，通常要限定减少酬金的最高限度为原定的固定酬金数额。这就意味着，承包人可能碰到的最糟糕的情况只是得不到任何酬金，而不必承担实际成本超支部分的赔偿责任。该方式的优点是对发承包双方都没有太大风险，同时也能促使承包人关心降低成本和缩短工期；缺点是在实践中估算预期成本比较困难，预期成本估算要达到70%以上的精度才较为理想，而这对发承包双方的经验要求相当高。

5.2.2　施工合同类型的选择

选择施工合同类型，应考虑以下因素。

1. 项目规模和工期长短

如果项目的规模较小、工期较短，则合同类型的选择余地较大，总价合同、单价合同

及成本加酬金合同都可选择。对这类项目，承包人同意采用总价合同的可能性较大，因为这类项目风险小，不可预测因素少。由于选择总价合同发包人可以不承担风险，发包人也比较愿意选用。

2. 项目的竞争情况

如果在某一时期和某一地点，愿意承包某一项目的承包人较多，则发包人拥有较多的主动权，可按照总价合同、单价合同、成本加酬金合同的顺序进行选择。如果愿意承包项目的承包人较少，则承包人拥有的主动权较多，可以尽量选择承包人愿意采用的合同类型。

3. 项目的复杂程度

如果项目的复杂程度较高，则意味着：一是对承包人的技术水平要求高；二是项目的风险较大。因此，承包人对合同的选择有较大的主动权，总价合同被选用的可能性较小。如果项目的复杂程度较低，则发包人对合同类型的选择握有较大的主动权。

4. 项目的单项工程的明确程度

如果单项工程的类别和工程量都已十分明确，则可选用的合同类型较多，总价合同、单价合同、成本加酬金合同都可以选择。如果单项工程的分类已详细而明确，但实际工程量与预计的工程量可能有较大出入，此时单价合同为最合理的合同类型，应优先选择单价合同。如果单项工程的分类和工程量都不甚明确，则无法采用单价合同。

5. 项目准备时间的长短

项目的准备包括发包人的准备工作和承包人的准备工作。对于不同的合同类型，他们分别需要不同的准备时间和准备费用。对于一些非常紧急的项目（如抢险救灾等），给予发包人和承包人的准备时间都非常短，因此，只能采用成本加酬金的合同形式。反之，则可采用单价或总价合同形式。

6. 项目的外部环境因素

项目的外部环境因素包括：项目所在地区的政治局势、经济局势因素（如通货膨胀、经济发展速度等）、劳动力素质（当地）、交通、生活条件等。如果项目的外部环境恶劣，则意味着项目的成本高、风险大、不可预测的因素多，承包人很难接受总价合同，而较易接受成本加酬金合同。

总之，在选择合同类型时，一般情况下是发包人占有主动权。但发包人不能单纯考虑己方利益，应当综合考虑项目的各种因素，考虑承包人的承受能力，选择双方都能认可的合同类型。

5.2.3　施工合同的订立

建设工程施工合同的订立

1. 施工合同的订立条件

订立施工合同的工程应具备如下条件。

（1）初步设计已经得到具体的批准。

（2）施工项目已经被列入年度建设计划。

（3）有能满足施工需要的设计文件及技术资料。

（4）建设资金和主要设备来源已基本落实。

（5）招投标的工程中标通知书已下达。

2．订立施工合同应注意的问题

（1）仔细阅读使用的合同文本，掌握有关施工合同的法律法规规定。

（2）严格审查发包人资质等级及履约信用。

（3）关于工期、质量、造价的约定，是施工合同最重要的内容，应充分重视。

（4）应对工程进度拨款和竣工结算程序做出详细规定。

（5）总包合同中应具体规定发包人、总包人和分包人各自的责任和相互关系。

（6）明确规定监理工程师及双方管理人员的职责和权限。

（7）不可抗力要量化。

（8）运用担保条件，降低风险系数。

（9）对材料设备采购、检验，施工现场安全管理，违约责任等条款也应充分重视，做出具体明确的约定。

5.2.4　施工合同的谈判策略

1．平等协商

在合同谈判中，双方应对每个条款做具体的商讨，争取修改对自己不利的苛刻条款，增加对承包人权益的保护条款。对重大问题不能客气和让步。承包人切不可在观念上把自己放在被动地位上，有处处"依附于人"之感。

2．积极争取自己的正当权益

《民法典》赋予合同双方以平等的法律地位和权益。但在实际经济活动中，这个地位和权益还要靠承包人自己争取。而且在合同中，这种"平等"常常难以具体地衡量。如果合同一方自己放弃这个权益，盲目地、草率地签订合同，致使自己处于不利地位，受到损失，法律常常难以对其提供帮助和保护。所以在合同签订过程中放弃自己的正当权益，草率地签订合同是"自杀"行为。

3．标前谈判

在决标前，即承包人尚要与几个对手竞争时，必须慎重，处于守势，尽量少提出对合同文本做较大的修改，否则容易引起发包人的反感。

4．标后谈判

由于这时已经确定承包人中标，其他的投标人已被排斥在外，所以承包人应积极争取修改风险型条款和过于苛刻的条款，对原则问题不能退让和客气，争取对自己有利的妥协方案。具体策略如下。

（1）应与发包人商讨，争取一个合理的施工准备期。这对整个工程施工有很大好处。一般发包人希望或要求承包人"毫不拖延"开工。承包人如果无条件答应，则很被动，因为人员、设备、材料进场，临时设施的搭设都需要一定的时间。

（2）确定自己的目标。对准备谈什么，达到什么目的，要有准备。

（3）研究对方的目标和兴趣所在。在此基础上准备让步方案、平衡方案。由于标后谈判是双方对合同条件的进一步完善，双方必须都做让步，才能被双方接受。所以要考虑到多方案的妥协，争取主动权。

（4）以真诚合作的态度进行谈判。由于合同已经成立，准备工作必须紧锣密鼓地进行。千万不能让对方认为承包人在找借口不开工，或中标了又要提高价格。即使对方不让步，也不要争执，否则会造成一个紧张的开端，影响整个工程的实施。在整个标后谈判中，承包人应防止自己违约，防止发包人找到理由扣留承包人的投标保函。

技能点训练

1. 训练目的

训练学生正确选择合同类型的能力。

2. 训练内容

工程背景见项目3、项目4案例引入。工程通过公开招标已完成定标工作，下达了中标通知书。请同学们熟悉工程概况，了解工程发承包合同双方的具体情况，分析合同环境，了解建设工程合同签订的基本程序，并选择合同类型。

典型案例

总价合同承包工程分析

背景：某工程概算已被批准，准许招标。工程公开招标，招标文件规定按总价合同承包。××公司一举中标后，通过艰苦谈判确定合同价650万元。××公司（乙方）认为工程结构简单且对施工现场很熟悉，未到现场进行勘察，另外因工期短于一年，市场材料价格不会有太大变化，故接受总价合同形式。

问题：（1）投标报价的步骤应包括哪些？

（2）按计价方式不同，合同可以分为哪些形式？

（3）本工程采用总价合同承包，乙方承担哪些主要风险？乙方做法有哪些不足？

（4）你认为风险分担最为合理的合同形式是什么？为什么？

分析：（1）投标报价的步骤应包括7个：研究招标文件，现场勘察，复核工程量，制定施工规划，计算工料机单价，计算各项费用和分部分项工程单价，汇总标价。

（2）按计价方式不同，合同可以分为总价合同、单价合同及成本加酬金合同。

（3）采用总价合同承包，乙方主要承担两方面的风险，即工程量计算失误的风险和单价计算失误的风险。尽管工程结构简单，但目前仅处于初步设计阶段，乙方必须认真进行现场勘察以准确计算工程量。另外，总价合同材料、设备涨价风险由乙方承担，乙方认为工期短于一年不会有太大的价格变动是盲目的。

（4）风险分担最为合理的合同应为单价合同。无论工程设计深度如何、工程复杂性如何、工程量是否可以准确地计算出来，单价合同都可以适用，且可以使承包人避免由现场勘察不充分、工程量计算或校核时间紧迫导致的工程量计算失误。从单价计算的准确性，可以分析出承包人成本利润构成，这也是衡量承包人技术能力和管理能力的标志。

任务5.3　施工合同示范文本

知识点学习

施工合同的内容复杂、涉及面广，如果当事人缺乏经验，所订合同常易产生难以处理的纠纷。为了避免当事人遗漏事项和产生纠纷，根据有关工程建设施工的法律法规，结合我国工程建设施工的实际情况，并借鉴了国际上广泛使用的土木工程施工合同（特别是FIDIC《土木工程施工（国际通用）合同条件》），住房和城乡建设部、原国家工商行政管理总局制定了《建设工程施工合同（示范文本）》（GF—2017—0201）（以下简称《示范文本》）。《示范文本》是有关国家机关或者权威组织为了规范、引导人们正确地订立合同，提前拟订的、供当事人在订立合同时参考使用的合同文本。《示范文本》为非强制性使用文本。《示范文本》适用于房屋建筑工程、土木工程、线路管道和设备安装工程、装修工程等建设工程的施工发承包活动，合同当事人可结合建设工程具体情况，根据《示范文本》订立合同，并按照法律法规规定和合同约定承担相应的法律责任及合同权利义务。

5.3.1　《示范文本》的组成

《示范文本》由合同协议书、通用合同条款、专用合同条款三部分组成，并附有11个附件。

1. 合同协议书

合同协议书是施工合同的总纲性法律文件，经过双方当事人签字盖章后合同即成立。《示范文本》合同协议书中的协议共计13条，主要包括工程概况、合同工期、质量标准、签约合同价与合同价格形式、项目经理、合同文件构成、承诺及合同生效条件等重要内容，集中约定了合同当事人基本的合同权利义务。

《建设工程施工合同（示范文本）》

2. 通用合同条款

通用合同条款是在广泛总结国内工程实施成功经验和失败教训的基础上，参考FIDIC《土木工程施工（国际通用）合同条件》相关内容的规定，编制的规范发承包双方履行合同义务的标准化条款，是合同当事人根据《建筑法》《民法典》等法律法规的规定，就工程建设的实施及相关事项，对合同当事人的权利义务做出的原则性约定。

通用合同条款共计20条，具体条款分别为一般约定、发包人、承包人、监理人、工程质量、安全文明施工与环境保护、工期和进度、材料与设备、试验与检验、变更、价格调整、合同价格、计量与支付、验收和工程试车、竣工结算、缺陷责任与保修、违约、不可抗力、保险、索赔和争议解决。前述条款安排既考虑了现行法律法规对工程建设的有关要求，又考虑了建设工程施工管理的特殊需要。通用合同条款适用于各类建设工程施工的条款，在使用时不作任何改动。

3. 专用合同条款

专用合同条款是对通用合同条款原则性约定的细化、完善、补充、修改或另行约定的条款。合同当事人可以根据不同建设工程的特点及具体情况，通过双方的谈判、协商，对相应的专用合同条款进行修改和补充。具体工程项目编制专用合同条款的原则是，结合项目特点，针对通用条款的内容进行补充或修正，达到相同序号的通用合同条款和专用合同条款共同组成对某一方面问题内容完备的约定。因此，专用合同条款的序号不必依次排列，通用合同条款已构成完善的部分不需重复抄录，只对通用合同条款部分需要补充、细化甚至弃用的条款作相应说明，按照通用合同条款对该问题的编号顺序排列即可。

在使用专用合同条款时，应注意以下事项。

（1）专用合同条款的编号应与相应的通用合同条款的编号一致。

（2）合同当事人可以通过对专用合同条款的修改，满足具体建设工程的特殊要求，避免直接修改通用合同条款。

（3）在专用合同条款中有横道线的地方，合同当事人可针对相应的通用合同条款进行细化、完善、补充、修改或另行约定；如无细化、完善、补充、修改或另行约定，则填写"无"或划"/"。

4. 附件

《示范文本》为使用者提供了承包人承揽工程项目一览表、发包人供应材料设备一览表、工程质量保修书、主要建设工程文件目录、承包人用于本工程施工的机械设备表、承包人主要施工管理人员表、分包人主要施工管理人员表、履约担保格式、预付款担保格式、支付担保格式、暂估价一览表11个附件，如果具体项目的实施为包工包料承包，则可以不使用发包人供应材料设备一览表。

5.3.2 施工合同文件的解释顺序

施工合同文件应能相互解释、互为说明。

1. 解释顺序

除专用合同条款另有约定外，组成施工合同的文件和优先解释顺序如下。

（1）双方签署的合同协议书。

（2）中标通知书。

（3）投标函及其附录。

（4）专用合同条款及其附件。

（5）通用合同条款。

（6）技术标准和要求。

本工程所适用的标准、规范及有关技术文件在专用合同条款中约定，包括以下内容。

① 适用的我国国家标准、规范的名称；没有国家标准、规范但有行业标准、规范的，则约定适用行业标准、规范的名称；没有国家和行业标准、规范的，则约定适用工程所在地的地方标准、规范的名称。

② 发包人应按专用合同条款约定的时间向承包人提供一式两份约定的标准、规范。

③ 国内没有相应标准、规范的，由发包人按专用合同条款约定的时间向承包人提出施工技术要求，承包人按约定的时间和要求提出施工工艺，经发包人认可后执行。

④ 若发包人要求使用国外标准、规范的，应负责提供中文译本。所发生的购买和翻译标准、规范或制定施工工艺要求的费用，由发包人承担。

（7）图纸。

图纸指由发包人提供或由承包人提供并经发包人批准，满足承包人施工需要的所有图纸（包括配套说明和有关资料）。发包人应按专用合同条款约定的日期和套数，向承包人提供图纸。承包人需要增加图纸套数的，发包人应代为复制，复制费用由承包人承担。若发包人对工程有保密要求，应在专用合同条款中提出，保密措施费用由发包人承担，承包人在约定保密期限内履行保密义务。承包人未经发包人同意，不得将本工程图纸转给第三人。工程质量保修期满后，除承包人存档需要的图纸外，全部图纸应退还给发包人。承包人应在施工现场保留一套完整图纸，供工程师及有关人员进行工程检查时使用。

（8）已标价工程量清单或预算书。

（9）其他合同文件。

2. 解释原则

（1）上述各项合同文件包括合同当事人就该项合同文件所做出的补充和修改，属于同一类内容的文件，应以最新签署的为准。

（2）在合同订立及履行过程中形成的与合同有关的文件均构成合同文件组成部分，根据其性质确定优先解释顺序。

（3）合同履行中，双方有关工程的洽商、变更等书面协议或文件视为本合同的组成部分。在不违反法律和行政法规的前提下，当事人可以通过协商变更合同的内容，这些变更的协议或文件的效力高于其他合同文件，且签署在后的协议或文件效力高于签署在先的协议或文件。

（4）当合同文件内容含糊不清或不相一致时，在不影响工程正常进行的情况下，由发包人和承包人协商解决。双方也可以提请监理人做出解释。当双方协商不成功或不同意监理人的解释时，按有关争议的约定处理。

（5）施工合同文件使用汉语语言文字书写、解释和说明。如专用合同条款约定使用两种以上（含两种）语言文字时，汉语应为解释和说明施工合同的标准语言文字。在少数民族地区，双方可以约定使用少数民族语言文字书写、解释和说明施工合同。

5.3.3　《示范文本》中相关词语的解释

1. 合同当事人及其他相关方

（1）合同当事人：是指发包人和（或）承包人。

（2）发包人：是指与承包人签订合同协议书的当事人及取得该当事人资格的合法继承人。

（3）承包人：是指与发包人签订合同协议书的，具有相应工程施工承包资质的当事人及取得该当事人资格的合法继承人。

（4）监理人：是指在专用合同条款中指明的，受发包人委托按照法律规定进行工程监督管理的法人或其他组织。

（5）设计人：是指在专用合同条款中指明的，受发包人委托负责工程设计并具备相应工程设计资质的法人或其他组织。

（6）分包人：是指按照法律规定和合同约定，分包部分工程或工作，并与承包人签订分包合同的具有相应资质的法人。

（7）发包人代表：是指由发包人任命并派驻施工现场在发包人授权范围内行使发包人权利的人。

（8）项目经理：是指由承包人任命并派驻施工现场，在承包人授权范围内负责合同履行，且按照法律规定具有相应资格的项目负责人。

（9）总监理工程师：是指由监理人任命并派驻施工现场进行工程监理的总负责人。

2. 日期和期限

（1）开工日期：包括计划开工日期和实际开工日期。计划开工日期是指合同协议书约定的开工日期；实际开工日期是指监理人按照开工通知约定发出的符合法律规定的开工通知条款中载明的开工日期。

（2）竣工日期：包括计划竣工日期和实际竣工日期。计划竣工日期是指合同协议书约定的竣工日期；实际竣工日期按照竣工日期条款的约定确定。

（3）工期：是指在合同协议书中约定的承包人完成工程所需的期限，包括按照合同约定所作的期限变更。

（4）缺陷责任期：是指承包人按照合同约定承担缺陷修复义务，且发包人预留质量保证金（已缴纳履约保证金的除外）的期限，自工程实际竣工日期起计算。

（5）保修期：是指承包人按照合同约定对工程承担保修责任的期限，从工程竣工验收合格之日起计算。

（6）基准日期：招标发包的工程以投标截止日前 28 天的日期为基准日期，直接发包的工程以合同签订日前 28 天的日期为基准日期。

3. 合同价格和费用

（1）签约合同价：是指发包人和承包人在合同协议书中确定的总金额，包括安全文明施工费、暂估价及暂列金额等。

（2）合同价格：是指发包人用于支付承包人按照合同约定完成承包范围内全部工作的金额，包括合同履行过程中按合同约定发生的价格变化。

（3）费用：是指为履行合同所发生的或将要发生的所有必需的开支，包括管理费和应分摊的其他费用，但不包括利润。

（4）暂估价：是指发包人在工程量清单或预算书中提供的用于支付必然发生但暂时不能确定价格的材料、工程设备的单价、专业工程及服务工作的金额。

（5）暂列金额：是指发包人在工程量清单或预算书中暂定并包括在合同价格中的一笔款项，用于工程合同签订时尚未确定或者不可预见的所需材料、工程设备、服务的采购，施工中可能发生的工程变更、合同约定调整因素出现时的合同价格调整及发生的索赔、现场签证确认等的费用。

（6）计日工：是指合同履行过程中，承包人完成发包人提出的零星工作或需要采用计日工计价的变更工作时，按合同中约定的单价计价的一种方式。

（7）质量保证金：是指按照质量保证金条款约定承包人用于保证其在缺陷责任期内履行缺陷修补义务的担保。

（8）总价项目：是指在现行国家、行业及地方的计量规则中无工程量计算规则，在已标价工程量清单或预算书中以总价或以费率形式计算的项目。

 技能点训练

1. 训练目的

训练学生拟定合同的能力。

2. 训练内容

工程背景见项目3、项目4案例引入。工程通过公开招标已完成定标工作，下达了中标通知书。请同学们熟悉工程概况，了解工程发承包合同双方的具体情况，学习《示范文本》的内容，拟定合同条款。

 **典型案例**

工程未经竣工验收使用纠纷案

背景： 20××年6月，某施工单位（以下称承包人）承建某建设单位（以下称发包人）酒店装修工程，同年9月工程竣工。但未经竣工验收，发包人的酒店即于同年10月中旬开张。同年11月，双方签订补充协议，约定发包人提前使用工程，承包人不再承担任何责任，发包人应于12月支付50万元工程款并对总造价委托审价。

次年4月，承包人起诉发包人，要求其按约支付工程欠款和结算款。但发包人（被告）在法庭上辩称并反诉称：承包人（原告）施工工程存在质量问题，并要求原告支付工程质量维修费及维修期间营业损失。

诉讼过程中，酒店的平顶突然下塌，被告自行委托修复，导致原告施工工程量无法计算。

本案的争议焦点： 未经签证的增加工作量如何审价鉴定？争议工程质量问题是施工原因还是使用不当的原因造成的？未经竣工验收工程的质量责任应由谁承担？

分析：（1）双方在施工过程中未就隐蔽工程验收、竣工验收等做好相关记录，现场制作安装与设计图纸也不符，但发包人未经验收就使用了工程；故可认为双方实际变更了工程内容，就工程造价应当按照施工现场实际状况按实结算。

（2）按照《最高人民法院建设工程施工合同司法解释（二）理解与适用》的精神，发包人未经竣工验收擅自使用工程，因无法证明承包人最初交给发包人的建筑产品的原状，应承担举证不能的法律后果如下。

① 发包人难以以未予签证或现场发生变更为由拒付原工程实际发生的工程款。

②发包人难以向承包人主张质量缺陷免费保修的责任。

③发包人不能向承包人主张已使用部分工程质量缺陷责任，只能自行承担修复费用。

（3）法院判决，被告支付工程款（包括被告未确认的工程量），同时判决原告酌情承担12万元修复费用和5万元营业损失。

任务5.4　施工合同的管理

知识点学习

5.4.1　施工合同中各方权利与义务

1. 发包人

（1）图纸的提供和交底。

发包人应按照专用合同条款约定的期限、数量和内容向承包人免费提供图纸，并组织承包人、监理人和设计人进行图纸会审和设计交底。发包人至迟不得晚于开工通知载明的开工日期前14天向承包人提供图纸。

因发包人未按合同约定提供图纸导致承包人费用增加和（或）工期延误的，按照因发包人原因导致工期延误约定办理。

（2）对化石、文物的保护。

发包人、监理人和承包人应按有关政府行政管理部门要求，对施工现场发掘的所有文物、古迹及具有地质研究或考古价值的其他遗迹、化石、钱币或物品采取妥善的保护措施，由此增加的费用和（或）延误的工期由发包人承担。

（3）出入现场的权利。

发包人应根据施工需要，负责取得出入施工现场所需的批准手续和全部权利，以及取得因施工所需修建道路、桥梁及其他基础设施的权利，并承担相关手续费用和建设费用。承包人应协助发包人办理修建场内外道路、桥梁及其他基础设施的手续。

（4）场外交通。

发包人应提供场外交通设施的技术参数和具体条件，承包人应遵守有关交通法规，严格按照道路和桥梁的限制荷载行驶，执行有关道路限速、限行、禁止超载的规定，并配合交通管理部门的监督和检查。场外交通设施无法满足工程施工需要的，由发包人负责完善并承担相关费用。

（5）场内交通。

发包人应提供场内交通设施的技术参数和具体条件，并应按照专用合同条款的约定向承包人免费提供满足工程施工所需的场内道路和交通设施。因承包人原因造成上述道路或交通设施损坏的，承包人负责修复并承担由此增加的费用。

（6）许可或批准。

发包人应遵守法律，并办理法律规定由其办理的许可、批准或备案，包括但不限于建设用地规划许可证、建设工程规划许可证、建设工程施工许可证、施工所需临时用水、临时用电、中断道路交通、临时占用土地等许可和批准。发包人应协助承包人办理法律规定的有关施工证件和批件。

因发包人原因未能及时办理完毕前述许可、批准或备案，由发包人承担由此增加的费用和（或）延误的工期，并支付承包人合理的利润。

（7）发包人员要求。

发包人应要求在施工现场的发包人员遵守法律及有关安全、质量、环境保护、文明施工等规定，并保障承包人免于承受因发包人员未遵守上述要求给承包人造成的损失和责任。

发包人员包括发包人代表及其他由发包人派驻施工现场的人员。

发包人应在专用合同条款中明确其派驻施工现场的发包人代表的姓名、职务、联系方式及授权范围等事项。发包人代表在发包人的授权范围内，负责处理合同履行过程中与发包人有关的具体事宜。发包人代表在授权范围内的行为由发包人承担法律责任。发包人更换发包人代表的，应提前7天书面通知承包人。

发包人代表不能按照合同约定履行其职责及义务，并导致合同无法继续正常履行的，承包人可以要求发包人撤换发包人代表。

不属于法定必须监理的工程，监理人的职权可以由发包人代表或发包人指定的其他人员行使。

（8）提供施工现场、施工条件和基础资料。

除专用合同条款另有约定外，发包人应最迟于开工日期7天前向承包人移交施工现场，并负责施工所需要的条件和基础资料，包括以下内容。

① 将施工用水、电力、通信线路等施工所必需的条件接至施工现场内。

② 保证向承包人提供正常施工所需要的进入施工现场的交通条件。

③ 协调处理施工现场周围地下管线和邻近建筑物、构筑物、古树名木的保护工作，并承担相关费用。

④ 按照专用合同条款约定应提供的其他设施和条件。

⑤ 发包人应当在移交施工现场前向承包人提供施工现场及工程施工所必需的毗邻区域内供水、排水、供电、供气、供热、通信、广播电视等地下管线资料，气象和水文观测资料，地质勘察资料，相邻建筑物、构筑物和地下工程等有关基础资料，并对所提供资料的真实性、准确性和完整性负责。按照法律规定确需在开工后方能提供的基础资料，发包人应尽其努力及时地在相应工程施工前的合理期限内提供，合理期限应以不影响承包人的正常施工为限。

因发包人原因未能按合同约定及时向承包人提供施工现场、施工条件、基础资料的，由发包人承担由此增加的费用和（或）延误的工期。

（9）资金来源证明及支付担保。

除专用合同条款另有约定外，发包人应在收到承包人要求提供资金来源证明的书面通知后 28 天内，向承包人提供能够按照合同约定支付合同价款的相应资金来源证明。如发包人要求承包人提供履约担保，发包人应当向承包人提供支付担保。支付担保可以采用银行保函或担保公司担保等形式，具体由合同当事人在专用合同条款中约定。

（10）支付合同价款。

发包人应按合同约定向承包人及时支付合同价款。

（11）组织竣工验收。

发包人应按合同约定及时组织竣工验收。

（12）现场统一管理协议。

发包人应与承包人、由发包人直接发包的专业工程的承包人签订施工现场统一管理协议，明确各方的权利义务。施工现场统一管理协议作为专用合同条款的附件。

如发包人未履行合同约定义务，给承包人造成损失，发包人应承担因其违约给承包人增加的费用和（或）延误的工期，并支付承包人合理的利润。此外，合同当事人可在专用合同条款中另行约定发包人违约责任的承担方式和计算方法。

2. 承包人

（1）承包人的一般义务。

承包人在履行合同过程中应遵守法律和工程建设标准规范，并履行以下义务。

① 办理法律规定应由承包人办理的许可和批准，并将办理结果书面报送发包人留存。

② 按法律规定和合同约定完成工程，并在保修期内承担保修义务。

③ 按法律规定和合同约定采取施工安全和环境保护措施，办理工伤保险，确保工程及人员、材料、设备和设施的安全。

④ 按合同约定的工作内容和施工进度要求，编制施工组织设计和施工措施计划，并对所有施工作业和施工方法的完备性和安全可靠性负责。

⑤ 在进行合同约定的各项工作时，不得侵害发包人与他人使用公用道路、水源、市政管网等公共设施的权利，避免对邻近的公共设施产生干扰。承包人占用或使用他人的施工场地，影响他人作业或生活的，应承担相应责任。

⑥ 按环境保护约定负责施工场地及其周边环境与生态的保护工作。

⑦ 按安全文明施工约定采取施工安全措施，确保工程及其人员、材料、设备和设施的安全，防止因工程施工造成的人身伤害和财产损失。

⑧ 将发包人按合同约定支付的各项价款专用于合同工程，且应及时支付其雇用人员工资，并及时向分包人支付合同价款。

⑨ 按法律规定和合同约定编制竣工资料，完成竣工资料立卷及归档，并按专用合同条款约定的竣工资料的套数、内容、时间等要求移交发包人。

⑩ 应履行的其他义务。

承包人未能履行上述各项义务，给发包人造成损失的，承包人应承担因其违约行为而增加的费用和（或）延误的工期。此外，合同当事人可在专用合同条款中另行约定承包人违约责任的承担方式和计算方法。

（2）承包人的职责。

承包人除履行以上义务外，还应执行以下职责。

① 承包人员要求。

除专用合同条款另有约定外，承包人应在接到开工通知后 7 天内，向监理人提交承包人项目管理机构及施工现场人员安排的报告，其内容应包括合同管理、施工、技术、材料、质量、安全、财务等主要施工管理人员名单及其岗位、注册执业资格等，以及各工种技术工人的安排情况，并同时提交主要施工管理人员与承包人之间的劳动关系证明和缴纳社会保险的有效证明。

承包人派驻到施工现场的主要施工管理人员应相对稳定。施工过程中如有变动，承包人应及时向监理人提交施工现场人员变动情况的报告。承包人更换主要施工管理人员时，应提前 7 天书面通知监理人，并征得发包人书面同意。通知中应当载明继任人员的注册执业资格、管理经验等资料。

特殊工种作业人员均应持有相应的资格证明，监理人可以随时检查。

发包人对于承包人主要施工管理人员的资格或能力有异议的，承包人应提供资料证明被质疑人员有能力完成其岗位工作或不存在发包人所质疑的情形。发包人要求撤换不能按照合同约定履行职责及义务的主要施工管理人员的，承包人应当撤换。承包人无正当理由拒绝撤换的，应按照专用合同条款的约定承担违约责任。

除专用合同条款另有约定外，承包人的主要施工管理人员离开施工现场每月累计不超过 5 天的，应报监理人同意；离开施工现场每月累计超过 5 天的，应通知监理人，并征得发包人书面同意。主要施工管理人员离开施工现场前应指定一名有经验的人员临时代行其职责，该人员应具备履行相应职责的资格和能力，且应征得监理人或发包人的同意。

承包人擅自更换主要施工管理人员，或前述人员未经监理人或发包人同意擅自离开施工现场的，应按照专用合同条款约定承担违约责任。

② 承包人现场勘察。

承包人应对基于发包人按照要求提交的基础资料所做出的解释和推断负责，但因基础资料存在错误、遗漏导致承包人解释或推断失实的，由发包人承担责任。

承包人应对施工现场和施工条件进行勘察，并充分了解工程所在地的气象条件、交通条件、风俗习惯及与完成合同工作有关的其他资料。因承包人未能充分勘察、了解前述情况或未能充分估计前述情况所可能产生后果的，承包人承担由此增加的费用和（或）延误的工期。

③ 承包人对分包进行管理。

承包人不得将其承包的全部工程转包给第三人，或将其承包的全部工程肢解后以分包的名义转包给第三人。承包人不得将工程主体结构、关键性工作及专用合同条款中禁止分包的专业工程分包给第三人，主体结构、关键性工作的范围由合同当事人按照法律规定在专用合同条款中予以明确。

承包人不得以劳务分包的名义转包或违法分包工程。

承包人应按专用合同条款的约定进行分包，确定分包人。已标价工程量清单或预算书中给定暂估价的专业工程，按照暂估价确定分包人。按照合同约定进行分包的，承包人应确保分包人具有相应的资质和能力。工程分包不减轻或免除承包人的责任和义务，承包人和分包人就分包工程向发包人承担连带责任。除合同另有约定外，承包人应在分包合同签订后 7 天内向发包人和监理人提交分包合同副本。

承包人应向监理人提交分包人的主要施工管理人员表，并对分包人的施工人员进行实名制管理，包括但不限于进出场管理、登记造册及各种证照的办理。

除双方约定生效法律文书要求发包人向分包人支付分包合同价款的，发包人有权从应付承包人工程款中扣除该部分款项，或专用合同条款另有约定，分包合同价款由承包人与分包人结算，未经承包人同意，发包人不得向分包人支付分包工程价款。

④ 工程照管与成品、半成品保护。

除专用合同条款另有约定外，自发包人向承包人移交施工现场之日起，承包人应负责照管工程及工程相关的材料、工程设备，直到颁发工程接收证书之日止。

在承包人负责照管期间，因承包人原因造成工程材料、工程设备损坏的，由承包人负责修复或更换，并承担由此增加的费用和（或）延误的工期。

对合同内分期完成的成品和半成品，在工程接收证书颁发前，由承包人承担保护责任。因承包人原因造成成品或半成品损坏的，由承包人负责修复或更换，并承担由此增加的费用和（或）延误的工期。

⑤ 履约担保。

发包人需要承包人提供履约担保的，由合同当事人在专用合同条款中约定履约担保的方式、金额及期限等。履约担保可以采用银行保函或担保公司担保等形式，具体由合同当事人在专用合同条款中约定。

因承包人原因导致工期延长的，继续提供履约担保所增加的费用由承包人承担；非因承包人原因导致工期延长的，继续提供履约担保所增加的费用由发包人承担。

⑥ 联合体要求。

联合体各方应共同与发包人签订联合体协议。联合体各方应为履行合同向发包人承担连带责任。联合体协议经发包人确认后作为合同附件。在履行合同过程中，未经发包人同意，不得修改联合体协议。联合体牵头人负责与发包人和监理人联系，并接受指示，负责组织联合体各成员全面履行合同。

3. 项目经理

（1）项目经理的产生。

项目经理应为合同当事人所确认的人选，并在专用合同条款中明确项目经理的姓名、职称、注册执业证书编号、联系方式及授权范围等事项，项目经理经承包人授权后代表承包人负责履行合同。项目经理应是承包人正式聘用的员工，承包人应向发包人提交项目经理与承包人之间的劳动合同，以及承包人为项目经理缴纳社会保险的有效证明。承包人不提交上述文件的，项目经理无权履行职责，发包人有权要求更换项目经理，由此增加的费用和（或）延误的工期由承包人承担。

（2）项目经理的更换。

承包人需要更换项目经理的，应提前14天书面通知发包人和监理人，并征得发包人书面同意。通知中应当载明继任项目经理的注册执业资格、管理经验等资料，继任项目经理继续履行约定的项目经理职责。未经发包人书面同意，承包人不得擅自更换项目经理。承包人擅自更换项目经理的，应按照专用合同条款的约定承担违约责任。

发包人有权书面通知承包人更换其认为不称职的项目经理，通知中应当载明要求更换的理由。承包人应在接到更换通知后14天内向发包人提出书面的改进报告。发包人收到改进报告后仍要求更换的，承包人应在接到第二次更换通知后 28 天内进行更换，并将新任命的项目经理的注册执业资格、管理经验等资料书面通知发包人。继任项目经理继续履行约定的项目经理职责。承包人无正当理由拒绝更换项目经理的，应按照专用合同条款的约定承担违约责任。

（3）项目经理的职责。

① 驻地要求。项目经理应常驻施工现场，且每月在施工现场时间不得少于专用合同条款约定的天数。项目经理不得同时担任其他项目的项目经理。项目经理确需离开施工现场时，应事先通知监理人，并取得发包人的书面同意。项目经理的通知中应当载明临时代行其职责的人员的注册执业资格、管理经验等资料，该人员应具备履行相应职责的能力。

承包人违反上述约定的，应按照专用合同条款的约定，承担违约责任。

② 组织施工。项目经理按合同约定组织工程实施。在紧急情况下，为确保施工安全和人员安全，在无法与发包人代表和总监理工程师及时取得联系时，项目经理有权采取必要的措施保证与工程有关的人身、财产和工程的安全，但应在 48 小时内向发包人代表和总监理工程师提交书面报告。

项目经理因特殊情况授权其下属人员履行其某项工作职责的，该下属人员应具备履行相应职责的能力，并应提前 7 天将上述人员的姓名和授权范围书面通知监理人，并征得发包人书面同意。

4. 监理人

（1）监理人的一般规定。

工程实行监理的，发包人和承包人应在专用合同条款中明确监理人的监理内容及监理权限等事项。监理人应当根据发包人授权及法律规定，代表发包人对工程施工相关事项进行检查、查验、审核、验收，并签发相关指示，但监理人无权修改合同，且无权减轻或免除合同约定的承包人的任何责任与义务。除专用合同条款另有约定外，监理人在施工现场的办公场所、生活场所由承包人提供，所发生的费用由发包人承担。

（2）监理人员要求。

发包人授予监理人对工程实施监理的权利由监理人派驻施工现场的监理人员行使，监理人员包括总监理工程师及监理工程师。监理人应将授权的总监理工程师和监理工程师的姓名及授权范围以书面形式提前通知承包人。更换总监理工程师的，监理人应提前 7 天书面通知承包人；更换其他监理人员，监理人应提前 48 小时书面通知承包人。

（3）监理人的指示。

监理人应按照发包人的授权发出监理指示。监理人的指示应采用书面形式，并经其授权的监理人员签字。在紧急情况下，为了保证施工人员的安全或避免工程受损，监理人员可以口头形式发出指示，该指示与书面形式的指示具有同等法律效力，但必须在发出口头指示后 24 小时内补发书面监理指示，补发的书面监理指示应与口头指示一致。

监理人发出的指示应送达承包人项目经理或经项目经理授权接收的人员。因监理人未能按合同约定发出指示、指示延误或发出了错误指示而导致承包人费用增加和（或）工期延误的，由发包人承担相应责任。

承包人对监理人发出的指示有疑问的，应向监理人提出书面异议，监理人应在 48 小时内对该指示予以确认、更改或撤销，监理人逾期未回复的，承包人有权拒绝执行上述指示。监理人对承包人的任何工作、工程或其采用的材料和工程设备未在约定的或合理期限内提出意见的，视为批准，但不免除或减轻承包人对该工作、工程、材料、工程设备等应承担的责任和义务。

（4）商定或确定。

合同当事人进行商定或确定时，总监理工程师应当会同合同当事人尽量通过协商达成一致，不能达成一致的，由总监理工程师按照合同约定审慎做出公正的确定。

总监理工程师应将确定以书面形式通知发包人和承包人，并附详细依据。合同当事人对总监理工程师的确定没有异议的，按照总监理工程师的确定执行。任何一方合同当事人有异议，按照争议解决约定处理。争议解决前，合同当事人暂按总监理工程师的确定执行；争议解决后，争议解决的结果与总监理工程师的确定不一致的，按照争议解决的结果执行，由此造成的损失由责任人承担。

5.4.2 施工合同中有关工程质量的管理

工程施工中的质量管理是施工合同履行中的重要环节。施工合同的质量管理涉及许多方面的因素，任何一个方面的缺陷和疏漏，都会使工程质量无法达到预期的标准。《示范文本》中的大量条款都与工程质量有关。项目经理必须严格按照合同的约定抓好施工质量，施工质量好坏是衡量项目经理管理水平的重要标准。

施工合同中有关工程质量的管理

建筑施工企业的经理，要对本企业的工程质量负责，并建立有效的质量保证体系。施工企业的总工程师和技术负责人要协助经理管好质量工作。施工企业应当逐级建立质量责任制。项目经理（现场负责人）要对本施工现场内所有单位工程的质量负责；土建工程师要对单位工程质量负责；生产班组要对分项工程质量负责。现场施工人员、工长、质量检验员和关键工种工人必须经过考核取得岗位证书后，方可上岗。企业内各级职能部门必须按企业规定对各自的工作质量负责。

1. 质量要求

（1）工程质量标准必须符合现行国家有关工程施工质量验收规范和标准的要求。有关工程质量的特殊标准或要求由合同当事人在专用合同条款中约定。

（2）因发包人原因造成工程质量未达到合同约定标准的，由发包人承担由此增加的费用和（或）延误的工期，并支付承包人合理的利润。

（3）因承包人原因造成工程质量未达到合同约定标准的，发包人有权要求承包人返工直至工程质量达到合同约定的标准为止，并由承包人承担由此增加的费用和（或）延误的工期。

2. 质量保证措施

（1）发包人的质量管理。

发包人应按照法律规定及合同约定完成与工程质量有关的各项工作。

（2）承包人的质量管理。

承包人按照施工组织设计约定向发包人和监理人提交工程质量保证体系及措施文件，

建立完善的质量检查制度，并提交相应的工程质量文件。对于发包人和监理人违反法律规定和合同约定的错误指示，承包人有权拒绝实施。

承包人应对施工人员进行质量教育和技术培训，定期考核施工人员的劳动技能，严格执行施工规范和操作规程。

承包人应按照法律规定和发包人的要求，对材料、工程设备及工程的所有部位及其施工工艺进行全过程的质量检查和检验，并作详细记录，编制工程质量报表，报送监理人审查。此外，承包人还应按照法律规定和发包人的要求，进行施工现场取样试验、工程复核测量和设备性能检测，提供试验样品、提交试验报告和测量成果及其他工作。

（3）监理人的质量检查和检验。

监理人按照法律规定和发包人授权对工程的所有部位及其施工工艺、材料和工程设备进行检查和检验。承包人应为监理人的检查和检验提供方便，包括监理人到施工现场，或到制造、加工地点，或合同约定的其他地方进行察看和查阅施工原始记录。监理人为此进行的检查和检验，不免除或减轻承包人按照合同约定应当承担的责任。

监理人的检查和检验不应影响施工正常进行。监理人的检查和检验影响施工正常进行的，且经检查或检验不合格的，影响正常施工的费用由承包人承担，工期不予顺延；经检查或检验合格的，由此增加的费用和（或）延误的工期由发包人承担。

3. 隐蔽工程检查

（1）承包人自检。

承包人应当对工程隐蔽部位进行自检，并经自检确认是否具备覆盖条件。

（2）检查程序。

除专用合同条款另有约定外，工程隐蔽部位经承包人自检确认具备覆盖条件的，承包人应在共同检查前48小时书面通知监理人检查，通知中应载明隐蔽工程检查的内容、时间和地点，并应附有自检记录和必要的检查资料。

监理人应按时到场并对隐蔽工程及其施工工艺、材料和工程设备进行检查。经监理人检查确认质量符合隐蔽要求，并在验收记录上签字后，承包人才能进行覆盖。经监理人检查质量不合格的，承包人应在监理人指示的时间内完成修复，并由监理人重新检查，由此增加的费用和（或）延误的工期由承包人承担。

除专用合同条款另有约定外，监理人不能按时进行检查的，应在检查前24小时向承包人提交书面延期要求，但延期不能超过48小时，由此导致工期延误的，工期应予以顺延。监理人未按时进行检查，也未提出延期要求的，视为隐蔽工程检查合格，承包人可自行完成覆盖工作，并做相应记录报送监理人，监理人应签字确认。监理人事后对检查记录有疑问的，可按重新检查的约定重新检查。

（3）重新检查。

承包人覆盖工程隐蔽部位后，发包人或监理人对质量有疑问的，可要求承包人对已覆盖的部位进行钻孔探测或揭开重新检查，承包人应遵照执行，并在检查后重新覆盖恢复原状。经检查证明工程质量符合合同要求的，由发包人承担由此增加的费用和（或）延误的工期，并支付承包人合理的利润；经检查证明工程质量不符合合同要求的，由此增加的费用和（或）延误的工期由承包人承担。

（4）承包人私自覆盖。

承包人未通知监理人到场检查，私自将工程隐蔽部位覆盖的，监理人有权指示承包人钻孔探测或揭开检查，无论工程隐蔽部位质量是否合格，由此增加的费用和（或）延误的工期均由承包人承担。

4. 不合格工程的处理

（1）因承包人原因造成工程不合格的，发包人有权随时要求承包人采取补救措施，直至达到合同要求的质量标准，由此增加的费用和（或）延误的工期由承包人承担。无法补救的，按照拒绝接收全部或部分工程约定执行。

（2）因发包人原因造成工程不合格的，由此增加的费用和（或）延误的工期由发包人承担，并支付承包人合理的利润。

5. 质量争议检测

合同当事人对工程质量有争议的，由双方协商确定的工程质量检测机构鉴定，由此产生的费用及因此造成的损失，由责任方承担。合同当事人均有责任的，由双方根据其责任分别承担。合同当事人无法达成一致的，按照商定或确定执行。

6. 安全文明施工与环境保护

（1）安全文明施工。

在安全生产方面，合同履行期间，合同当事人均应当遵守国家和工程所在地有关安全生产的要求，合同当事人有特别要求的，应在专用合同条款中明确施工项目安全生产标准化达标目标及相应事项。承包人有权拒绝发包人及监理人强令承包人违章作业、冒险施工的任何指示。在施工过程中，如遇到突发的地质变动、事先未知的地下施工障碍等影响施工安全的紧急情况，承包人应及时报告监理人和发包人，发包人应当及时下令停工并报政府有关行政管理部门采取应急措施。因安全生产需要暂停施工的，按照暂停施工的约定执行。

在安全生产保证措施方面，承包人应当按照有关规定编制安全技术措施或者专项施工方案，建立安全生产责任制度、治安保卫制度及安全生产教育培训制度，并按安全生产法律规定及合同约定履行安全职责，如实编制工程安全生产的有关记录，接受发包人、监理人及政府安全监督部门的检查与监督。

在特别安全生产事项方面，承包人应按照法律规定进行施工，开工前做好安全技术交底工作，施工过程中做好各项安全防护措施。承包人为实施合同而雇用的特殊工种的人员应受过专门的培训并已取得政府有关管理机构颁发的上岗证书。

承包人在动力设备、输电线路、地下管道、密封防震车间、易燃易爆地段及临街交通要道附近施工时，施工开始前应向发包人和监理人提出安全防护措施，经发包人认可后实施。实施爆破作业，在放射、毒害性环境中施工（含储存、运输、使用）及使用毒害性、腐蚀性物品施工时，承包人应在施工前 7 天以书面通知发包人和监理人，并报送相应的安全防护措施，经发包人认可后实施。

需单独编制危险性较大分部分项专项工程施工方案的，以及要求进行专家论证的超过一定规模的危险性较大的分部分项工程，承包人应及时编制和组织论证。

发包人应负责赔偿以下情况造成的损失：工程或工程的任何部分对土地的占用所造成的第三者财产损失；由于发包人原因在施工场地及其毗邻地带造成的第三者人身伤亡和财产损失；由于发包人原因对承包人、监理人造成的人员人身伤亡和财产损失；由于发包人原因造成的发包人自身人员的人身伤害和财产损失。

由于承包人原因在施工场地内及其毗邻地带造成的发包人、监理人及第三者人员伤亡和财产损失，由承包人负责赔偿。

（2）职业健康。

承包人应按照法律规定安排现场施工人员的劳动和休息时间，保障劳动者的休息时间，并支付合理的报酬和费用。承包人应按照法律规定保障现场施工人员的劳动安全，提供劳动保护，并应按国家有关劳动保护的规定，采取有效的防止粉尘、降低噪声、控制有害气体和保障高温、高寒、高空作业安全等劳动保护措施。承包人雇用人员在施工中受到伤害的，承包人应立即采取有效措施进行抢救和治疗。承包人应按法律规定安排工作时间，保证其雇用人员享有休息和休假的权利。因工程施工的特殊需要占用休假日或延长工作时间的，应不超过法律规定的限度，并按法律规定给予补休或付酬。

承包人应为其履行合同所雇用的人员提供必要的膳宿条件和生活环境；承包人应采取有效措施预防传染病，保证施工人员的健康，并定期对施工现场、施工人员生活基地和工程进行防疫和卫生的专业检查和处理，在远离城镇的施工场地，还应配备必要的伤病防治和急救的医务人员与医疗设施。

（3）环境保护。

承包人应在施工组织设计中列明环境保护的具体措施。在合同履行期间，承包人应采取合理措施保护施工现场环境。对施工作业过程中可能引起的大气、水、噪声及固体废物污染采取具体可行的防范措施。

承包人应当承担因其原因引起的环境污染侵权损害赔偿责任，因上述环境污染引起纠纷而导致暂停施工的，由此增加的费用和（或）延误的工期由承包人承担。

7. 材料与设备

（1）发包人供应材料和工程设备。

发包人自行供应材料和工程设备的，应在签订合同时在专用合同条款的附件2发包人供应材料设备一览表中明确材料和工程设备的品种、规格、型号、数量、单价、质量等级和送达地点。承包人应提前30天通过监理人以书面形式通知发包人供应材料和工程设备进场。承包人按照约定修订施工进度计划时，需同时提交经修订后的发包人供应材料和工程设备的进场计划。

发包人应按发包人供应材料设备一览表约定的内容提供材料和工程设备，并向承包人提供产品合格证明及出厂证明，对其质量负责。发包人应提前24小时以书面形式通知承包人、监理人材料和工程设备到货时间，承包人负责材料和工程设备的清点、检验和接收。发包人提供的材料和工程设备的规格、数量或质量不符合合同约定的，或因发包人原因导致交货日期延误或交货地点变更等情况的，按照发包人违约约定办理。

发包人供应的材料和工程设备，承包人清点后由承包人妥善保管，保管费用由发包人承担，但已标价工程量清单或预算书已经列支或专用合同条款另有约定除外。因承包人原因发生丢失毁损的，由承包人负责赔偿；监理人未通知承包人清点的，承包人不负责材料和工程设备的保管，由此导致丢失毁损的由发包人负责。发包人供应的材料和工程设备使用前，由承包人负责检验，检验费用由发包人承担，不合格的不得使用。

（2）承包人采购材料和工程设备。

承包人负责采购材料和工程设备的，应按照设计和有关标准要求采购，并提供产品合格证明及出厂证明，对材料和工程设备质量负责。合同约定由承包人采购的材料和工程设备，发包人不得指定生产厂家或供应商，发包人违反本款约定指定生产厂家或供应商的，承包人有权拒绝，并由发包人承担相应责任。

承包人采购的材料和工程设备，应保证产品质量合格，承包人应在材料和工程设备到货前 24 小时通知监理人检验。承包人进行永久设备、材料的制造和生产的，应符合相关质量标准，并向监理人提交材料的样本及有关资料，并应在使用该材料或工程设备之前获得监理人同意。

承包人采购的材料和工程设备不符合设计或有关标准要求时，承包人应在监理人要求的合理期限内将不符合设计或有关标准要求的材料、工程设备运出施工现场，并重新采购符合要求的材料、工程设备，由此增加的费用和（或）延误的工期，由承包人承担。

承包人采购的材料和工程设备由承包人妥善保管，保管费用由承包人承担。法律规定材料和工程设备使用前必须进行检验或试验的，承包人应按监理人的要求进行检验或试验，检验或试验费用由承包人承担，不合格的不得使用。

发包人或监理人发现承包人使用不符合设计或有关标准要求的材料和工程设备时，有权要求承包人进行修复、拆除或重新采购，由此增加的费用和（或）延误的工期，由承包人承担。

（3）禁止使用不合格的材料和工程设备。

监理人有权拒绝承包人提供的不合格材料或工程设备，并要求承包人立即进行更换。监理人应在更换后再次进行检查和检验，由此增加的费用和（或）延误的工期由承包人承担。

监理人发现承包人使用了不合格的材料或工程设备，承包人应按照监理人的指示立即改正，并禁止在工程中继续使用不合格的材料或工程设备。

发包人提供的材料或工程设备不符合合同要求的，承包人有权拒绝，并可要求发包人更换，由此增加的费用和（或）延误的工期由发包人承担，并支付承包人合理的利润。

（4）材料和工程设备的替代。

承包人应在使用替代材料和工程设备 28 天前书面通知监理人，并附下列文件：被替代的材料和工程设备的名称、数量、规格、型号、品牌、性能、价格及其他相关资料；替代品的名称、数量、规格、型号、品牌、性能、价格及其他相关资料；替代品与被替代产品之间的差异及使用替代品可能对工程产生的影响；替代品与被替代产品的价格差异；使用替代品的理由和原因说明；监理人要求的其他文件。

监理人应在收到通知后 14 天内向承包人发出经发包人签认的书面指示；监理人逾期发出书面指示的，视为发包人和监理人同意使用替代品。对发包人认可使用替代材料和工程设备的，替代材料和工程设备的价格，按照已标价工程量清单或预算书相同项目的价格认定；无相同项目的，参考相似项目价格认定；既无相同项目也无相似项目的，按照合理的成本与利润构成的原则，由合同当事人按照商定或确定条款确定价格。

（5）施工设备和临时设施。

① 承包人提供的施工设备和临时设施。承包人应按合同进度计划的要求，及时配置施工设备和修建临时设施。进入施工场地的承包人设备需经监理人核查后才能投入使用。承包人更换合同约定的承包人设备的，应报监理人批准。除专用合同条款另有约定外，承

包人应自行承担修建临时设施的费用，需要临时占地的，应由发包人办理申请手续并承担相应费用。

② 发包人提供的施工设备和临时设施。发包人提供的施工设备和临时设施在专用合同条款中约定。

③ 要求承包人增加或更换施工设备。承包人使用的施工设备不能满足合同进度计划和（或）质量要求时，监理人有权要求承包人增加或更换施工设备，承包人应及时增加或更换，由此增加的费用和（或）延误的工期由承包人承担。

（6）材料与设备专用要求。

承包人运入施工现场的材料、工程设备、施工设备及在施工场地建设的临时设施，包括备品备件、安装工具与资料，必须专用于工程。未经发包人批准，承包人不得运出施工现场或挪作他用；经发包人批准，承包人可以根据施工进度计划撤走闲置的施工设备和其他物品。

8. 试验与检验

（1）试验设备与试验人员。

承包人根据合同约定或监理人指示进行的现场材料试验，应由承包人提供试验场所、试验人员、试验设备及其他必要的试验条件。监理人在必要时可以使用承包人提供的试验场所、试验设备及其他试验条件，进行以工程质量检查为目的的材料复核试验，承包人应予以协助。

承包人应按专用合同条款的约定提供试验设备、取样装置、试验场所和试验条件，并向监理人提交相应进场计划表。

承包人配置的试验设备要符合相应试验规程的要求并经过具有资质的检测单位检测，且在正式使用该试验设备前，需要经过监理人与承包人共同校定。

承包人应向监理人提交试验人员的名单及其岗位、资格等证明资料，试验人员必须能够熟练进行相应的检测试验，承包人对试验人员的试验程序和试验结果的正确性负责。

（2）取样。

试验属于自检性质的，承包人可以单独取样。试验属于监理人抽检性质的，可由监理人取样，也可由承包人的试验人员在监理人的监督下取样。

（3）材料、工程设备和工程的试验和检验。

承包人应按合同约定进行材料、工程设备和工程的试验和检验，并为监理人对上述材料、工程设备和工程的质量检查提供必要的试验资料和原始记录。按合同约定应由监理人与承包人共同进行试验和检验的，由承包人负责提供必要的试验资料和原始记录。

试验属于自检性质的，承包人可以单独进行试验。试验属于监理人抽检性质的，监理人可以单独进行试验，也可由承包人与监理人共同进行。承包人对由监理人单独进行的试验结果有异议的，可以申请重新共同进行试验。约定共同进行试验的，监理人未按照约定参加试验的，承包人可自行试验，并将试验结果报送监理人，监理人应承认该试验结果。

监理人对承包人的试验和检验结果有异议的，或为查清承包人试验和检验成果的可靠性要求承包人重新试验和检验的，可由监理人与承包人共同进行。重新试验和检验的结果证明该项材料、工程设备或工程的质量不符合合同要求的，由此增加的费用和（或）延误的工期由承包人承担；重新试验和检验结果证明该项材料、工程设备和工程符合合同要求的，由此增加的费用和（或）延误的工期由发包人承担。

（4）现场工艺试验。

承包人应按合同约定或监理人指示进行现场工艺试验。对大型的现场工艺试验，监理人认为必要时，承包人应根据监理人提出的工艺试验要求，编制工艺试验措施计划，报送监理人审查。

9. 变更

（1）变更的范围。

除专用合同条款另有约定外，合同履行过程中发生以下情形的，应按照本条约定进行变更。

① 增加或减少合同中任何工作，或追加额外的工作。

② 取消合同中任何工作，但转由他人实施的工作除外。

③ 改变合同中任何工作的质量标准或其他特性。

④ 改变工程的基线、标高、位置和尺寸。

⑤ 改变工程的时间安排或实施顺序。

（2）变更权。

发包人和监理人均可以提出变更。变更指示均通过监理人发出，监理人发出变更指示前应征得发包人同意。承包人收到经发包人签认的变更指示后，方可实施变更。未经许可，承包人不得擅自对工程的任何部分进行变更。

涉及设计变更的，应由设计人提供变更后的图纸和说明。如变更超过原设计标准或批准的建设规模时，发包人应及时办理规划、设计变更等审批手续。

（3）变更程序。

① 发包人提出变更。发包人提出变更的，应通过监理人向承包人发出变更指示，变更指示应说明计划变更的工程范围和变更的内容。

② 监理人提出变更建议。监理人提出变更建议的，需要向发包人以书面形式提出变更计划，说明计划变更工程范围和变更的内容、理由，以及实施该变更对合同价格和工期的影响。发包人同意变更的，由监理人向承包人发出变更指示。发包人不同意变更的，监理人无权擅自发出变更指示。

③ 变更执行。承包人收到监理人下达的变更指示后，认为不能执行，应立即提出不能执行该变更指示的理由。承包人认为可以执行变更的，应当书面说明实施该变更指示对合同价格和工期的影响，且合同当事人应当按照变更估价调整约定确定变更估价。

10. 验收和工程试车

（1）竣工验收条件。

工程具备以下条件的，承包人可以申请竣工验收。

① 除发包人同意的甩项工作和缺陷修补工作外，合同范围内的全部工程及有关工作，包括合同要求的试验、试运行及检验均已完成，并符合合同要求。

② 已按合同约定编制了甩项工作和缺陷修补工作清单及相应的施工计划。

③ 已按合同约定的内容和份数备齐竣工资料。

（2）竣工验收程序。

除专用合同条款另有约定外，承包人申请竣工验收的，应当按照以下程序进行。

① 承包人向监理人报送竣工验收申请报告，监理人应在收到竣工验收申请报告后 14 天内完成审查并报送发包人。监理人审查后认为尚不具备验收条件的，应通知承包人在竣工验收前承包人还需完成的工作内容，承包人应在完成监理人通知的全部工作内容后，再次提交竣工验收申请报告。

② 监理人审查后认为已具备竣工验收条件的，应将竣工验收申请报告提交发包人，发包人应在收到经监理人审核的竣工验收申请报告后 28 天内审批完毕并组织监理人、承包人、设计人等相关单位完成竣工验收。

③ 竣工验收合格的，发包人应在验收合格后 14 天内向承包人签发工程接收证书。发包人无正当理由逾期不颁发工程接收证书的，自验收合格后第 15 天起视为已颁发工程接收证书。

④ 竣工验收不合格的，监理人应按照验收意见发出指示，要求承包人对不合格工程返工、修复或采取其他补救措施，由此增加的费用和（或）延误的工期由承包人承担。承包人在完成不合格工程的返工、修复或采取其他补救措施后，应重新提交竣工验收申请报告，并按本项约定的程序重新进行验收。

⑤ 工程未经验收或验收不合格，发包人擅自使用的，应在转移占有工程后 7 天内向承包人颁发工程接收证书；发包人无正当理由逾期不颁发工程接收证书的，自转移占有后第 15 天起视为已颁发工程接收证书。

除专用合同条款另有约定外，发包人不按照本项约定组织竣工验收、颁发工程接收证书的，每逾期一天，应以签约合同价为基数，按照中国人民银行发布的同期同类贷款基准利率支付违约金。

（3）竣工日期。

工程经竣工验收合格的，以承包人提交竣工验收申请报告之日为实际竣工日期，并在工程接收证书中载明；因发包人原因，未在监理人收到承包人提交的竣工验收申请报告 42 天内完成竣工验收，或完成竣工验收不予签发工程接收证书的，以提交竣工验收申请报告之日为实际竣工日期；工程未经竣工验收，发包人擅自使用的，以转移占有工程之日为实际竣工日期。

（4）拒绝接收全部或部分工程。

对于竣工验收不合格的工程，承包人完成整改后，应当重新进行竣工验收，经重新组织验收仍不合格的且无法采取措施补救的，则发包人可以拒绝接收不合格工程，因不合格工程导致其他工程不能正常使用的，承包人应采取措施确保相关工程的正常使用，由此增加的费用和（或）延误的工期由承包人承担。

（5）移交、接收全部与部分工程。

除专用合同条款另有约定外，合同当事人应当在颁发工程接收证书后 7 天内完成工程的移交。发包人无正当理由不接收工程的，发包人自应当接收工程之日起，承担工程照管、成品保护、保管等与工程有关的各项费用，合同当事人可以在专用合同条款中另行约定发包人逾期接收工程的违约责任。

承包人无正当理由不移交工程的，承包人应承担工程照管、成品保护、保管等与工程有关的各项费用，合同当事人可以在专用合同条款中另行约定承包人无正当理由不移交工程的违约责任。

（6）工程试车。

① 试车程序。工程需要试车的，除专用合同条款另有约定外，试车内容应与承包人承包范围相一致，试车费用由承包人承担。工程试车应按如下程序进行。

具备单机无负荷试车条件的，承包人组织试车，并在试车前 48 小时书面通知监理人，通知中应载明试车内容、时间、地点。承包人准备试车记录，发包人根据承包人要求为试车提供必要条件。试车合格的，监理人在试车记录上签字。监理人在试车合格后不在试车记录上签字，自试车结束满 24 小时后视为监理人已经认可试车记录，承包人可继续施工或办理竣工验收手续。

监理人不能按时参加试车，应在试车前 24 小时以书面形式向承包人提出延期要求，但延期不能超过 48 小时，由此导致工期延误的，工期应予以顺延。监理人未能在前述期限内提出延期要求，又不参加试车的，视为认可试车记录。

具备无负荷联动试车条件的，发包人组织试车，并在试车前 48 小时以书面形式通知承包人。通知中应载明试车内容、时间、地点和对承包人的要求，承包人按要求做好准备工作。试车合格的，合同当事人在试车记录上签字。承包人无正当理由不参加试车的，视为认可试车记录。

② 试车中的责任。因设计原因导致试车达不到验收要求的，发包人应要求设计人修改设计，承包人按修改后的设计重新安装。发包人承担修改设计、拆除及重新安装的全部费用，工期相应顺延。因承包人原因导致试车达不到验收要求的，承包人按监理人要求重新安装和试车，并承担重新安装和试车的费用，工期不予顺延。

因工程设备制造原因导致试车达不到验收要求的，由采购该工程设备的合同当事人负责修理或重新购置，承包人负责拆除和重新安装，由此增加的修理、重新购置、拆除及重新安装的费用及延误的工期由采购该工程设备的合同当事人承担。

③ 投料试车。如需进行投料试车的，发包人应在工程竣工验收后组织投料试车。发包人要求在工程竣工验收前进行或需要承包人配合时，应征得承包人同意，并在专用合同条款中约定有关事项。投料试车合格的，费用由发包人承担；因承包人原因造成投料试车不合格的，承包人应按照发包人要求进行整改，由此产生的整改费用由承包人承担；非因承包人原因导致投料试车不合格的，如发包人要求承包人进行整改的，由此产生的费用由发包人承担。

（7）提前交付单位工程的验收。

发包人需要在工程竣工前使用单位工程的，或承包人提出提前交付已经竣工的单位工程且经发包人同意的，可进行单位工程验收，验收的程序按照竣工验收的约定进行。验收合格后，由监理人向承包人出具经发包人签认的单位工程接收证书。已签发单位工程接收证书的单位工程由发包人负责照管。单位工程的验收成果和结论作为整体工程竣工验收申请报告的附件。

发包人要求在工程竣工前交付单位工程，由此导致承包人费用增加和（或）工期延误的，由发包人承担由此增加的费用和（或）延误的工期，并支付承包人合理的利润。

（8）施工期运行。

施工期运行是指合同工程尚未全部竣工，其中某项或某几项单位工程或工程设备安装已竣工，根据专用合同条款约定，需要投入施工期运行的，经发包人按提前交付单位工程的验收的约定验收合格，证明能确保安全后，才能在施工期投入运行。

在施工期运行中发现工程或工程设备损坏或存在缺陷的，由承包人按缺陷责任期约定进行修复。

（9）竣工退场与地表还原。

① 竣工退场。颁发工程接收证书后，承包人应按以下要求对施工现场进行清理：施工现场内残留的垃圾已全部清除出场；临时工程已拆除，场地已进行清理、平整或复原；按合同约定应撤离的人员、承包人施工设备和剩余的材料，包括废弃的施工设备和材料，已按计划撤离施工现场；施工现场周边及其附近道路、河道的施工堆积物，已全部清理；施工现场其他场地清理工作已全部完成。

施工现场的竣工退场费用由承包人承担。承包人应在专用合同条款约定的期限内完成竣工退场，逾期未完成的，发包人有权出售或另行处理承包人遗留的物品，由此支出的费用由承包人承担，发包人出售承包人遗留物品所得款项在扣除必要费用后应返还承包人。

② 地表还原。承包人应按发包人要求恢复临时占地及清理场地，承包人未按发包人的要求恢复临时占地，或者场地清理未达到合同约定要求的，发包人有权委托其他人恢复或清理，所发生的费用由承包人承担。

11. 缺陷责任期与保修

（1）工程保修的原则。

在工程移交发包人后，因承包人原因产生的质量缺陷，承包人应承担质量缺陷责任和保修义务。缺陷责任期届满，承包人仍应按合同约定的工程各部位保修年限承担保修义务。

（2）缺陷责任期。

缺陷责任期自实际竣工日期起计算，合同当事人应在专用合同条款中约定缺陷责任期的具体期限，但该期限最长不超过 24 个月。

单位工程先于全部工程进行验收，经验收合格并交付使用的，该单位工程缺陷责任期自单位工程验收合格之日起计算。因承包人原因导致工程无法按合同约定期限进行竣工验收的，缺陷责任期从实际通过竣工验收之日起计算。因发包人原因导致工程无法按合同约定期限进行竣工验收的，在承包人提交竣工验收申请报告 90 天后，工程自动进入缺陷责任期；发包人未经竣工验收擅自使用工程的，缺陷责任期自工程转移占有之日起计算。

工程竣工验收合格后，由承包人原因导致的缺陷或损坏致使工程、单位工程或某项主要设备不能按原定目的使用的，发包人有权要求承包人延长缺陷责任期，并应在原缺陷责任期届满前发出延长通知，但缺陷责任期（含延长部分）最长不能超过 24 个月。

任何一项缺陷或损坏修复后，经检查证明其影响了工程或工程设备的使用性能，承包人应重新进行合同约定的试验和试运行，试验和试运行的全部费用应由责任方承担。

除专用合同条款另有约定外，承包人应于缺陷责任期届满后 7 天内向发包人发出缺陷责任期届满通知，发包人应在收到缺陷责任期届满通知后 14 天内核实承包人是否履行缺陷修复义务，承包人未能履行缺陷修复义务的，发包人有权扣除相应金额的维修费用。发包人应在收到缺陷责任期届满通知后 14 天内，向承包人颁发缺陷责任期终止证书。

（3）保修。

① 保修责任。在工程保修期内，承包人应当根据有关法律规定及合同约定承担保修责任。

② 工程质量保修范围与保修期。工程质量保修范围是国家强制性的规定，合同当事人不能约定缩小国家规定的工程质量保修范围。工程质量保修的内容由当事人在合同中约定。保修期从工程竣工验收合格之日起算。发包人未经竣工验收擅自使用工程的，保修期自转移占有之日起算。分单项竣工验收的工程，按单项工程分别计算保修期，其中部分工程的最低保修期如下。

a. 基础设施工程、房屋建筑的地基基础工程和主体结构工程，为设计文件规定的该工程合理使用年限。

b. 屋面防水工程、有防水要求的卫生间、房间和外墙面的防渗漏，为5年。

c. 供热与供冷系统，为2个采暖期、供冷期。

d. 电气管线、给排水管道、设备安装和装修工程为2年，其他项目的保修期由发包人和承包人约定。

③ 修复费用。保修期内，修复的费用按照以下约定处理。

a. 在保修期内，因承包人原因造成工程的缺陷、损坏，承包人应负责修复，并承担修复的费用及因工程的缺陷、损坏造成的人身伤害和财产损失。

b. 在保修期内，因发包人使用不当造成工程的缺陷、损坏，可以委托承包人修复，但发包人应承担修复的费用，并支付承包人合理利润。

c. 因其他原因造成工程的缺陷、损坏，可以委托承包人修复，发包人应承担修复的费用，并支付承包人合理的利润，因工程的缺陷、损坏造成的人身伤害和财产损失由责任方承担。

④ 修复通知。在保修期内，发包人在使用过程中，发现已接收的工程存在缺陷或损坏的，应书面通知承包人予以修复，但情况紧急必须立即修复缺陷或损坏的，发包人可以口头通知承包人并在口头通知后48小时内书面确认，承包人应在专用合同条款约定的合理期限内到达工程现场并修复缺陷或损坏。

⑤ 未能修复。因承包人原因造成工程的缺陷或损坏，承包人拒绝维修或未能在合理期限内修复缺陷或损坏，且经发包人书面催告后仍未修复的，发包人有权自行修复或委托第三方修复，所需费用由承包人承担。但修复范围超出缺陷或损坏范围的，超出范围部分的修复费用由发包人承担。

⑥ 承包人出入权。在保修期内，为了修复缺陷或损坏，承包人有权出入工程现场，除情况紧急必须立即修复缺陷或损坏外，承包人应提前24小时通知发包人进场修复的时间。承包人进入工程现场前应获得发包人同意，且不应影响发包人正常的生产经营，并应遵守发包人有关保安和保密等规定。

12. 不可抗力

（1）不可抗力的确认。

不可抗力是指合同当事人在签订合同时不可预见，在合同履行过程中不可避免且不能克服的自然灾害和社会性突发事件，如地震、海啸、瘟疫、骚乱、戒严、暴动、战争和专用合同条款中约定的其他情形。

不可抗力发生后，发包人和承包人应收集证明不可抗力发生及不可抗力造成损失的证据，并及时认真统计所造成的损失。合同当事人对是否属于不可抗力或其损失的意见不一致的，由监理人按商定或确定的约定处理。发生争议时，按争议解决的约定处理。

（2）不可抗力的通知。

合同一方当事人遇到不可抗力事件，使其履行合同义务受到阻碍时，应立即通知合同另一方当事人和监理人，书面说明不可抗力和受阻碍的详细情况，并提供必要的证明。

不可抗力持续发生的，合同一方当事人应及时向合同另一方当事人和监理人提交中间报告，说明不可抗力和履行合同受阻的情况，并于不可抗力事件结束后 28 天内提交最终报告及有关资料。

（3）不可抗力后果的承担。

不可抗力引起的后果及造成的损失由合同当事人按照法律规定及合同约定各自承担。不可抗力发生前已完成的工程应当按照合同约定进行计量支付。

不可抗力导致的人员伤亡、财产损失、费用增加和（或）工期延误等后果，由合同当事人按以下原则承担。

① 永久工程、已运至施工现场的材料和工程设备的损坏，以及因工程损坏造成的第三人人员伤亡和财产损失由发包人承担。

② 承包人施工设备的损坏由承包人承担。

③ 发包人和承包人承担各自人员伤亡和财产的损失。

④ 因不可抗力影响承包人履行合同约定的义务，已经引起或将引起工期延误的，应当顺延工期，由此导致承包人停工的费用损失由发包人和承包人合理分担，停工期间必须支付的工人工资由发包人承担。

⑤ 因不可抗力引起或将引起工期延误，发包人要求赶工的，由此增加的赶工费用由发包人承担。

⑥ 承包人在停工期间按照发包人要求照管、清理和修复工程的费用由发包人承担。不可抗力发生后，合同当事人均应采取措施尽量避免和减少损失的扩大，任何一方当事人没有采取有效措施导致损失扩大的，应对扩大的损失承担责任。因合同一方迟延履行合同义务，在迟延履行期间遭遇不可抗力的，不免除其违约责任。

（4）因不可抗力解除合同。

因不可抗力导致合同无法履行连续超过 84 天或累计超过 140 天的，发包人和承包人均有权解除合同。合同解除后，由双方当事人按照商定或确定条款商定或确定发包人应支付的款项，该款项包括以下内容。

① 合同解除前承包人已完成工作的价款。

② 承包人为工程订购的并已交付给承包人，或承包人有责任接受交付的材料、工程设备和其他物品的价款。

③ 发包人要求承包人退货或解除订货合同而产生的费用，或因不能退货或解除合同而产生的损失。

④ 承包人撤离施工现场及遣散承包人员的费用。

⑤ 按照合同约定在合同解除前应支付给承包人的其他款项。

⑥ 扣减承包人按照合同约定应向发包人支付的款项。

⑦ 双方商定或确定的其他款项。

除专用合同条款另有约定外，合同解除后，发包人应在商定或确定上述款项后 28 天内完成上述款项的支付。

13. 保险

（1）工程保险。

除专用合同条款另有约定外，发包人应投保建筑工程一切险或安装工程一切险；发包人委托承包人投保的，因投保产生的保险费和其他相关费用由发包人承担。

（2）工伤保险。

发包人应依照法律规定参加工伤保险，并为在施工现场的全部员工办理工伤保险，缴纳工伤保险费，并要求监理人及由发包人为履行合同聘请的第三方依法参加工伤保险。

承包人应依照法律规定参加工伤保险，并为其履行合同的全部员工办理工伤保险，缴纳工伤保险费，并要求分包人及由承包人为履行合同聘请的第三方依法参加工伤保险。

（3）其他保险。

发包人和承包人可以为其施工现场的全部人员办理意外伤害保险并支付保险费，包括其员工及为履行合同聘请的第三方的人员，具体事项由合同当事人在专用合同条款中约定。除专用合同条款另有约定外，承包人应为其施工设备等办理财产保险。

（4）持续保险。

合同当事人应与保险人保持联系，使保险人能够随时了解工程实施中的变动，并确保按保险合同条款要求持续保险。

（5）保险凭证。

合同当事人应及时向另一方当事人提交其已投保的各项保险的凭证和保险单复印件。

（6）未按约定投保的补救。

发包人未按合同约定办理保险，或未能使保险持续有效的，则承包人可代为办理，所需费用由发包人承担。发包人未按合同约定办理保险，导致未能得到足额赔偿的，由发包人负责补足。

承包人未按合同约定办理保险，或未能使保险持续有效的，则发包人可代为办理，所需费用由承包人承担。承包人未按合同约定办理保险，导致未能得到足额赔偿的，由承包人负责补足。

（7）通知义务。

除专用合同条款另有约定外，发包人变更除工伤保险之外的保险合同时，应事先征得承包人同意，并通知监理人；承包人变更除工伤保险之外的保险合同时，应事先征得发包人同意，并通知监理人。

保险事故发生时，投保人应按照保险合同规定的条件和期限及时向保险人报告。发包人和承包人应当在知道保险事故发生后及时通知对方。

5.4.3 施工合同中有关工程进度的管理

进度控制是施工合同管理的重要组成部分。合同当事人应当在合同规定的工期内完成施工任务，发包人应当按时做好准备工作，承包人应当按照施工进度计划组织施工。

1. 施工组织设计

施工组织设计应包含以下内容。

（1）施工方案。

（2）施工现场平面布置图。

（3）施工进度计划和保证措施。

（4）劳动力及材料供应计划。

（5）施工机械设备的选用。

（6）质量保证体系及措施。

（7）安全生产、文明施工措施。

（8）环境保护、成本控制措施。

（9）合同当事人约定的其他内容。

除专用合同条款另有约定外，承包人应在合同签订后 14 天内，但至迟不得晚于开工通知载明的开工日期前 7 天，向监理人提交详细的施工组织设计，并由监理人报送发包人。除专用合同条款另有约定外，发包人和监理人应在监理人收到施工组织设计后 7 天内确认或提出修改意见。对发包人和监理人提出的合理意见和要求，承包人应自费修改完善。根据工程实际情况需要修改施工组织设计的，承包人应向发包人和监理人提交修改后的施工组织设计。

2. 施工进度计划

（1）施工进度计划的编制。

施工进度计划

承包人应按照施工组织设计约定提交详细的施工进度计划，施工进度计划的编制应当符合国家法律规定和一般工程实践惯例，施工进度计划经发包人批准后实施。施工进度计划是控制工程进度的依据，发包人和监理人有权按照施工进度计划检查工程进度情况。

（2）施工进度计划的修订。

施工进度计划不符合合同要求或与工程的实际进度不一致的，承包人应向监理人提交修订的施工进度计划，并附具有关措施和相关资料，由监理人报送发包人。除专用合同条款另有约定外，发包人和监理人应在收到修订的施工进度计划后 7 天内完成审核和批准或提出修改意见。发包人和监理人对承包人提交的施工进度计划的确认，不能减轻或免除承包人根据法律规定和合同约定应承担的任何责任或义务。

3. 开工

（1）开工准备。

除专用合同条款另有约定外，承包人应按照施工组织设计约定的期限，向监理人提交工程开工报审表，经监理人报发包人批准后执行。开工报审表应详细说明按施工进度计划正常施工所需的施工道路、临时设施、材料、工程设备、施工设备、施工人员等落实情况及工程的进度安排。

除专用合同条款另有约定外，合同当事人应按约定完成开工准备工作。

（2）开工通知。

发包人应按照法律规定获得工程施工所需的许可。经发包人同意后，监理人发出的开工通知应符合法律规定。监理人应在计划开工日期 7 天前向承包人发出开工通知，工期自开工通知中载明的开工日期起算。

除专用合同条款另有约定外，因发包人原因造成监理人未能在计划开工日期之日起 90 天内发出开工通知的，承包人有权提出价格调整要求，或者解除合同。发包人应当承担由此增加的费用和（或）延误的工期，并向承包人支付合理利润。

4. 测量放线

（1）发包人的责任。

除专用合同条款另有约定外，发包人应在至迟不得晚于开工通知载明的开工日期前 7 天通过监理人向承包人提供测量基准点、基准线和水准点及其书面资料。发包人应对其提供的测量基准点、基准线和水准点及其书面资料的真实性、准确性和完整性负责。

承包人发现发包人提供的测量基准点、基准线和水准点及其书面资料存在错误或疏漏的，应及时通知监理人。监理人应及时报告发包人，并会同发包人和承包人予以核实。发包人应就如何处理和是否继续施工做出决定，并通知监理人和承包人。

（2）承包人的责任。

承包人负责施工过程中的全部施工测量放线工作，并配置具有相应资质的人员、合格的仪器、设备和其他物品。承包人应矫正工程的位置、标高、尺寸或准线中出现的任何差错，并对工程各部分的定位负责。

施工过程中对施工现场内水准点等测量标志物的保护工作由承包人负责。

5. 工期延误

（1）发包人原因导致工期延误。

在合同履行过程中，因下列情况导致工期延误和（或）费用增加的，由发包人承担由此延误的工期和（或）增加的费用，且发包人应支付承包人合理的利润。

① 发包人未能按合同约定提供图纸或所提供图纸不符合合同约定的。

② 发包人未能按合同约定提供施工现场、施工条件、基础资料、许可、批准等开工条件的。

③ 发包人提供的测量基准点、基准线和水准点及其书面资料存在错误或疏漏的。

④ 发包人未能在计划开工日期之日起 7 天内同意下达开工通知的。

⑤ 发包人未能按合同约定日期支付工程预付款、进度款或竣工结算款的。

⑥ 监理人未按合同约定发出指示、批准等文件的。

⑦ 专用合同条款中约定的其他情形。

因发包人原因未按计划开工日期开工的，发包人应按实际开工日期顺延竣工日期，确保实际工期不低于合同约定的工期总日历天数。因发包人原因导致工期延误需要修订施工进度计划的，按照施工进度计划的修订条款执行。

（2）承包人原因导致工期延误。

承包人原因造成工期延误的，可以在专用合同条款中约定逾期竣工违约金的计算方法和逾期竣工违约金的上限。承包人支付逾期竣工违约金后，不免除承包人继续完成工程及修补缺陷的义务。

6. 变更引起的工期调整

因变更引起工期变化的，合同当事人均可要求调整合同工期，由合同当事人按照商定或确定并参考工程所在地的工期定额标准确定增减工期天数。

7. 不利物质条件

不利物质条件是指有经验的承包人在施工现场遇到的不可预见的自然物质条件、非自然的物质障碍和污染物，包括地表以下物质条件和水文条件及专用合同条款约定的其他情形，但不包括气候条件。

承包人遇到不利物质条件时，应采取克服不利物质条件的合理措施继续施工，并及时通知发包人和监理人。通知应载明不利物质条件的内容及承包人认为不可预见的理由。监理人经发包人同意后应当及时发出指示，指示构成变更的，按变更约定执行。承包人因采取合理措施而增加的费用和（或）延误的工期由发包人承担。

8. 异常恶劣的气候条件

异常恶劣的气候条件是指在施工过程中遇到的，有经验的承包人在签订合同时不可预见的，对合同履行造成实质性影响的，但尚未构成不可抗力事件的恶劣气候条件。合同当事人可以在专用合同条款中约定异常恶劣的气候条件的具体情形。

承包人应采取克服异常恶劣的气候条件的合理措施继续施工，并及时通知发包人和监理人。监理人经发包人同意后应当及时发出指示，指示构成变更的，按变更约定执行。承包人因采取合理措施而增加的费用和（或）延误的工期由发包人承担。

9. 暂停施工

（1）发包人原因引起的暂停施工。

发包人原因引起的暂停施工，监理人经发包人同意后，应及时下达暂停施工指示。情况紧急且监理人未及时下达暂停施工指示的，按照紧急情况下的暂停施工执行。发包人应承担由此增加的费用和（或）延误的工期，并支付承包人合理的利润。

（2）承包人原因引起的暂停施工。

承包人原因引起的暂停施工，承包人应承担由此增加的费用和（或）延误的工期，且承包人在收到监理人复工指示后84天内仍未复工的，视为承包人违约的情形约定的承包人无法继续履行合同的情形。

（3）指示暂停施工。

监理人认为有必要时，并经发包人批准后，可向承包人做出暂停施工的指示，承包人应按监理人指示暂停施工。

（4）紧急情况下的暂停施工。

因紧急情况需暂停施工，且监理人未及时下达暂停施工指示的，承包人可先暂停施工，并及时通知监理人。监理人应在接到通知后24小时内发出指示，逾期未发出指示，视为同意承包人暂停施工。监理人不同意承包人暂停施工的，应说明理由，承包人对监理人的答复有异议，按照争议解决约定处理。

（5）暂停施工后的复工。

暂停施工后，发包人和承包人应采取有效措施积极消除暂停施工的影响。在工程复工前，监理人会同发包人和承包人确定因暂停施工造成的损失，并确定工程复工条件。当工程具备复工条件时，监理人应经发包人批准后向承包人发出复工通知，承包人应按照复工通知要求复工。承包人无故拖延和拒绝复工的，承包人承担由此增加的费用和（或）延误的工期；因发包人原因无法按时复工的，按照因发包人原因导致工期延误约定办理。

（6）暂停施工持续56天以上。

监理人发出暂停施工指示后56天内未向承包人发出复工通知，除该项停工属于承包人原因引起的暂停施工及不可抗力约定的情形外，承包人可向发包人提交书面通知，要求发包人在收到书面通知后 28 天内准许已暂停施工的部分或全部工程继续施工。发包人逾期不予批准的，则承包人可以通知发包人，将工程受影响的部分视为按变更的范围可取消工作。

暂停施工持续 84 天以上不复工的，且不属于承包人原因引起的暂停施工及不可抗力约定的情形，并影响到整个工程及合同目的实现的，承包人有权提出价格调整要求，或者解除合同。解除合同的，按照因发包人违约解除合同执行。

（7）暂停施工期间的工程照管。

暂停施工期间，承包人应负责妥善照管工程并提供安全保障，由此增加的费用由责任方承担。

（8）暂停施工的措施。

暂停施工期间，发包人和承包人均应采取必要的措施确保工程质量及安全，防止因暂停施工扩大损失。

10. 提前竣工

发包人要求承包人提前竣工的，发包人应通过监理人向承包人下达提前竣工指示，承包人应向发包人和监理人提交提前竣工建议书，提前竣工建议书应包括实施的方案、缩短的时间、增加的合同价格等内容。发包人接受该提前竣工建议书的，监理人应与发包人和承包人协商采取加快工程进度的措施，并修订施工进度计划，由此增加的费用由发包人承担。承包人认为提前竣工指示无法执行的，应向监理人和发包人提出书面异议，发包人和监理人应在收到异议后 7 天内予以答复。任何情况下，发包人不得压缩合理工期。

发包人要求承包人提前竣工，或承包人提出提前竣工的建议能够给发包人带来效益的，合同当事人可以在专用合同条款中约定提前竣工的奖励。

5.4.4　施工合同中有关工程价款的管理

《建设工程工程量清单计价规范》第七条合同价款约定中指出，实行招标的工程合同价款应在中标通知书发出之日起 30 日内，由发承包双方依据招标文件和中标人的投标文件在书面合同中约定。合同约定不得违背招投标文件中关于工期、造价、质量等方面的实质性内容。

合同中有关工程价款的约定一般涉及以下内容。

1. 工程预付款

（1）工程预付款的数额。

工程预付款的计算

包工包料工程的预付款的支付比例不得低于签约合同价（扣除暂列金额）的 10%，不宜高于签约合同价（扣除暂列金额）的 30%。

（2）工程预付款的拨付。

承包人应在签订合同或向发包人提供与预付款等额的预付款保函（如有）后向发包人提交预付款支付申请。发包人应在收到支付申请的 7 天内进行核实后向承包人发出预付款支付证书，并在签发支付证书后 7 天内向承包人支付预付款。发包人没有按合同约定按时支付预付款的，承包人可催告发包人支付；发包人在预付款期满后的 7 天内仍未支付的，承包人可在预付款期满后的第 8 天起暂停施工。发包人应承担由此增加的费用和（或）延误的工期，并向承包人支付合理利润。

（3）工程预付款的扣回。

预付款应从每一个支付期应支付给承包人的工程进度款中扣回，直到扣回的金额达到合同约定的预付款金额为止。承包人的预付款保函（如有）的担保金额根据预付款扣回的数额相应递减，但在预付款全部扣回之前一直保持有效。发包人应在预付款扣完后的14天内将预付款保函退还给承包人。常见的预付款扣回的方式有以下几种。

① 按公式计算起扣点抵扣额。其计算公式为起扣点（起扣时已完工程价值）＝当年施工合同总值－（预付备料款/全部材料占工程合同造价的百分比）。

② 协商确定扣还预付款。

③ 工程最后一次抵扣备料款。该方法适合造价不高、工程简单、施工期短的工程。备料款在施工前一次拨付，在施工过程中不作为抵扣，当备料款加付工程款达到合同价款的90％时，停付工程款。

2. 安全文明施工费

安全文明施工费包括的内容和范围，应以国家现行计量规范及工程所在地省级建设行政主管部门的规定为准。

（1）安全文明施工费的支付计划。

安全文明施工费由发包人承担，发包人不得以任何形式扣减该部分费用。因基准日期后合同所适用的法律或政府有关规定发生变化，增加的安全文明施工费由发包人承担。发包人应在工程开工后的28天内预付安全文明施工费总额的50％，其余部分与进度款同期支付。

承包人经发包人同意采取合同约定以外的安全措施所产生的费用，由发包人承担。未经发包人同意的，如果该措施避免了发包人的损失，则发包人在避免损失的额度内承担该措施费。如果该措施避免了承包人的损失，则由承包人承担该措施费。

（2）安全文明施工费的使用要求。

发包人没有按时支付安全文明施工费的，承包人可催告发包人支付；发包人在付款期满后的7天内仍未支付的，若发生安全事故，发包人应承担连带责任。

承包人对安全文明施工费应专款专用，在财务账目中单独列项备查，不得挪作他用，否则发包人有权要求其限期改正；逾期未改正的，造成的损失和（或）延误的工期由承包人承担。

3. 工程进度款

（1）工程量的确认。

工程量计量按照合同约定的工程量计算规则、图纸及变更指示等进行计量。工程量计算规则应以相关的国家标准、行业标准等为依据，由合同当事人在专用合同条款中约定。发承包双方应按照合同约定的时间、程序和方法，根据工程量计量结果，办理期中价款结算，支付进度款。

除专用合同条款另有约定外，工程量的计量按月进行，并按照以下约定执行。

① 承包人应于每月25日向监理人报送上月20日至当月19日已完成的工程量报告，附具进度付款申请单、已完成工程量报表和有关资料。

② 监理人应在收到承包人提交的工程量报告后7天内完成对承包人提交的工程量报表的审核并报送发包人，以确定当月实际完成的工程量。监理人对工程量有异议的，有权

要求承包人进行共同复核或抽样复测。承包人应协助监理人进行复核或抽样复测，并按监理人要求提供补充计量资料。承包人未按监理人要求参加复核或抽样复测的，监理人复核或修正的工程量视为承包人实际完成的工程量。

③ 监理人未在收到承包人提交的工程量报告后 7 天内完成审核的，承包人报送的工程量报告中的工程量视为承包人实际完成的工程量，据此计算工程价款。

④ 对承包人超出设计图纸（含设计变更）范围和因承包人原因造成返工的工程量，发包人不予计量。

（2）工程进度款支付。

① 支付原则。

a. 进度款的支付比例：按照合同约定，按期中结算价款总额计，不低于 60%，不高于 90%。

b. 进度款支付周期：应与合同约定的工程量计量周期一致。

c. 按月计量支付的，承包人按照约定的时间按月向监理人提交进度付款申请单，并附上已完成工程量报表和有关资料。

② 进度付款申请单。

进度付款申请单应包括：截至本次付款周期已完成工作对应的金额；根据变更应增加和扣减的变更金额；根据预付款约定应支付的预付款和扣减的返还预付款；根据质量保证金约定应扣减的质量保证金；根据索赔应增加和扣减的索赔金额；对已签发的进度款支付证书中出现错误的修正，应在本次进度付款中支付或扣除的金额；根据合同约定应增加和扣减的其他金额。

③ 进度款审核和支付。

除专用合同条款另有约定外，监理人应在收到承包人进度付款申请单及相关资料后 7 天内完成审查并报送发包人，发包人应在收到后 7 天内完成审批并签发进度款支付证书。发包人逾期未完成审批且未提出异议的，视为已签发进度款支付证书。

发包人和监理人对承包人的进度付款申请单有异议的，有权要求承包人修正和提供补充资料，承包人应提交修正后的进度付款申请单。监理人应在收到承包人修正后的进度付款申请单及相关资料后 7 天内完成审查并报送发包人，发包人应在收到监理人报送的进度付款申请单及相关资料后 7 天内，向承包人签发无异议部分的临时进度款支付证书。存在争议的部分，按照争议解决的约定处理。

除专用合同条款另有约定外，发包人应在进度款支付证书或临时进度款支付证书签发后 14 天内完成支付，发包人逾期支付进度款的，应按照中国人民银行发布的同期同类贷款基准利率支付违约金。

发包人签发进度款支付证书或临时进度款支付证书，不表明发包人已同意、批准或接受了承包人完成的相应部分的工作。

发包人不按合同约定支付工程进度款，双方又未达成延期付款协议，导致施工无法进行，承包人可向发包人发出通知，要求发包人采取有效措施纠正违约行为。发包人收到承包人通知后 28 天内仍不纠正违约行为的，承包人有权暂停相应部位施工，由发包人承担违约责任。

4. 合同价款调整

（1）计价风险的约定。

建设工程发承包，必须在招标文件、合同中明确计价中的风险内容及其范围，不得采用"无限风险""所有风险"或类似语句规定计价中的风险内容及其范围。

（2）合同价款调整的因素。

以下事项（但不限于）发生，发承包双方应当按照合同约定调整合同价款。

① 法律法规变化。

② 工程变更。

③ 项目特征描述不符。

④ 工程量清单缺项。

⑤ 工程量偏差。

⑥ 计日工。

⑦ 现场签证。

⑧ 物价变化。

⑨ 暂估价。

⑩ 不可抗力。

⑪ 提前竣工（赶工补偿）。

⑫ 误期赔偿。

⑬ 施工索赔。

⑭ 暂列金额。

⑮ 发承包双方约定的其他调整事项。

（3）合同价款调整的方法。

由于不同因素导致的合同价款调整的方法如下。

① 法律法规变化。

招标工程以投标截止日前28天，非招标工程以合同签订前28天为基准日，基准日期后国家的法律、法规、规章和政策发生变化引起工程造价增减变化的，发承包双方应当按照省级或行业建设主管部门或其授权的工程造价管理机构据此发布的规定调整合同价款。

因承包人原因导致工期延误，在工期延误期间出现法律变化的调整时间在合同工程原定竣工时间之后，合同价款调增的不予调整，合同价款调减的予以调整。

② 工程变更。

工程变更是指合同工程实施过程中由发包人提出的或由承包人提出经发包人批准的合同工程任何一项工作的增减、取消或施工工艺、顺序、时间的改变，设计图纸的修改，施工条件的改变，招标工程量清单的错、漏从而引起合同条件的改变或工程量的增减变化。

工程变更包括设计变更和施工现场变更。设计变更指仅包含由于设计工作本身的漏项、错误或其他原因而修改、补充原设计的技术资料。属设计变更范畴的要有一定的程序和正式手续。施工现场变更是指在施工活动中出现某些特殊情况，包括施工措施、技术变更、临时设施增补、非施工方原因引起的停工等。施工现场变更是由工程承包方提出变更签证，经发包方代表及监理工程师签字确认。

工程变更引起已标价工程量清单项目或其工程数量发生变化，应按照下列规定调整。

已标价工程量清单中有适用于变更工程项目的，采用该项目的单价；但当工程变更导致该清单项目的工程量发生变化，且工程量偏差超过15％，此时该项目单价应按照工程量偏差的规定调整。

已标价工程量清单中没有适用、但有类似于变更工程项目的，可在合理范围内参照类似项目的单价。

已标价工程量清单中没有适用也没有类似于变更工程项目的，由承包人根据变更工程资料、计量规则和计价办法、工程造价管理机构发布的信息价格和承包人报价浮动率提出变更工程项目的单价，报发包人确认后调整。承包人报价浮动率可按下列公式计算。

招标工程：承包人报价浮动率 $L=$（$1-$中标价/招标控制价）$\times100\%$。

非招标工程：承包人报价浮动率 $L=$（$1-$报价值/施工图预算）$\times100\%$。

已标价工程量清单中没有适用也没有类似于变更工程项目，且工程造价管理机构发布的信息价格缺价的，由承包人根据变更工程资料、计量规则、计价办法和通过市场调查等取得有合法依据的市场价格提出变更工程项目的单价，报发包人确认后调整。

③ 项目特征描述不符。

发包人在招标工程量清单中对项目特征的描述，应被认为是准确的和全面的，并且与实际施工要求相符合。承包人应按照发包人提供的招标工程量清单，根据其项目特征描述的内容及有关要求实施合同工程，直到其被改变为止。

承包人应按照发包人提供的设计图纸实施合同工程，若在合同履行期间，出现设计图纸（含设计变更）与招标工程量清单任一项目的特征描述不符，且该变化引起该项目的工程造价增减变化的，应按照实际施工的项目特征按工程变更相关条款的规定重新确定相应工程量清单项目的综合单价，调整合同价款。

④ 工程量清单缺项。

合同履行期间，由于招标工程量清单中缺项，新增分部分项工程清单项目的，应按照工程变更相关规定确定单价，调整合同价款。

⑤ 工程量偏差。

合同履行期间，对于任一招标工程量清单项目，如果因应予计算的实际工程量与招标工程量清单出现偏差，以及工程变更等原因导致工程量偏差超过15％，调整的原则为：当工程量增加15％以上时，其增加部分工程量的综合单价应予调低；当工程量减少15％以上时，减少后剩余部分工程量的综合单价应予调高。由此工程量变化引起相关措施项目相应发生变化的，如按系数或单一总价方式计价，工程量增加的措施项目费调增，工程量减少的措施项目费调减。

⑥ 计日工。

发包人通知承包人以计日工方式实施的零星工作，承包人应予执行。

任一计日工项目实施结束，承包人应按照确认的计日工现场签证报告核实该类项目的工程量，并根据核实的工程量和承包人已标价工程量清单中的计日工单价计算，提出应付价款；已标价工程量清单中没有该类计日工单价的，由发承包双方按工程变更相关规定商定计日工单价计算。

⑦ 现场签证。

现场签证是指发包人现场代表（或其授权的监理人、工程造价咨询人）与承包人现场代表就施工过程中涉及的责任事件所做的签认证明。承包人应发包人要求完成合同以外的零星项目、非承包人责任事件等工作的，发包人应及时以书面形式向承包人发出指令，提供所需的相关资料；承包人在收到指令后，应及时向发包人提出现场签证要求。

承包人应在收到发包人指令后的 7 天内，向发包人提交现场签证报告，发包人应在收到现场签证报告后的 48 小时内对报告内容进行核实，予以确认或提出修改意见。发包人在收到承包人现场签证报告后的 48 小时内未确认也未提出修改意见的，视为承包人提交的现场签证报告已被发包人认可。

现场签证工作完成后的 7 天内，承包人应按照现场签证内容计算价款，报送发包人确认后，作为增加合同价款，与进度款同期支付。

承包人在施工过程中，若发现合同工程内容因场地条件、地质水文、发包人要求等不一致时，应提供所需的相关资料，提交发包人签证认可，作为合同价款调整的依据。

⑧ 物价变化。

合同履行期间，因人工、材料、工程设备、机械台班价格波动影响合同价款时，应根据合同约定的物价变化合同价款调整方法调整合同价款。合同当事人可以在专用合同条款中约定选择以下一种方式对合同价款进行调整。

a. 价格指数调整价格差额。因人工、材料和工程设备等价格波动影响合同价款时，根据专用合同条款中约定的数据，按以下公式计算差额并调整合同价款。

$$\Delta P = P_0 \times \{A + [B_1 \times (F_{t1}/F_{01}) + B_2 \times (F_{t2}/F_{02}) + B_3 \times (F_{t3}/F_{03}) + \cdots + B_n \times (F_{tn}/F_{0n})] - 1\} \tag{5-4}$$

式中
ΔP——需调整的价格差额；

P_0——约定的付款证书中承包人应得到的已完成工程量的金额。此项金额应不包括价格调整、不计质量保证金的扣留和支付、预付款的支付和扣回。约定的变更及其他金额已按现行价格计价的，也不计在内；

A——定值权重（即不调部分的权重）；

B_1，B_2，B_3，……，B_n——各可调因子的变值权重（即可调部分的权重），为各可调因子在投标函投标总报价中所占的比例；

F_{t1}，F_{t2}，F_{t3}，……，F_{tn}——各可调因子的现行价格指数，指约定的付款证书相关周期最后一天的前 42 天的各可调因子的价格指数；

F_{01}，F_{02}，F_{03}，……，F_{0n}——各可调因子的基本价格指数，指基准日期的各可调因子的价格指数。

以上价格调整公式中的各可调因子、定值和变值权重，以及基本价格指数及其来源在投标函附录价格指数和权重表中约定。非招标订立的合同，由合同当事人在专用合同条款中约定。价格指数应首先采用工程造价管理机构提供的价格指数，缺乏上述价格指数时，可采用工程造价管理机构提供的价格代替。

暂时确定调整差额：在计算调整差额时得不到现行价格指数的，可暂用前次价格指数计算，并在以后的付款中再按实际价格指数进行调整。

权重的调整：约定的变更导致原定合同中的权重不合理时，由承包人和发包人协商后进行调整。

承包人工期延误后的价格调整：由于承包人原因未在约定的工期内竣工的，对合同约定竣工日期后继续施工的工程，在使用价格调整公式时，应采用原约定竣工日期与实际竣工日期的两个价格指数中较低的一个作为现行价格指数。

b. 造价信息调整价格差额。施工期内，因人工、材料、工程设备和机械台班价格波动影响合同价款时，人工、机械使用费按照国家或省、自治区、直辖市建设行政管理部门、行业建设管理部门或其授权的工程造价管理机构发布的人工成本信息、机械台班单价或机械使用费系数进行调整；需要进行价格调整的材料，其单价和采购数量应由发包人复核，发包人确认需调整的材料单价及数量，作为调整合同价款差额的依据。

⑨ 暂估价。

发包人在招标工程量清单中给定暂估价的材料、工程设备属于依法必须招标的，由发承包双方以招标的方式选择供应商，确定其价格并以此为依据取代暂估价，调整合同价款。

⑩ 不可抗力。

因不可抗力事件导致的人员伤亡、财产损失及其费用增加，发承包双方应按以下原则分别承担并调整合同价款和工期。

合同工程本身的损害、因工程损害导致第三方人员伤亡和财产损失及运至施工场地用于施工的材料和待安装的设备的损害，由发包人承担。

发包人、承包人人员伤亡由其所在单位负责，并承担相应费用。

承包人的施工机械设备损坏及停工损失，由承包人承担。

停工期间，承包人应发包人要求留在施工场地的必要的管理人员及保卫人员的费用，由发包人承担。

工程所需清理、修复费用，由发包人承担。

不可抗力解除后复工的，若不能按期竣工，应合理延长工期，发包人要求赶工的，赶工费用由发包人承担。

⑪ 提前竣工（赶工补偿）。

招标人应当依据相关工程的工期定额合理计算工期，压缩的工期天数不得超过定额工期的 20%，超过者，应在招标文件中明示增加赶工费用。

发包人要求合同工程提前竣工，应征得承包人同意后与承包人商定采取加快工程进度的措施，并修订合同工程进度计划。发包人应承担承包人由此增加的提前竣工（赶工补偿）费。

发承包双方应在合同中约定提前竣工每日历天应补偿额度，此项费用作为增加合同价款，列入竣工结算文件中，与结算款一并支付。

⑫ 误期赔偿。

承包人未按照合同约定施工，导致实际进度迟于计划进度的，承包人应加快进度，实现合同工期。

合同工程发生误期，承包人应赔偿发包人由此造成的损失，并按照合同约定向发包人支付误期赔偿费。即使承包人支付了误期赔偿费，也不能免除承包人按照合同约定应承担的任何责任和应履行的任何义务。

发承包双方应在合同中约定误期赔偿费，明确每日历天应赔额度。误期赔偿费列入竣工结算文件中，在结算款中扣除。

如果在工程竣工之前，合同工程内的某单项（位）工程已通过了竣工验收，且该单项（位）工程接收证书中表明的竣工日期并未延误，而是合同工程的其他部分产生了工期延误，则误期赔偿费应按照已颁发工程接收证书的单项（位）工程造价占合同价款的比例幅度予以扣减。

⑬ 施工索赔。

合同一方向另一方提出索赔时，应有正当的索赔理由和有效证据，并应符合合同的相关约定。

根据合同约定，承包人认为由于非承包人原因发生的事件造成了承包人的损失，可向发包人提出索赔（详细内容见任务 5.5）。

⑭ 暂列金额。

已签约合同价中的暂列金额由发包人掌握使用。

发包人按照价款调整的规定支付后，暂列金额余额（如有）归发包人所有。

（4）合同价款调整的程序。

出现合同价款调增事项（不含工程量偏差、计日工、现场签证、施工索赔）后的 14 天内，承包人应向发包人提交合同价款调增报告并附上相关资料，若承包人在 14 天内未提交合同价款调增报告的，视为承包人对该事项不存在调整价款请求。

出现合同价款调减事项（不含工程量偏差、施工索赔）后的 14 天内，发包人应向承包人提交合同价款调减报告并附相关资料，若发包人在 14 天内未提交合同价款调减报告的，视为发包人对该事项不存在调整价款请求。

发（承）包人应在收到承（发）包人合同价款调增（减）报告及相关资料之日起 14 天内对其核实，予以确认的应书面通知承（发）包人。如有疑问，应向承（发）包人提出协商意见。发（承）包人在收到合同价款调增（减）报告之日起 14 天内未确认也未提出协商意见的，视为承（发）包人提交的合同价款调增（减）报告已被发（承）包人认可。发（承）包人提出协商意见的，承（发）包人应在收到协商意见后的 14 天内对其核实，予以确认的应书面通知发（承）包人。如承（发）包人在收到发（承）包人的协商意见后 14 天内既不确认也未提出不同意见的，视为发（承）包人提出的意见已被承（发）包人认可。

如发包人与承包人对合同价款调整的不同意见不能达成一致的，只要不实质影响发承包双方履约，双方应继续履行合同义务，直到其按照合同约定的争议解决方式得到处理。

（5）合同价款调整的支付。

经发承包双方确认调整的合同价款，作为追加（减）合同价款，应与工程进度款或结算款同期支付。

5. 竣工结算

（1）竣工结算申请。

除专用合同条款另有约定外，承包人应在工程竣工验收合格后 28 天内向发包人和监理人提交竣工结算申请单，并提交完整的结算资料，有关竣工结算申请单的资料清单和份数等要求由合同当事人在专用合同条款中约定。

除专用合同条款另有约定外，竣工结算申请单应包括以下内容。

① 竣工结算合同价格。

② 发包人已支付承包人的款项。

③ 应扣留的质量保证金。已缴纳履约保证金的或提供其他工程质量担保方式的除外。

④ 发包人应支付承包人的合同价款。

（2）竣工结算审核。

除专用合同条款另有约定外，监理人应在收到竣工结算申请单后 14 天内完成核查并报送发包人。发包人应在收到监理人提交的经审核的竣工结算申请单后 14 天内完成审批，并由监理人向承包人签发经发包人签认的竣工付款证书。监理人或发包人对竣工结算申请单有异议的，有权要求承包人进行修正和提供补充资料，承包人应提交修正后的竣工结算申请单。

发包人在收到承包人提交竣工结算申请单后 28 天内未完成审批且未提出异议的，视为发包人认可承包人提交的竣工结算申请单，并自发包人收到承包人提交的竣工结算申请单后第 29 天起视为已签发竣工付款证书。

（3）竣工结算支付。

① 除专用合同条款另有约定外，发包人应在签发竣工付款证书后的 14 天内，完成对承包人的竣工付款。发包人逾期支付的，按照中国人民银行发布的同期同类贷款基准利率支付违约金；逾期支付超过 56 天的，按照中国人民银行发布的同期同类贷款基准利率的两倍支付违约金。

② 承包人对发包人签认的竣工付款证书有异议的，对于有异议部分应在收到发包人签认的竣工付款证书后 7 天内提出异议，并由合同当事人按照专用合同条款约定的方式和程序进行复核，或按照争议解决约定处理。对于无异议部分，发包人应签发临时竣工付款证书，并按第①项完成付款。承包人逾期未提出异议的，视为认可发包人的审批结果。

（4）甩项竣工协议。

发包人要求甩项竣工的，合同当事人应签订甩项竣工协议。在甩项竣工协议中应明确，合同当事人按照竣工结算申请及竣工结算审核的约定，对已完合格工程进行结算，并支付相应合同价款。

（5）最终结清。

除专用合同条款另有约定外，承包人应在缺陷责任期终止证书颁发后 7 天内，按专用合同条款约定的份数向发包人提交最终结清申请单，并提供相关证明材料。

除专用合同条款另有约定外，最终结清申请单应列明质量保证金、应扣除的质量保证金、缺陷责任期内发生的增减费用。

发包人对最终结清申请单内容有异议的，有权要求承包人进行修正和提供补充资料，承包人应向发包人提交修正后的最终结清申请单。

除专用合同条款另有约定外，发包人应在收到承包人提交的最终结清申请单后 14 天内完成审批并向承包人颁发最终结清证书。发包人逾期未完成审批，又未提出修改意见的，视为发包人同意承包人提交的最终结清申请单，且自发包人收到承包人提交的最终结清申请单后 15 天起视为已颁发最终结清证书。

除专用合同条款另有约定外，发包人应在颁发最终结清证书后 7 天内完成支付。发包人逾期支付的，按照中国人民银行发布的同期同类贷款基准利率支付违约金；逾期支付超过 56 天的，按照中国人民银行发布的同期同类贷款基准利率的两倍支付违约金。

承包人对发包人颁发的最终结清证书有异议的，按争议解决的约定办理。

6. 缺陷责任期

缺陷责任期内，由承包人原因造成的缺陷，承包人应负责维修，并承担鉴定及维修费用。如承包人不维修也不承担费用，发包人可按合同约定从保证金或银行保函中扣除，费用超出保证金额的，发包人可按合同约定向承包人进行索赔。承包人维修并承担相应费用后，不免除对工程的损失赔偿责任。发包人有权要求承包人延长缺陷责任期，并应在原缺陷责任期届满前发出延长通知。但缺陷责任期（含延长部分）最长不能超过 24 个月。

由他人原因造成的缺陷，发包人负责组织维修，承包人不承担费用，且发包人不得从保证金中扣除费用。

7. 质量保证金

建设工程质量保证金（保修金）是指发包人与承包人在建设工程承包合同中约定，从应付的工程款中预留，用以保证承包人在缺陷责任期内对建设工程出现的缺陷进行维修的资金。"缺陷"是指建设工程质量不符合工程建设强制性标准、设计文件及承包合同的约定。

经合同当事人协商一致扣留质量保证金的，应在专用合同条款中予以明确。

在工程项目竣工前，承包人已经提供履约担保的，发包人不得同时预留工程质量保证金。

（1）承包人提供质量保证金的方式。

承包人提供质量保证金有三种方式：质量保证金保函、相应比例的工程款、双方约定的其他方式。

除专用合同条款另有约定外，质量保证金原则上采用质量保证金保函的方式。

（2）质量保证金的扣留。

质量保证金的扣留有三种方式：在支付工程进度款时逐次扣留，在此情形下，质量保证金的计算基数不包括预付款的支付、扣回及价格调整的金额；工程竣工结算时一次性扣留质量保证金；双方约定的其他扣留方式。

除专用合同条款另有约定外，质量保证金的扣留原则上采用上述第一种方式。

发包人累计扣留的质量保证金不得超过工程价款结算总额的 3%。如承包人在发包人签发竣工付款证书后 28 天内提交质量保证金保函，发包人应同时退还扣留的作为质量保证金的工程价款；保函金额不得超过工程价款结算总额的 3%。

发包人在退还质量保证金的同时按照中国人民银行发布的同期同类贷款基准利率支付利息。

（3）质量保证金的退还。

缺陷责任期内，承包人认真履行合同约定的责任，到期后，承包人可向发包人申请返还保证金。

发包人在接到承包人返还保证金申请后，应于 14 天内会同承包人按照合同约定的内容进行核实。如无异议，发包人应当按照约定将保证金返还给承包人。对返还期限没有约定或者约定不明确的，发包人应当在核实后 14 天内将保证金返还承包人，逾期未返还的，依法承担违约责任。发包人在接到承包人返还保证金申请后 14 天内不予答复，经催告后 14 天内仍不予答复，视同认可承包人的返还保证金申请。

发包人和承包人对保证金预留、返还以及工程维修质量、费用有争议的，按争议解决条款约定的争议和纠纷解决程序处理。

5.4.5 施工合同争议解决

1. 和解

合同当事人可以就争议自行和解，自行和解达成协议的经双方签字并盖章后作为合同补充文件，双方均应遵照执行。

2. 调解

合同当事人可以就争议请求建设行政主管部门、行业协会或其他第三方进行调解，调解达成协议的，经双方签字并盖章后作为合同补充文件，双方均应遵照执行。

3. 争议评审

合同当事人在专用合同条款中约定采取争议评审方式解决争议以及评审规则，并按下列约定执行。

（1）争议评审小组的确定。

合同当事人可以共同选择一名或三名争议评审员，组成争议评审小组。除专用合同条款另有约定外，合同当事人应当自合同签订后 28 天内，或者争议发生后 14 天内，选定争议评审员。

选择一名争议评审员的，由合同当事人共同确定；选择三名争议评审员的，各自选定一名，第三名成员为首席争议评审员，由合同当事人共同确定或由合同当事人委托已选定的争议评审员共同确定，或由专用合同条款约定的评审机构指定首席争议评审员。

除专用合同条款另有约定外，争议评审员报酬由发包人和承包人各承担一半。

（2）争议评审小组的决定。

合同当事人可在任何时间将与合同有关的任何争议共同提请争议评审小组进行评审。争议评审小组应秉持客观、公正原则，充分听取合同当事人的意见，依据相关法律、规范、标准、案例经验及商业惯例等，自收到争议评审申请报告后 14 天内做出书面决定，并说明理由。合同当事人可以在专用合同条款中对本项事项另行约定。

（3）争议评审小组决定的效力。

争议评审小组做出的书面决定经合同当事人签字确认后，对双方具有约束力，双方应遵照执行。

任何一方当事人不接受争议评审小组决定或不履行争议评审小组决定的，双方可选择采用其他争议解决方式。

4. 仲裁或诉讼

因合同及合同有关事项产生的争议，合同当事人可以在专用合同条款中约定以下述一种方式解决争议。

（1）向约定的仲裁委员会申请仲裁。

（2）向有管辖权的人民法院起诉。

5. 争议解决条款效力

合同有关争议解决的条款独立存在，合同的变更、解除、终止、无效或者被撤销均不影响其效力。

5.4.6　无效合同

建设工程施工合同具有下列情形之一的，认定为无效。

（1）承包人未取得建筑施工企业资质或者超越资质等级的情形。

（2）没有资质的实际施工人借用有资质的建筑施工企业名义的情形。

（3）建设工程必须进行招标而未招标或者中标无效的情形。

（4）承包人非法转包建设工程的情形。

（5）承包人违法分包建设工程的情形。

 技能点训练

1. 训练目的

训练学生调整合同价款的能力。

2. 训练内容

某学院拟建两栋学生宿舍，工程签约合同价为3000万元，合同工期为12个月。施工合同约定：工程进度款按月结算。当清单工程量偏差和工程设计变更等导致的实际工程量偏差超过15％时，可以调整综合单价。实际工程量增加15％以上时，超出部分的工程量综合单价调价系数为0.9；实际工程量减少15％以上时，减少后剩余部分的工程量综合单价调价系数为1.1。

工程实施过程中发生如下事件：由于设计差错修改图纸，使局部工程量发生变化，由原招标工程量清单中的1320m³变更为1670m³，相应投标综合单价为320元/m³。施工单位按批准后的修改图纸在工程开工后第五个月完成工程施工，并向发包人提出了增加合同价款的申请。

请问：在该事件中，综合单价是否应调整？请说明理由。招标人应批准的合同价款增加额是多少万元（写出计算过程）？

 **典型案例**

工程结算价款的计算

背景：某工程项目业主通过工程量清单招标方式确定某承包商为中标人，并与其签订了工程承包合同，工期为4个月。部分工程价款条款如下。

（1）分项工程清单中含有两个混凝土分项工程，工程量分别为甲项2300m³，乙项3200m³，清单报价中甲项综合单价为180元/m³，乙项综合单价为160元/m³。当某一分项工程实际工程量比清单工程量增加（或减少）10％以上时，应进行调价，调价系数为0.9（1.08）。

（2）措施项目清单中含有5个项目，总费用18万元。其中，甲项工程模板及其支撑措施费 2 万元、乙项工程模板及其支撑措施费 3 万元，结算时，该两项费用按相应分项工程量变化比例调整；大型机械设备进出场及安拆费 6 万元，结算时，该项费用不调整；安全文明施工费为分部分项合价及模板措施费、大型机械设备进出场及安拆费各项合计的 2%，结算时，该项费用随取费基数变化而调整；其余措施费用，结算时不调整。

（3）其他项目清单中仅含专业工程暂估价一项，费用为 20 万元。实际施工时经核定确认的费用为 17 万元。

（4）施工过程中发生计日工费用 2.6 万元。

（5）规费综合费率 3.32%，税率 3.47%。

有关付款条款如下。

（1）材料预付款为分项工程合同价的 20%，于开工前支付，在最后两个月平均扣除。

（2）措施项目费于开工前和开工后第二个月末分两次平均支付。

（3）专业工程暂估价在最后一个月按实结算。

（4）业主按每次承包商应得工程款的 90% 支付。

（5）工程竣工验收通过后进行结算，并按实际总造价的 5% 扣留工程质量保证金。

承包商每月实际完成并经签证确认的工程量表见表 5-1。

表 5-1　工程量表　　　　　　　　　　　　　　　　　　单位：m³

分项工程	工程量				
	第一个月	第二个月	第三个月	第四个月	累计
甲	500	800	800	600	2700
乙	700	900	800	400	2800

问题：（1）该工程预计合同总价是多少？材料预付款是多少？首次支付措施项目费是多少？

（2）每月分项工程量价款是多少？承包商每月应得的工程款是多少？

（3）分项工程量总价款是多少？竣工结算前，承包商应得累计工程款是多少？

（4）工程实际总造价是多少？竣工结算款是多少？

分析：本案例是根据工程量清单计价模式和单价合同进行工程价款结算的案例，其基本计算方法可用以下计算公式表达

$$工程合同价款 = \sum 计价项目费用 \times (1 + 规费费率) \times (1 + 税率)$$

其中，计价项目费用应包括分部分项工程费、措施项目费和其他项目费。

分部分项工程费计算方法为：首先，确定每个分部分项工程量清单项目（子目）的综合单价（综合单价按《建设工程工程量清单计价规范》的规定，包括人工费、材料费、施工机具使用费、企业管理费、利润，并考虑一定的风险，但不包括规费和税金），其次，以每个分部分项工程量清单项目（子目）工程量乘以综合单价后形成每个分部分

项工程量清单项目（子目）的合价，最后，每个分部分项工程量清单项目（子目）的合价相加形成分部分项工程项目合价。根据《建设工程工程量清单计价规范》的规定，可以计算工程量的措施项目，包括与分部分项工程项目类似的措施项目（如护坡桩、降水等）和与某分部分项工程量清单项目直接相关的措施项目（如模板、压力容器的检验等），宜采用分部分项工程量清单项目计价方式计算费用；不便计算工程量的措施项目按项计价，包括除规费、税金以外的全部费用。

措施项目费也要在合同中约定按一定数额提前支付，以便承包商有效采取相应的措施。但需要注意，提前支付的措施项目费，与工程预付款不同，属于合同价款的一部分。如果工程约定扣留质量保证金，则提前支付的措施项目费也要扣留质量保证金。措施项目费的计取可采用以下三种方式。

（1）与分部分项实体消耗相关的措施项目，如混凝土、钢筋混凝土模板、支架与脚手架等。该类项目应随该分部分项工程的实体工程量的变化而调整。

（2）独立性的措施项目，如护坡、降水、矿山工程的上山道路等。该类项目应充分体现其竞争性，一般应固定不变，不得进行调整。

（3）与整个建设项目相关的综合取定的措施项目费，如夜间施工增加费、冬雨季施工增加费、二次搬运费、文明安全施工费等。该类项目应以分部分项工程项目合价（或分部分项工程合价与投标时的独立的措施费用之和）为基数进行调整。

其他项目费包括暂列金额、暂估价、计日工、总承包服务费等，应按下列规定计价。

（1）暂列金额应根据工程特点，按有关计价规定估算。

（2）暂估价中的材料单价应根据工程造价信息或参考市场价格估算；暂估价中专业工程金额应分不同专业，按有关计价规定估算。

（3）计日工应根据工程特点和有关计价依据计算。

（4）总承包服务费应根据招标人列出的内容和要求估算。

规费和税金应按国家、省级或行业建设主管部门的规定计算，不得作为竞争性费用。

解答：问题（1）中，该工程预计合同总价 $= \sum$ 计价项目费用 $\times (1+$ 规费费率$) \times (1+$ 税率$) = (2300 \times 180 + 3200 \times 160 + 180000 + 200000) \times (1+3.32\%) \times (1+3.47\%) \approx (926000 + 180000 + 200000) \times 1.069 = 1396114$（元）$= 139.611$（万元）

材料预付款 $= \sum$（分项工程项目工程量 $\times$ 综合单价）$\times (1+$ 规费费率$) \times (1+$ 税率$) \times$ 预付率 $= 92.6 \times 1.069 \times 20\% \approx 19.798$（万元）

首次支付措施项目费 $=$ 措施项目费 $\times (1+$ 规费费率$) \times (1+$ 税率$) \times 50\% \times 90\% = 18 \times 1.069 \times 50\% \times 90\% \approx 8.659$（万元）

问题（2）中，每月分项工程量价款 $= \sum$（分项工程量 $\times$ 综合单价）$\times (1+$ 规费费率$) \times (1+$ 税率$)$

第一个月分项工程量价款 $=$（$500 \times 180 + 700 \times 160$）$\times 1.069 \approx 21.594$（万元）

第一个月承包商应得工程款 $= 21.594 \times 90\% \approx 19.435$（万元）

第二个月分项工程量价款＝（800×180＋900×160）×1.069≈30.787（万元）

措施项目费第二次支付额＝18×1.069×50％×90％≈8.659（万元）

第二个月承包商应得工程款＝30.787×90％＋8.659≈36.367（万元）

第三个月分项工程量价款＝（800×180＋800×160）×1.069≈29.077（万元）

应扣预付款＝19.798×50％＝9.899（万元）

第三个月承包商应得工程款＝29.077×90％－9.899≈16.270（万元）

第四个月甲项工程累计完成工程量为2700m³，比清单工程量增加了400m³（增加数量超过清单工程量的10％），超出部分其单价应进行调整。

超过清单工程量10％的工程量为2700－2300×（1＋10％）＝170（m³）。这部分工程量综合单价应调整为180×0.9＝162（元/m³）。

第四个月甲项工程量价款＝［（600－170）×180＋170×162］×1.069≈11.218（万元）

第四个月乙项工程累计完成工程量为2800m³，比清单工程量减少了400m³（减少数量超过清单工程量的10％），因此，乙项工程的全部工程量均应按调整后的单价结算。

第四个月乙项工程量价款＝2800×160×1.08×1.069－（700＋900＋800）×160×1.069≈10.673（万元）

第四个月完成甲、乙两分项工程量价款＝11.218＋10.673＝21.891（万元）

专业工程暂估价、计日工费用结算款＝（17＋2.6）×1.069≈20.952（万元）

应扣预付款＝9.899（万元）

第四个月承包商应得工程款＝（21.891＋20.952）×90％－9.899≈28.660（万元）

问题（3）中，分项工程量总价款＝21.594＋30.787＋29.077＋21.891＝103.349（万元）

竣工结算前，承包商应得累计工程款＝19.434＋36.367＋16.270＋28.660＝100.731（万元）

问题（4）中，甲项工程的模板及其支撑措施费调增＝2×400/2300≈0.348（万元）

乙项工程的模板及其支撑措施费调减＝3×（－400/3200）＝0.375（万元）

分项工程量价款增加＝103.349/1.069－（2300×180＋3200×160）/10000≈4.078（万元）

安全文明施工费调增＝（4.078＋0.348－0.375）×2％≈0.081（万元）

工程实际总造价＝103.349＋（18＋0.348－0.375＋0.081）×1.069＋20.952≈143.601（万元）

竣工结算款＝100.731×5％＋（0.348－0.375＋0.081）×1.069×（1－5％）≈5.091（万元）

任务5.5 施工索赔

知识点学习

5.5.1 索赔概述

1. 索赔的概念

索赔指在合同履行过程中，对于并非自己的过错，而应由对方承担责任的情况所造成的实际损失，向对方提出经济补偿和（或）工期顺延的要求。

《民法典》规定，当事人一方不履行合同义务或履行合同义务不符合约定的，应当承担继续履行、采取补救措施或者赔偿损失等违约责任。因此，索赔是合同双方依据合同约定维护自身合法利益的行为，它的性质是经济补偿行为，而非惩罚。

施工索赔

2. 索赔的特点

（1）索赔是双向的。

建设工程施工中的索赔是发承包双方行使正当权利的行为，承包人可向发包人索赔，发包人也可向承包人索赔。但在实践中，后者发生的频率较低，且在索赔过程中发包人始终处于主动和有利地位，可以通过直接的方式（如抵扣或没收履约保函、扣保留金等）来实现自己的索赔要求。而承包人向发包人的索赔发生频率较高，处理起来相对困难。因此，实际工程施工中的索赔主要是指承包人向发包人提出的索赔，而发包人向承包人提出的索赔习惯上称为反索赔。

（2）索赔的前提是受到了损失或权利损害。

这里的损失或权利损害是指与合同相比较，已造成了实际的费用增加或工期损失，造成费用增加或工期损失的原因不是承包人的过失，造成的费用增加或工期损失不应是由承包人承担的风险。损失是指经济上或时间上的或两者兼而有之的合同外的额外支出，如发包人的原因造成了承包人人工费、机械费等额外的费用。权利损害是指给承包人造成了权利上的损害，如政府性的拉闸限电对工程进度的不利影响等。在实践中，只要实际发生了损失或权利损害，承包人就有权提出索赔。

（3）施工索赔与工程签证不同。

施工索赔是索赔事件发生后承包人提出索赔，发包人要对索赔报告进行确认与审批。这种索赔要求能否最终实现，必须通过确认，如果双方达不成协议，就不能对对方形成约束力。承包人对工程的变更一般是通过变更签证追加价款实现的，但有些变更如果得不到签证，可能就会通过索赔的途径补偿损失。

（4）索赔具有一定的时效性。

承包人应在损失或权利损害事件发生后的规定时间内提出索赔的书面意向通知和索赔

报告。

3. 索赔管理的任务

在承包工程项目管理中，索赔管理的任务是索赔和反索赔。索赔和反索赔是矛和盾的关系，进攻和防守的关系。有索赔，必有反索赔。在发包人和承包人、总包和分包、联营成员之间都可能有索赔和反索赔。在工程项目管理中它们又有不同的任务。

索赔的分类

4. 索赔的分类

（1）按索赔的合同依据分类。

① 合同内索赔：指发生了合同规定给承包人以补偿的干扰事件，承包人根据合同规定提出索赔要求。这是最常见的索赔。

② 合同外索赔：指工程过程中发生的干扰事件的性质已经超过合同范围，在合同中找不出具体的依据，一般必须根据适用于合同关系的法律解决索赔问题。例如，工程过程中发生重大的民事侵权行为造成承包人损失。

③ 道义索赔：指承包人索赔没有合同理由，如对干扰事件发包人没有违约，或发包人不应承担责任，可能是由于承包人失误（如报价失误、环境调查失误等）或发生承包人应负责的风险，造成承包人的重大损失，这将极大地影响承包人的财务能力、履约积极性、履约能力甚至危及承包人的生存。承包人提出要求，希望发包人从道义，或从工程整体利益的角度给予一定的补偿。

（2）按索赔的目的分类。

① 工期索赔：即要求发包人延长工期，推迟竣工日期。

② 费用索赔：即要求发包人补偿费用损失，调整合同价格。

（3）按索赔事件的性质分类。

① 工程延期索赔：因为发包人未按合同要求提供施工条件，或者发包人指令工程暂停或由于不可抗力事件等原因造成工期拖延的。

② 工程加速索赔：由于发包人或工程师指令承包人加快施工进度、缩短工期引起承包人的人力、财力、物力的额外开支。

③ 工程变更索赔：由于发包人或工程师指令增加或减少工程量或增加附加工程、修改设计、变更施工顺序等造成工期延长和费用增加。

④ 工程终止索赔：由于发包人违约或发生了不可抗力事件等造成工程非正常终止，承包人蒙受经济损失。

⑤ 不可预见的外部障碍或条件索赔：承包人施工期间在现场遇到一个有经验的承包人通常不可能预见的由外部障碍或条件导致承包人发生损失。

⑥ 不可抗力事件引起的索赔：承包人在签订合同前不能对之进行合理防备的，发生后无法控制、不能合理避免或克服导致承包人发生损失。

（4）按索赔的起因分类。

索赔的起因是指引起索赔事件的原因，通常有以下几类。

① 发包人违约：包括发包人和监理工程师没有履行合同责任，没有正确地行使合同赋予的权利，工程管理失误，不按合同支付工程款等。

② 合同缺陷：如合同条款不全、错误、矛盾、有二义性，设计图纸、技术规范错误等。

③ 工程变更：如双方签订新的变更协议、备忘录、修正案，发包人下达工程变更指令等。

④ 工程环境变化：包括国家政策、法律、市场物价、货币兑换率、施工条件、自然条件的变化等。

⑤ 不可抗力：如恶劣的气候条件、地震、洪水、战争状态、禁运等。

上述情况也可以发生在发包人向承包人反索赔和发包人向承包人索赔的某些事件中。

（5）按索赔过程分类。

按索赔过程分类，索赔可分为单项索赔与总体索赔，直接索赔与间接索赔。

（6）按索赔的主体分类。

一般情况下，承包人向发包人索赔称为索赔，反之为反索赔。

5.5.2　索赔的原因

引起索赔的原因是多种多样的，主要原因有以下几个方面。

1. 发包人违约

发包人违约常常表现为发包人未能按合同规定为承包人提供应由其提供的、使承包人得以施工的必要条件，或未能在规定的时间内付款。如发包人未能按规定时间向承包人提供场地使用权，工程师未能在规定时间内发出有关图纸、指示、指令或批复，工程师拖延发布各种证书（如进度付款签证、移交证书等），发包人提供材料等的延误或不符合合同标准，工程师的不适当决定和苛刻检查等。

索赔与它的起因

2. 合同缺陷

合同缺陷常常表现为合同文件规定不严谨甚至矛盾、合同中的遗漏或错误。这不仅包括商务条款中的缺陷，也包括技术规范和图纸中的缺陷。在这种情况下，工程师有权做出解释。但如果承包人执行工程师的解释后引起成本增加或工期延长，则承包人可以据此提出索赔，工程师应给予证明，发包人应给予补偿。一般情况下，发包人作为合同起草人，要对合同中的缺陷负责，除非其中有非常明显的含糊或其他缺陷，根据法律可以推定承包人有义务在投标前发现并及时向发包人指出。

3. 施工条件变化

在建筑工程施工中，施工现场条件的变化对工期和造价的影响很大。不利的自然地质条件及障碍常常导致工程变更、工期延长或成本大幅度增加。

建筑工程对基础地质条件要求很高，而这些自然地质条件，如地下水、地质断层，熔岩孔洞、地下文物遗址等，根据发包人在招标文件中所提供的材料，以及承包人在招标前的现场勘察，都不可能准确无误地被发现，即使是有经验的承包人也无法做出事前预料。因此，基础地质方面出现的异常变化必然会引起施工索赔。

4. 工程变更

在建筑工程施工中，工程量的变化是不可避免的，造成施工时实际完成的工程量超过或小于工程量表中所列的预计工程量。在施工过程中，工程师发现设计、质量标准和施工顺序等问题时，往往会指令增加新的工作、改换建筑材料、暂停施工或加速施工等。这些变更指令必然引起新的施工费用，或需要延长工期。所有这些情况，承包人都可以提出索赔要求，以弥补不应由自己承担的经济损失。

5. 工期拖延

在大型建筑工程施工中，由于受天气、水文、地质等因素的影响，常常出现工期拖延。在分析工期拖延原因、明确工期拖延责任时，合同双方往往会产生分歧，使承包人实际支出的计划外施工费用得不到补偿，势必引起索赔要求。

如果工期拖延的责任在承包人方面，则承包人无权提出索赔，而应自费采取赶工的措施，抢回延误的工期；如果到合同规定的完工日期时，仍然做不到按期建成，则应承担误期损害赔偿费。

6. 工程师指令

工程师指令通常表现为工程师指令承包人加速施工、进行某项工作、更换某些材料、采取某种措施或停工等。工程师是受发包人委托来进行工程建设监理的，其在工程中的作用是监督所有工作都按合同规定进行，督促承包人和发包人完全合理地履行合同、保证合同顺利实施。为了保证合同工程达到既定目标，工程师可以发布各种必要的现场指令。相应地，因这种指令（包括指令错误）而造成的成本增加和（或）工期延误，承包人当然可以要求索赔。

7. 国家政策及法律、法令变更

国家政策及法律、法令变更，通常是指直接影响到工程造价的某些政策及法律、法令的变更，如相关法律法规中税收及其他收费标准的提高。就国内工程而言，因国务院各有关部门、各级建设行政管理部门或其授权的工程造价管理部门公布的价格调整，如定额、取费标准、税收、上缴的各种费用等，可以调整合同价款。如未予调整，承包人可以要求索赔。

8. 其他承包人干扰

其他承包人干扰通常是指其他承包人未能按时、按序进行并完成某项工作、各承包人之间配合协调不好等而给本承包人的工作带来的干扰。大中型建筑工程，往往会有几个承包人在现场施工。由于各承包人之间没有合同关系，工程师作为发包人委托人有责任组织协调好各承包人之间的工作；否则，将会给整个工程和各承包人的工作带来严重影响，引起承包人索赔。例如，某承包人不能按期完成其承包部分工作，其他承包人的相应工作也会因此延误。在这种情况下，被迫延迟的承包人就有权向发包人提出索赔。在其他方面，如场地使用、现场交通等，各承包人之间也有可能发生相互干扰的问题。

9. 不可抗力

不可抗力是指超出合同各方控制能力的意外事件，任何一件不可抗力事件的发生都会干扰合同的履行。发生不可抗力，承包人要迅速向工程师报告，并提供相应的证据。工程师接到报告后要及时处理。发包人和承包人可根据施工合同中对不可抗力事件的认定和责任划分原则进行处理。

10. 其他第三方原因

其他第三方原因通常表现为因与工程有关的其他第三方的问题而引起的对本工程的不利影响，如银行付款延误、邮路延误、燃料短缺、港口压港等。由于这种原因引起的索赔往往较难处理，如发包人在规定时间内依规定方式向银行寄出了要求向承包人支付款项的付款申请，但由于邮路延误，银行迟迟没有收到该付款申请，因而造成承包人没有在合同规定的期限内收到工程款。在这种情况下，由于最终表现出来的结果是承包人没有在规定时间内收到款项，所以承包人往往会向发包人要求索赔。对于第三方原因造成的索赔，发包人给予补偿后，还应根据其与第三方签订的合同规定或有关法律规定再向第三方追偿。

5.5.3　索赔证据

任何索赔事件的确立，必须要有可靠的索赔证据。在工程中，当一方向另一方提出索赔时，要有正当的索赔理由，且有引起索赔事件发生的有效证据。

1. 索赔证据的要求

（1）真实性。索赔证据必须是在实施合同过程中确实存在和发生的，必须完全反映实际情况，能经得住推敲。

（2）全面性。所提供的证据应能说明事件的全过程，证据充分、真实。索赔报告中涉及的索赔理由、事件过程、影响、索赔款额等都应有相应证据，不能零乱和支离破碎。

（3）关联性。索赔证据应当能够互相说明，互相有关联性，不能互相矛盾。

（4）及时性。索赔证据的取得和提出都要及时。

（5）具有法律证明效力。建设工程要求索赔证据必须是书面文件，有关记录、协议、纪要必须是双方签署的。工程中重大事件及特殊情况的记录、统计必须由工程师签字认可。

2. 索赔证据的种类

施工中常见的索赔证据有以下几种类型。

（1）施工合同文件。

（2）施工中各方主体往来信件。

（3）工程所在地气象资料。

（4）施工日志。

（5）会议纪要。

（6）工程照片和工程声像资料。

（7）工程进度计划。

（8）工程核算资料。

（9）工程图纸。

（10）招投标文件。

5.5.4　索赔文件

索赔文件包括索赔意向通知书、索赔报告（索赔通知书）和附件。

1. 索赔意向通知书

索赔意向通知书一般仅仅是向发包人或监理工程师表明索赔意向，所以应当简明扼要。通常只要说明以下几点内容即可：索赔事由的名称、发生的时间、地点、简要事实情况和发展动态；索赔所引证的合同条款；索赔事件对工程成本和工期产生的不利影响，进而提出自己的索赔要求即可。至于要求的索赔款额，或工期应补偿天数及有关的证据资料另在合同规定的时间内报送。

2. 索赔报告

索赔报告（即索赔通知书）的具体内容随该索赔事项的性质和特点而有所不同，一般包括总论、合同引证、款额计算、工期延长论证和证据五部分。如果就工期索赔和费用索赔分别编写索赔报告，则它们除了都包括总论、合同引证和证据三个部分，还应分别包括工期延长论证部分和款额计算部分。如果把工期索赔和费用索赔合并编写为一份报告，则应包括全部五个部分。

一份成功的索赔报告应注意事实的正确性、论述的逻辑性，善于利用成功的索赔案例来证明此项索赔应当成立。编写索赔报告应逐项论述、层次分明、文字简练、论理透彻，使阅读者感到清楚明了、合情合理、有理有据。

（1）总论部分。

总论部分在索赔报告之首，应简明扼要。对于较大的索赔事项，一般应以 3～5 页篇幅为限。

每个索赔报告的首页应为该索赔事项的综述，概要地叙述发生索赔事项的日期和过程，说明承包人为了减轻该索赔事项造成的损失而做过的努力，索赔事项给承包人的施工增加的额外费用或工期延长的天数，以及自己的索赔要求。在上述论述之后应附上索赔报告编写人、审核人的名单，注明各人的职称、职务及施工索赔经验，以表示该索赔报告的权威性和可信性。

（2）合同引证部分。

合同引证部分是索赔报告的关键部分之一，其目的是承包人论述自己有索赔权，这是索赔成立的基础。合同引证的主要内容是该工程项目的合同条件及有关此项索赔的法律规定，说明承包人理应得到的经济补偿或工期延长，或二者均应获得。因此，施工索赔人员应通晓合同文件，善于在合同条件、技术规程、工程量表及合同函件中寻找索赔的法律依据，使自己的索赔要求建立在合同、法律的基础上。

对于重要的条款引证，如不利的自然条件或人为障碍（施工条件变化）、合同范围以外的额外工程、特殊风险等，应在索赔报告中做详细的论证叙述，并引用有说服力的证据资料。由于在这些方面发承包双方经常会有不同的观点，对合同条款的含义有不同的解释，合同引证往往成为施工索赔争议的焦点。

在论述索赔事项的发生、发展、处理和最终解决的过程时，承包人应客观地描述事实，避免采用抱怨或夸张的措辞，以免使工程师和发包人方面产生反感或怀疑，这样的措辞也容易使索赔工作复杂化。

综合上述，合同引证部分一般包括以下内容。

① 概述索赔事项的处理过程。

② 发出索赔报告的时间。

③ 引证索赔要求的合同条款，如不利的自然条件、合同范围以外的工程、发包人风险和特殊风险、工程变更指令、工期延长、合同价调整等。

④ 指明所附的证据资料。

（3）款额计算部分。

在论证索赔权以后，应接着计算索赔款额，具体分析论证合理的经济补偿款额。这也是索赔报告的主要部分，是费用索赔报告的第三部分。

款额计算部分是以具体的计价方法和计算过程说明承包人应得到的经济补偿款额。如果说合同论证部分的目的是确立索赔权，则款额计算部分的任务是决定应得的索赔款。

① 索赔款的计价方法。采用哪一种计价方法，应根据索赔事项的特点及掌握的证据资料等因素来确定。索赔工作人员应注意每项开支的合理性，并指出相应的证据资料的名称及编号（这些资料均列入索赔报告中）。只要计价方法合适，各项开支合理，计算出的索赔总款额就有说服力。

② 索赔款计价的主要组成部分。索赔款计价内容包括由于索赔事项引起的额外开支的人工费、材料费、设备费、工地管理费、总部管理费、投资利息、税收、利润等。每一项费用开支，应附以相应的证据或单据。

③ 款额计算部分的写法结构。在写法结构上，最好首先写出计价的结果，即列出索赔总款额汇总表，然后分项论述各组成部分的计算过程，并指出所依据的证据资料的名称和编号。

款额计算部分的篇幅可能较大。因为该部分需论述各项计算的合理性，详细写出计算方法，并引证相应的证据资料，在此基础上累计出索赔总款额。通过详细的论证和计算，发包人和工程师对索赔款的合理性有了充分的了解，这对索赔要求的迅速解决很有帮助。

在编写款额计算部分时，切忌采用笼统的计价方法和不实的开支款项。有的承包人对计价采取不严肃的态度，没有根据地扩大索赔款额，采取漫天要价的策略。这种做法是错误的，是不能成功的，增加了索赔工作的难度。

（4）工期延长论证部分。

承包人在工期索赔报告中进行工期延长论证的目的，首先是获得施工期的延长，以免承担误期损害赔偿费的经济损失，其次还可能在此基础上探索获得经济补偿的可能性。因为如果承包人投入了更多的资源，则有权要求发包人对其附加开支进行补偿。工期延长论证是工期索赔报告的第三部分。

论证工期的方法主要有横道图表法、关键路线法、进度评估法、顺序作业法等。

工期延长论证部分应对工期延长、实际工期、理论工期等工期的长短（天数）进行详细的论述，说明自己要求工期延长（天数）或加速施工费用（款数）的根据。

（5）证据部分。

证据部分通常以索赔报告附件的形式出现，包括该索赔事项所涉及的一切有关证据资料及对这些证据的说明。

证据是索赔报告的必要组成部分，需保证索赔证据的翔实可靠，使索赔取得成功。索赔证据资料的范围甚广，它可能包括工程项目施工过程中所涉及的有关政治、经济、技术、财务等许多方面的资料。这些资料，合同管理人员应该在整个施工过程中持续不断地搜集整理，分类储存，最好是存入计算机中以便随时提出查询、整理或补充。但所收集的诸项证据资料并不是都要放入索赔报告附件中的，而是要针对索赔报告中提到的开支项目，有选择、有目的地列入，并进行编号，以便审核查对。

在引用每个证据时，要注意该证据的效力或可信程度。为此，对重要的证据资料最好附以文字说明，或附以确认函件。例如，对一项重要的电话记录，仅附上自己的记录是不够有力的，最好附上经过对方签字确认过的电话记录，或附上发给对方的要求确认该电话记录的函件，即使对方当时未复函确认或予以修改，也可说明责任在对方，因为未复函确认或予以修改，按惯例应理解为默认。

除文字报表证据资料以外，对丁重大的索赔事项，承包人还应提供直观记录资料，如录像、摄影等证据资料。

5.5.5　索赔程序

施工索赔程序，一般包括发出索赔意向通知书；收集索赔证据，编写和提交索赔报告；索赔报告的评审；进行索赔谈判；解决索赔争端。

承包人认为非承包人原因导致的事件造成了承包人的损失，应按以下程序向发包人提出索赔：承包人应在知道或应当知道索赔事件发生后 28 天内，向发包人提交索赔意向通知书，说明发生索赔事件的事由，承包人逾期未发出索赔意向通知书的，丧失索赔的权利；承包人应在发出索赔意向通知书后 28 天内，向发包人正式提交索赔报告，索赔报告应详细说明索赔理由和要求，并附必要的记录和证明材料；索赔事件具有连续影响的，承包人应继续提交延续索赔通知，说明连续影响的实际情况和记录；在索赔事件影响结束后的 28 天内，承包人应向发包人提交最终索赔报告，说明最终索赔要求，并附必要的记录和证明材料。承包人索赔提出过程示意如图 5-1 所示。

1. 发出索赔意向通知书

按照合同条件的规定，凡是非承包人原因引起工程拖期或工程成本增加的，承包人有权提出索赔。当索赔事件发生时，承包人一方面用书面形式向发包人或监理工程师发出索赔意向通知书，另一方面应继续施工，不影响施工的正常进行。索赔意向通知书是一种维护自身索赔权利的文件。项目部的合同管理人员或索赔工作人员应根据具体情况，在索赔事项发生后的规定时间内正式发出索赔报告，避免丧失索赔权。

2. 收集索赔证据，编写和提交索赔报告

在正式提出索赔要求后，承包人应抓紧准备索赔资料，计算索赔款额，编写索赔报告，并在合同规定的时间内正式提交。如果索赔事项的影响具有连续性，即事态还在继续发展，则按合同规定，每隔一定时间向监理工程师报送一次补充资料，说明事态发展情况。在索赔事项的影响结束后的规定时间内报送此项索赔的最终报告，附上最终账目和全部证据资料，提出具体的索赔款额，要求发包人或监理工程师进行评审。

索赔的成功很大程度上取决于承包人对索赔权的论证和充分的证据资料。即使抓住了合同履行中的索赔机会，如果拿不出索赔证据或证据不充分，其索赔要求也往往难以成功或被大打折扣。因此，承包人在正式提出索赔报告前的资料准备工作极为重要。这就要求承包人注意记录和积累保存工程施工过程中的各种资料，并可随时从中提取与索赔事件有关的证明资料。

3. 索赔报告的评审

发包人或监理工程师在接到承包人的索赔报告后，应当站在公正的立场，以科学的态度，及时、认真地审阅报告，重点审查承包人索赔要求的合理性和合法性，审查索赔款额

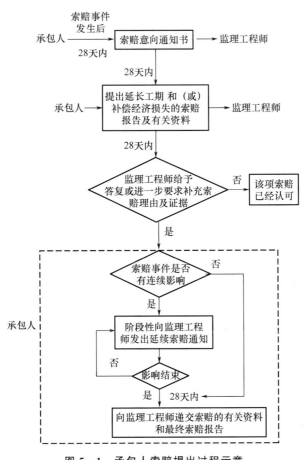

图 5 - 1　承包人索赔提出过程示意

的计算是否正确、合理。对不合理的索赔要求或不明确的地方提出反驳和质疑，或要求做出解释和补充。监理工程师可在发包人的授权范围内做出自己独立的判断。

监理工程师判定承包人索赔成立的条件如下。

（1）与合同相对照，事件已造成了承包人施工成本的额外支出，或直接工期损失。

（2）造成费用增加或工期损失的原因，按合同约定不属于承包人的行为责任或风险责任。

（3）承包人按合同规定的程序提交了索赔意向通知书和索赔报告。

上述三个条件没有先后主次之分，应当同时具备。只有监理工程师认定索赔成立后，才按一定程序处理索赔事项。

4. 进行索赔谈判

发包人或监理工程师经过对索赔报告的评审后，由于承包人常常需要做出进一步的解释和补充证据，而发包人或监理工程师也需要对索赔报告提出的初步处理意见做出解释和说明，因此，发包人、监理工程师和承包人三方应就索赔的解决进行进一步的讨论、磋商，即进行索赔谈判。这里可能有复杂的谈判过程，对经谈判达成一致意见的，做出索赔决定；若意见达不成一致，则会产生争执。

在经过认真分析、研究，与承包人、发包人广泛讨论后，监理工程师应该向发包人和承包人提出自己的索赔处理决定文件。监理工程师收到承包人送交的索赔报告和有关资料后，于合同规定的时间内（如 28 天）给予答复，或要求承包人进一步补充索赔理由和证据。监理工程师在规定时间内未答复或未对承包人做出进一步要求，则视为该项索赔已经被认可。

监理工程师在索赔处理决定文件中应该简明地叙述索赔事项、理由和建议给予补偿的金额及（或）延长的工期，并在附件中提供索赔评价报告。在索赔评价报告中监理工程师根据所掌握的实际情况，详细叙述索赔的事实依据、合同及法律依据，论述承包人索赔的合理方面及不合理方面，详细计算应给予的补偿。索赔评价报告是监理工程师站在公正的立场上独立编制的。当监理工程师确定的索赔款额超过其权限范围时，必须报请发包人批准。

发包人应首先根据事件发生的原因、责任范围、合同条款审核承包人的索赔申请和监理工程师的处理决定，再依据工程建设的目的、投资控制、竣工投产日期要求，以及针对承包人在施工中的缺陷或违反合同规定等的有关情况，决定是否批准监理工程师的处理决定，但不能超越合同条款的约定范围。索赔报告经发包人批准后，监理工程师即可签发有关证书。

5. 解决索赔争端

如果发包人和承包人通过谈判不能协商解决索赔，则可以将争端提交给监理工程师解决。监理工程师在收到有关解决争端的申请后，在一定时间内要做出索赔决定。发包人或承包人如果对监理工程师的决定不满意，可以申请仲裁或起诉。争端发生后，在一般情况下，双方都应继续履行合同，保持施工连续，保护好已完工程。只有当出现单方违约导致合同确已无法履行，双方协议停止施工，或调解要求停止施工且被双方接受，或仲裁机关或法院要求停止施工等情况时，当事人方可停止履行施工合同。

5.5.6　索赔的计算

1. 工期索赔计算

工期索赔是指在工程施工中，发生了一些未能预见的干扰事件使得施工不能按计划完成，致使工期延长而引发的索赔事件。工期索赔的计算方法主要有网络分析法和比例计算法两种。

（1）网络分析法。

网络分析法是利用进度计划的网络图，分析其关键线路。如果延误的工作为关键工作，则延误的时间为索赔的工期；如果延误的工作为非关键工作，当该工作由于延误超过时限而成为关键工作时，可以索赔延误时间与时差的差值；当该工作延误后仍为非关键工作时，则不存在工期索赔问题。

可以看出，网络分析法要求承包人切实使用网络技术进行进度控制，才能依据网络计划提出工期索赔。按照网络分析法得出的工期索赔值是科学合理的，容易得到认可。

网络分析的两种情况下，工期索赔的计算公式如下。

由于非承包人自身的原因造成关键线路上的工序暂停施工：

工期索赔值＝关键线路上的工序暂停施工的日历天数

由于非承包人自身的原因造成非关键线路上的工序暂停施工：

工期索赔值＝工序暂停施工的日历天数－该工序的总时差天数

（2）比例计算法。

比例计算法的公式如下。

对于已知部分工程延期的时间：

$$工期索赔值＝\frac{受干扰部分工程的合同价}{原合同总价}×该受干扰部分工期拖延时间$$

对于已知额外增加工程量的价格：

$$工期索赔值＝\frac{额外增加工程量的价格}{原合同总价}×原合同总工期$$

比例计算法简单方便，但有时不符合实际情况。比例计算法不适用于变更施工顺序、加速施工、删减工程量等事件的索赔。

2. 费用索赔计算

费用索赔是指承包人当由于非自身原因而遭受经济损失时向发包人提出补偿其额外经济损失的要求。费用索赔常用的计算方法有总费用法、修正的总费用法、分项法。

（1）总费用法。

总费用法又称总成本法，就是计算出该项工程的总费用，再从这个已实际开支的总费用中减去投标报价时的成本费用，即为要求补偿的索赔款额。

总费用法并不十分科学，但仍被经常采用，原因是对于某些索赔事件，难于精确地确定它们导致的各项费用增加额，此时可用总费用法进行计算。

一般认为，在具备以下条件时采用总费用法是合理的。

① 已开支的实际总费用经过审核，被认为是比较合理的。

② 承包人的原始报价是比较合理的。

③ 费用的增加是由于对方原因造成的，其中没有承包人管理不善的责任。

④ 由于该项索赔事件的性质及现场记录的不足，难于采用更精确的计算方法。

（2）修正的总费用法。

修正的总费用法是指对难于用实际总费用进行审核的，可以考虑是否能计算出与索赔事件有关的单项工程的实际总费用和该单项工程的投标报价，若可行，可按其单项工程的实际费用与报价的差值来计算其索赔的金额。

（3）分项法。

分项法是将索赔的损失费用分项进行计算，分项的内容如下。

① 人工费索赔。

人工费索赔包括额外雇用劳务人员、加班工作、人员闲置、工资上涨和劳动生产率降低的费用。

对于额外雇用劳务人员和加班工作的费用，用投标时的人工单价乘以工时数计算即可。对于人员闲置费用，一般折算为人工单价的0.75。工资上涨是指由于工程变更，承包人的大量人力资源的使用从前期推到后期，而后期工资水平上调，因此应得到相应的补偿。有时监理工程师指令进行计日工，则人工费索赔按计日工表中的人工单价计算。对于劳动生产率降低导致的人工费索赔，一般可用如下方法计算。

a. 实际成本和预算成本比较法。这种方法是对受干扰影响工作的实际成本与合同中的预算成本进行比较，索赔其差额。这种方法需要有正确、合理的估价体系和详细的施工记录。

b. 正常施工期与受影响期比较法。这种方法是在承包人的正常施工受到干扰，生产率下降时，通过比较正常条件下的生产率和干扰状态下的生产率得出生产率降低值，以此为基础进行索赔。

例如，某工程吊装浇筑混凝土，前 5 天工作正常，第 6 天起发包人架设临时电线，使往后 6 天时间吊车不能在正常角度下工作，导致吊运混凝土的方量减少。承包人有未受干扰时正常施工记录和受干扰时施工记录，见表 5 - 2 和表 5 - 3。

表 5 - 2 未受干扰时正常施工记录

时间/天	1	2	3	4	5	—
平均劳动生产率/（m³/h）	7	6	6.5	8	6	平均值：6.7

表 5 - 3 受干扰时施工记录

时间/天	1	2	3	4	5	6	—
平均劳动生产率/（m³/h）	5	5	4	4.5	6	4	平均值：4.75

通过以上施工记录比较，劳动生产率降低值为

$$6.7 - 4.75 = 1.95(\text{m}^3/\text{h})$$

索赔费用的计算公式为

人工费索赔值＝计划台班×（劳动生产率降低值/预期劳动生产率）×台班单价

② 材料费索赔。

材料费索赔包括材料消耗量增加和材料单位成本增加两方面。追加额外工作、变更工程性质、改变施工方法等，都可能造成材料消耗量的增加或不同材料的使用。材料单位成本增加的原因包括材料价格上涨、手续费增加、运输费用（运距加长、二次倒运等）、仓储保管费增加等。

材料费索赔需要提供准确的数据和充分的证据。

③ 机械费索赔。

机械费索赔包括增加台班数量、机械闲置或工作效率降低、台班费率上涨等费用。

对于机械闲置费用，有两种计算方法。一是按公布的行业标准租赁费率进行折减计算，二是按定额标准的计算方法，一般建议将其中的不变费用和可变费用分别扣除一定的百分比进行计算。对于工作效率降低的费用，应参考劳动生产率降低的人工费索赔的计算方法。台班数量的计算数据来自机械使用记录。对于租赁的机械，取费标准按租赁合同计算。台班费率按照有关定额和标准手册取值。对于工程师指令进行计日工作的，按计日工作表中的费率计算。

④ 现场管理费索赔。

现场管理费包括工地的临时设施费、通信费、办公费、现场管理人员和服务人员的工资等。

现场管理费索赔的计算公式一般为

现场管理费索赔值＝索赔的直接成本费用×现场管理费率

现场管理费率的确定可选用以下方法。

a. 合同百分比法，即管理费率在合同中规定。

b. 行业平均水平法，即采用公开认可的行业标准费率。

c. 原始估价法，即采用投标报价时确定的费率。

d. 历史数据法，即采用以往相似工程的管理费率。

⑤ 企业管理费索赔。

企业管理费索赔是承包人的上级部门提取的管理费，如企业总部办公楼折旧、总部职员工资、交通差旅费、通信、广告费等。

企业管理费索赔与现场管理费索赔相比数额较为固定，一般仅在工程延期和工程范围变更时才允许索赔企业管理费。目前国际上应用得最多的企业管理费索赔的计算公式是埃尺利（Eichealy）公式。该公式可计算在获得工期索赔后进一步获得的企业管理费索赔。如获得工程成本索赔后，也可参照该公式的计算方法进一步获得总部管理费索赔。该公式可分为两种形式，一是用于工期索赔计算的日费用分摊法，二是用于工作范围索赔的总直接费分摊法。

a. 日费用分摊法的计算公式为

延期合同应分摊的管理费＝（延期合同额/同期企业所有合同额之和）×同期企业计划管理费总和

单位时间（日或周）管理费率＝延期合同应分摊的管理费/计划合同工期（日或周）

企业管理费索赔值＝单位时间（日或周）管理费率×延期时间（日或周）

b. 总直接费分摊法的计算公式为

被索赔合同应分摊的管理费＝（被索赔合同原计划直接费/同期企业所有合同直接费总和）×同期企业计划管理费总和

每元直接费包含管理费率＝被索赔合同应分摊的管理费/被索赔合同原计划直接费

企业管理费索赔值＝每元直接费包含管理费率×工作范围变更索赔的直接费用

埃尺利公式最适用的情况是：承包人应首先证明由于索赔事件出现确实引起管理费的增加，在停工期间，确实无其他工程可干或者是索赔额外工作的费用不包括管理费，只计算直接成本费。如果停工时间短，工程变更索赔的费用中包括了管理费，埃尺利公式将不再适用。

5.5.7　索赔的技巧

索赔的技巧是为索赔的战略和策略目标服务的，因此，在确定了索赔的战略和策略目标之后，索赔技巧就显得格外重要，它是索赔策略的具体体现。索赔技巧应因人、因客观环境条件而异，现提出以下各项供参考。

1. 要及时发现索赔机会

一个有经验的承包人，在投标报价时就应考虑将来可能要发生索赔的问题，要仔细研究招标文件中的合同条款和规范，仔细勘察施工现场，探索可能索赔的机会，在报价时就考虑索赔的需要。在进行单价分析时，应列入生产效率，把工程成本与投入资源的效率结合起来。这样在施工过程中论证索赔原因时，可引用效率降低来论证索赔的合理性。

例如，在索赔谈判中，如果没有生产效率降低的资料，则很难说服监理工程师和发包人，索赔无取胜可能，反而可能被认为生产效率的降低是承包人施工组织不好，没达到投标时的效率，应采取措施提高效率，赶上工期。要论证生产效率降低，承包人应做好施工记录，记录好每天使用的设备工时、材料和人工数量、完成的工程及在施工中遇到的问题。

2. 商签好合同协议

在商签合同过程中，承包人应对明显把重大风险转嫁给承包人的合同条件提出修改要求，对达成修改的协议应以谈判纪要的形式写出，作为该合同文件的有效组成部分。要对发包人开脱责任的条款特别注意，如合同中不列索赔条款；拖期付款无时限、无利息；没有调价公式；发包人认为对某部分工程不够满意，即有权决定扣减工程款；发包人对不可预见的工程施工条件不承担责任等。如果这些问题不在签订合同协议时谈判清楚，承包人就很难有索赔机会。

3. 口头变更指令要得到确认

监理工程师常常乐于用口头指令变更，如果承包人不对监理工程师的口头指令予以书面确认，就进行变更工程的施工，若此后有的监理工程师矢口否认，拒绝承包人的索赔要求，承包人将有苦难言。

4. 及时发出索赔意向通知书

一般合同规定，索赔事件发生后的一定时间内，承包人必须发出索赔意向通知书，过期无效。

5. 索赔事件论证要充足

承包合同通常规定，承包人在发出索赔意向通知书后，每隔一定时间（如 28 天）应报送一次证据资料，在索赔事件结束后的 28 天内报送总结性的索赔计算及索赔论证，提交索赔报告。索赔报告一定要令人信服，经得起推敲。

6. 索赔计价方法和款额要适当

索赔计算时采用附加成本法容易被对方接受，因为这种方法只计算索赔事件引起的计划外的附加开支，计价项目具体，使费用索赔能较快得到解决。索赔计价不能过高，要价过高容易让对方发生反感，使索赔报告被束之高阁，长期得不到解决，另外还有可能使发包人准备周密的反索赔计划，以高额的反索赔对付高额的索赔，使索赔工作更加复杂化。

7. 力争单项索赔，避免一揽子索赔

单项索赔事件简单，容易解决，而且能及时得到支付。一揽子索赔，问题复杂，金额大，不易解决，往往到工程结束后还得不到付款。

8. 及时核对账目

在索赔过程中，承包人往往只注意对某项索赔的当月结算索赔款，而忽略了该项索赔款的余额部分。没有以文字的形式保留自己今后获得余额部分的权利，等于同意并承认了发包人对该项索赔的付款，以后对余额再无权追索。

在索赔支付过程中，承包人和监理工程师对确定新单价和工程量扩大经常存在不同意见。按合同规定，监理工程师有决定单价的权力，如果承包人认为监理工程师的决定不尽合理，而坚持自己的要求，可同意接受监理工程师决定的临时单价或临时价格付款，先拿到一部分索赔款，对其余不足部分，则书面通知监理工程师和发包人，作为索赔款的余额，保留自己的索赔权利，否则，将失去了将来要求付款的权利。

9. 力争友好解决，防止对立情绪

索赔争端是难免的，如果遇到争端不能理智协商和讨论问题，会使一些本来可以解决的问题悬而未决。承包人尤其要头脑冷静，防止对立情绪，力争友好解决索赔争端。

10. 注意同监理工程师搞好关系

监理工程师是处理解决索赔问题的公正的第三方，承包人应注意同监理工程师搞好关系，争取得到监理工程师的公正裁决，竭力避免仲裁或诉讼。

5.5.8 索赔与合同管理的关系

合同是索赔的依据。索赔就是针对不符合或违反合同的事件，并以合同条款作为最终判定的标准。索赔是合同管理的继续，是解决双方合同争执的独特方法。因此人们常常将索赔称为合同索赔。索赔与合同管理的关系主要有以下几点。

1. 签订一个有利的合同是索赔成功的前提

索赔以合同条款为理由和根据，所以索赔的成败、索赔额的大小及解决结果常常取决于合同的完善程度和表达方式。合同有利，则承包人在工程中处于有利地位，无论进行索赔或反索赔都能得心应手，有理有利。合同不利，如责权利不平衡条款、单方面约束性条款太多，风险大，合同中没有索赔条款，或索赔权受到严格的限制，则形成了承包人的不利地位和败势，往往只能被动挨打，对损失防不胜防。

这里的损失已产生于合同签订过程中，而合同执行过程中利用索赔（反索赔）进行补救的余地已经很小。这常常连一些索赔专家和法律专家也无能为力。所以为了签订一个有利的合同而做出的各种努力是最有力的索赔管理。

在工程项目的投标、议价和合同签订过程中，承包人应仔细研究工程所在国的法律、政策、规定及合同条件，特别是关于合同工程范围、义务、付款、价格调整、工程变更、违约责任、发包人风险、索赔时限和争端解决等条款，必须在合同中明确当事人各方的权利和义务，以便为将来可能发生的索赔提供合法的依据和基础。

2. 在合同分析、合同监督和跟踪中可发现索赔机会

在合同签订前和合同实施前，通过对合同的审查和分析可以预测和发现潜在的索赔机会。因此应对合同变更、价格补偿，以及工期索赔的条件、可能性、程序等条款特别注意和研究。

在合同实施过程中，合同管理人员进行合同监督和跟踪，首先是保证承包人全面执行合同、不违约，然后监督和跟踪对方的合同完成情况，将每日的工程实施情况与合同分析结果相对照，一旦发现两者之间不符合，或在合同实施中出现有争议的问题，就应做进一步的分析，进行索赔处理。这些索赔机会是索赔的起点。

可以说，索赔的依据在于日常工作的积累，在于对合同执行的全面控制。

3. 合同变更可直接作为索赔事件

发包人的变更指令，合同双方对新的特殊问题的协议、会议纪要、修正案等引起合同

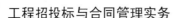

变更，合同管理人员不仅要落实这些变更，调整合同实施计划，修改原合同规定的责权利关系，而且要进一步分析合同变更造成的影响。合同变更如果引起工期拖延和费用增加就可能导致索赔。

4. 合同管理为索赔提供所需要的证据

在合同管理中要处理大量的合同资料和工程资料，它们又可作为索赔的证据。

5. 合同管理人员往往负责处理索赔事件

日常单项索赔事件由合同管理人员负责处理，进行干扰事件分析、影响分析、收集证据、准备索赔报告、参加索赔谈判。重大的一揽子索赔则必须成立专门的索赔小组负责具体工作。合同管理人员在小组中起着主导作用。

在国际工程中，索赔已被看作一项正常的合同管理业务。索赔实质上又是对合同双方责权利关系的重新分配和定义的要求，它的处理结果也作为合同的一部分。

 技能点训练

1. 训练目的

训练学生正确编制索赔意向通知书，能成功完成索赔。

2. 训练内容

由于某年 7 月份的连续降雨，引发某地重大地质灾害事故。事故发生后，监理部发出了《关于全工地撤离人员的紧急通知》，通知要求，除大坝标的抗洪抢险人员，其余各主标的施工人员全部撤离施工现场。项目部于 7 月 8 日上午 8 时许，按监理部口头通知要求，工程全面停工，立即组织人员对各施工区及生活营地进行彻底的安全检查，以防灾害再次发生，造成人员伤亡，并于下午接到监理×号工程暂停指令单。

请就上述事件，以项目部的身份编制一份索赔意向通知书。

 典型案例

施工索赔案例一

背景： 某工程项目施工采用了包工包全部材料的固定价格合同。工程招标文件参考资料中提供的用砂地点距工地 4km。但是开工后，检查该砂质量不符合要求，承包商只得从另一距工地 20km 的供砂地点采购。而在一个关键工作面上又发生了由几种原因造成的暂时停工：5 月 20 日至 5 月 26 日，承包商的施工设备出现了从未出现过的故障；应于 5 月 24 日交给承包商的后续图纸直到 6 月 10 日才交给承包商；6 月 7 日到 6 月 12 日，施工现场下了罕见的特大暴雨，造成 6 月 11 日至 6 月 14 日该地区供电全面中断。

问题：（1）承包商的索赔要求成立的条件是什么？

（2）由于供砂距离增大，必然引起费用的增加，承包商经过仔细计算后，在业主指令下达的第 3 天，向业主的造价工程师提交了将原用砂单价每吨提高 5 元的索赔要求。作为一名造价工程师，你批准该索赔要求吗？为什么？

（3）若承包商在对因业主原因造成的窝工损失进行索赔时，要求设备窝工损失按台班计算，人工窝工损失按日工资标准计算。这种计算标准是否合理？如不合理应怎样计算？

（4）由于几种情况的暂时停工，承包商在6月25日向业主的造价工程师提出延长工期26天，成本损失费2万元/天（此费率已经造价工程师核准）和利润损失费2000元/天的索赔要求，共计索赔金额57.2万元。作为一名造价工程师，你批准延长工期多少天？索赔金额多少万元？

（5）你认为应该在业主支付给承包商的工程进度款中扣除因设备故障引起的竣工拖期违约损失赔偿金吗？为什么？

分析：该案例的求解，首先要弄清施工索赔的概念，施工索赔成立的条件，施工进度拖延和费用增加的责任划分与处理原则，特别是在出现共同延误情况下工期延长和费用索赔的处理原则与方法，以及竣工拖期违约损失赔偿金的处理原则与方法。具体分析如下。

问题（1）：承包商的索赔要求成立必须同时具备如下四个条件。

① 与合同相比较，已造成了实际的额外费用或工期损失。

② 造成费用增加或工期损失的原因不是由于承包商的过失。

③ 造成的费用增加或工期损失不是应由承包商承担的风险。

④ 承包商在事件发生后的规定时间内提出了索赔的书面意向通知和索赔报告。

问题（2）：因砂场地点的变化提出的索赔不能被批准，原因有以下几点。

① 承包商应对自己就招标文件的解释负责。

② 承包商应对自己报价的正确性与完备性负责。

③ 作为一个有经验的承包商，应可以通过现场勘察确认招标文件参考资料中提供的用砂质量是否合格，若承包商没有在现场勘察后发现用砂质量问题，其相关风险应由承包商承担。

问题（3）：不合理。因窝工闲置的设备按折旧费或停滞台班费或租赁计算，不包括运转费部分；人工费损失应考虑这部分工作的工人调做其他工作时工效降低的损失费用；一般用工日单价乘以一个测算的降效系数计算这一部分损失，而且只按成本费用计算，不包括利润。

问题（4）：可以批准延长工期为19天，费用索赔金额为32万元。原因如下。

① 5月20日至5月26日出现的设备故障，属于承包商应承担的风险，不应考虑承包商延长工期和费用索赔要求。

② 5月27日至6月9日是由于业主迟交图纸引起的，为业主应承担的风险，应延长工期为14天。成本损失索赔金额为14天×2万元/天＝28万元，但不应考虑承包商的利润要求。

③ 6月10日至6月12日的特大暴雨属于双方共同的风险，应延长工期为3天，但不应考虑承包商的费用索赔要求。

④ 6月13日至6月14日的停电属于有经验的承包商无法预见的自然条件变化，为业主应承担的风险，应延长工期为2天，索赔金额为2天×2万元/天＝4万元，但不应考虑承包商的利润要求。

问题（5）：业主不应在支付给承包商的工程进度款中扣除竣工拖期违约损失赔偿金。因为设备故障引起的工程进度拖延不等于竣工工期的延误。如果承包商能够通过施工方案的调整将延误工期补回，则不会造成工期延误。如果承包商不能通过施工方案的调整将延误的工期补回，才将会造成工期延误。所以，工期提前奖励或拖期罚款应在竣工时处理。

施工索赔案例二

背景： 某建筑公司（乙方）于某年4月20日与某厂（甲方）签订了修建建筑面积为3000m²的工业厂房（带地下室）的施工合同。乙方编制的施工方案和进度计划已获工程师批准。双方约定采取单价合同计价。该工程的基坑开挖土方量为4500m³，假设直接费单价为4.2元/m³，综合费率为直接费的20%。该基坑施工方案规定：土方工程采用租赁一台斗容量为1m³的反铲挖掘机（租赁费450元/台班）施工。甲乙双方合同约定5月11日开工，5月20日完工。在基坑开挖实际施工中发生了如下事件。

事件1：因租赁的挖掘机大修，晚开工2天，造成人员窝工10个工日，乙方据此提出索赔。

事件2：施工过程中，因遇软土层，接到工程师5月15日停工的指令，进行地质复查，配合用工15个工日，窝工5个工日（降效系数0.6），乙方据此提出索赔。

事件3：5月19日接到工程师于5月20日复工的指令及基坑开挖深度加深2m的设计变更通知单，由此增加土方开挖量900m³，乙方据此提出索赔。

事件4：5月20日至5月22日，因下暴雨迫使基坑开挖暂停，造成人员窝工10个工日，乙方据此提出索赔。

事件5：5月23日，用30个工日修复暴雨冲坏的永久道路，5月24日恢复挖掘工作，最终于5月30日挖坑完毕，乙方据此提出索赔。

厂房上部结构为钢筋混凝土现浇框架结构，在上部结构施工过程中出现了以下事件。

事件1：原定于6月10日前由甲方负责供应的材料因材料生产厂所在地区出现沙尘暴，材料于6月15日运至施工现场，致使施工单位停工，影响人工100个工日，机械台班5个，乙方据此提出索赔。

事件2：6月12日至6月20日，乙方施工机械出现故障无法修复，6月21日起乙方租赁的设备开始施工，影响人工200个工日，机械台班9个，乙方据此提出索赔。

事件3：6月18日至6月22日，按甲方改变工程设计的图纸施工，增加人工150个工日，机械台班10个，乙方据此提出索赔。

事件4：6月21日至6月25日，施工现场所在地区由于台风影响致使工程停工，影响人工140个工日，机械台班8个，乙方据此提出索赔。

问题： （1）列表说明基坑开挖施工中，事件1至事件5的施工索赔理由及工期、费用索赔的具体结果（其中，人工费单价23元/工日，增加用工所需的管理费为增加人工费的30%）。

（2）说明上部结构施工中，乙方提出的施工索赔要求是否正确？若不正确，正确的索赔结果是什么（其中，人工费单价60元/工日；机械使用费400元/台班，降效系数为0.4）？

分析：（1）基坑开挖施工索赔确认单见表 5-4。

表 5-4　基坑开挖施工索赔确认单

事件	索赔成立理由	工期索赔	费用索赔
1	不成立。承包方责任	无	无
2	成立。地质条件变化非承包方责任	5 天（5 月 15 日至 5 月 19 日）	人工费：$15×23+5×23×0.6＝414$（元） 机械费：$450×5＝2250$（元） 管理费：$15×23×30\%＝103.5$（元）
3	成立。设计变更非承包方责任	$900÷（4500÷10）＝2$（天）	直接费：$900×4.2×（1＋20\%）＝4536$（元）
4	不成立。自然灾害造成停工损失，甲方不予赔偿	3 天（5 月 20 日至 5 月 22 日）	无
5	成立。保证道路通畅属业主方责任	1 天	人工费：$30×23＝690$（元） 机械费：$450×1＝450$（元） 管理费：$690×30\%＝207$（元）
	合计	11 天	8650.5 元

（2）上部结构施工过程出现的事件 1 至事件 4 属同一施工过程某时间段多方责任共同发生事件的索赔类型，应采用初始责任原则进行分析，分析过程见表 5-5。

表 5-5　事件关系分析表

日期	10	11	12	13	14	15	16	17	18	19	20	21	22	23	24	25
事件搭接关系		①甲责				②乙责					③甲责			④不可抗力		
优先责任	甲方				乙方				甲方				不可抗力			
工期索赔	√				×				√				√			
费用索赔	√				×				√				×			

事件 1：费用索赔按窝工处理，索赔费用 ＝（$60×100＋400×5$）$×0.4＝3200$（元），合同工期顺延 5 天。

事件 2：不补偿，属乙方责任。

事件 3：费用正常补偿，索赔费用 ＝（$150×60＋400×10$）$×2/5＝5200$（元），合同工期顺延 2 天。

事件 4：不可抗力事件，只考虑工期索赔，工期顺延 3 天。

共计索赔费用 8400 元，合同工期顺延 10 天。

任务 5.6　建设工程施工合同纠纷处理

知识点学习

建设工程施工合同履行时间长，参与履行的主体复杂，履行过程中变更较多，在履行过程中会产生大量纠纷。很多纠纷不易直接适用现有的法律条款来解决。针对有些特殊的纠纷，可以通过司法解释来处理。《最高人民法院关于审理建设工程施工合同纠纷案件适用法律问题的解释（一）》（以下简称《司法解释》）自 2021 年 1 月 1 日起施行。《司法解释》为解决一些特殊的建设工程合同纠纷案提供了可遵循的法律规定。

5.6.1　无效合同的处理

1. 无效合同的认定

（1）建设工程施工合同具有下列情形之一的，认定无效。

① 承包人未取得建筑业企业资质或者超越资质等级的。

② 没有资质的实际施工人借用有资质的建筑施工企业名义的。

③ 建设工程必须进行招标而未招标或者中标无效的。

承包人因转包、违法分包建设工程与他人签订的建设工程施工合同，认定无效。

（2）当事人以发包人未取得建设工程规划许可证等规划审批手续为由，请求确认建设工程施工合同无效的，人民法院应予支持，但发包人在起诉前取得建设工程规划许可证等规划审批手续的除外。

（3）承包人超越资质等级许可的业务范围签订建设工程施工合同，在建设工程竣工前取得相应资质等级，当事人请求按照无效合同处理的，人民法院不予支持。

2. 无效合同的法律后果

无效合同自始没有法律约束力，那么，合同的当事人在法律上将不能实现预期的合同目的，在合同中的权利义务也无法得到法律的保护。无效合同在性质上是自始无效、绝对无效、当然无效的。建设工程施工合同无效是对建设工程施工合同效力的直接否定，使得合同不能发生当事人追求的效果，合同当事人不能请求对方履行该合同，合同失去强制执行力。无效合同的法律后果如下。

（1）不予支付。在建设工程施工合同被确认无效之后，合同当事人自然不能请求债务人履行债务，也就是说不能依据无效的建设工程合同请求给付。

（2）折价补偿。建设工程施工合同无效，因无效合同取得的财产，当事人应当予以返还，不能返还或者没有必要返还的，应当折价补偿。建设工程施工合同无效，但建设工程经验收合格的，可以参照合同关于工程价款的约定折价补偿承包人；建设工程经验收不合格的，允许在修复合格后对承包人进行折价补偿。

（3）过错赔偿。建设工程施工合同无效，一方当事人请求对方赔偿损失的，应当就对方过错、损失大小、过错与损失之间的因果关系承担举证责任。

5.6.2　合同解除的处理

1. 法定解除权成立的条件

合同依法成立以后，对当事人具有法律约束力，当事人一方不得擅自解除合同。但在合同履行过程中，当出现特定的情形时，法律也赋予了当事人解除合同的权利，包括协议解除权、法定解除权、合同一方当事人的任意解除权。

法定解除权成立的条件包括以下五种情形。

（1）因不可抗力致使不能实现合同目的。

（2）在履行期限届满前，当事人一方明确表示或者以自己的行为表明不履行主要债务。

（3）当事人一方迟延履行主要债务，经催告后在合理期限内仍未履行。

（4）当事人一方迟延履行债务或者有其他违约行为致使不能实现合同目的。

（5）法律规定的其他情形。

2. 发包人请求解除合同的条件

发包人的解除权主要在以下情形下成立。

（1）承包人将建设工程转包、违法分包。

（2）承包人迟延履行，经催告后仍未履行。

（3）因承包人施工质量不合格致使不能实现合同目的。

3. 承包人请求解除合同的条件

承包人产生法定解除权的情形有以下几种。

（1）发包人提供的主要建筑材料、建筑构配件和设备不符合强制性标准，或者不履行协助义务。

（2）上述原因须致使承包人无法施工。

（3）承包人进行了催告，在催告的合理期限内发包人仍未履行相应义务。

4. 合同解除后的法律后果

（1）终止履行。合同解除后，尚未履行的，终止履行。

（2）赔偿损失。已经履行的，根据履行情况和合同性质，当事人可以请求恢复原状或者采取其他补救措施，并有权请求赔偿损失。因一方违约导致对方行使解除权的，违约方应当赔偿给对方造成的损失。损失的计算，有约定的按照约定。约定的违约金少于实际损失的，违约方还应赔偿实际损失与违约金之间的差额部分。没有约定的，损失赔偿额应当相当于因违约所造成的损失，包括合同履行后可以获得的利益，但不得超过违反合同一方订立合同时预见到或者应当预见到的因违反合同可能造成的损失。

（3）支付价款。建设工程合同解除后，已经完成的建设工程质量合格的，发包人应当按照约定支付相应的工程价款；已经完成的建设工程质量不合格的，修复后的建设工程经竣工验收合格的，发包人可以要求承包人承担修复费用；修复后的建设工程经竣工验收不合格的，承包人不能要求参照合同关于工程价款的约定补偿。

（4）过错责任。发包人对因建设工程不合格造成的损失有过错的，应当承担相应的责任。

5.6.3 建设工程质量争议的处理

1. 承包人的过错

（1）因承包人的原因造成建设工程质量不符合约定，承包人拒绝修理、返工或者改建，发包人请求减少支付工程价款的，人民法院应予支持。

（2）违法分包情况下承包人与次承包人（违法分包人）对工程质量承担连带责任。

（3）对建设工程质量有缺陷，承包人有过错的，承包人也应当承担相应的过错责任。

2. 发包人的过错

发包人具有下列情形之一，造成建设工程质量缺陷，应当承担过错责任。

（1）提供的设计有缺陷。

（2）提供或者指定购买的建筑材料、建筑构配件、设备不符合强制性标准。

（3）直接指定分包人分包专业工程。

3. 发包人擅自使用

建设工程未经竣工验收，发包人擅自使用后，又以使用部分质量不符合约定为由主张权利的，人民法院不予支持；但是承包人应当在建设工程的合理使用寿命内对地基基础工程和主体结构质量承担民事责任。

4. 保修人的过错

因保修人未及时履行保修义务，导致建筑物毁损或者造成人身损害、财产损失的，保修人应当承担赔偿责任。

保修人与建筑物所有人或者发包人对建筑物毁损均有过错的，各自承担相应的责任。

5.6.4 建设工程工期争议的处理

1. 开工日期争议

当事人对建设工程开工日期有争议的，人民法院应当分别按照以下情形予以认定。

（1）开工日期为发包人或者监理人发出的开工通知载明的开工日期；开工通知发出后，尚不具备开工条件的，以开工条件具备的时间为开工日期；因承包人原因导致开工时间推迟的，以开工通知载明的时间为开工日期。

（2）承包人经发包人同意已经实际进场施工的，以实际进场施工时间为开工日期。

（3）发包人或者监理人未发出开工通知，亦无相关证据证明实际开工日期的，应当综合考虑开工报告、合同、施工许可证、竣工验收报告或者竣工验收备案表等载明的时间，并结合是否具备开工条件的事实，认定开工日期。

2. 竣工日期争议

当事人对建设工程实际竣工日期有争议的，人民法院应当分别按照以下情形予以认定。

（1）建设工程经竣工验收合格的，以竣工验收合格之日为竣工日期。

（2）承包人已经提交竣工验收报告，发包人拖延验收的，以承包人提交竣工验收报告之日为竣工日期。

（3）建设工程未经竣工验收，发包人擅自使用的，以转移占有建设工程之日为竣工日期。

3. 工期顺延

当事人约定顺延工期应当经发包人或者监理人签证等方式确认，承包人虽未取得工期顺延的确认，但能够证明在合同约定的期限内向发包人或者监理人申请过工期顺延且顺延事由符合合同约定，承包人以此为由主张工期顺延的，人民法院应予支持。

当事人约定承包人未在约定期限内提出工期顺延申请视为工期不顺延的，按照约定处理，但发包人在约定期限后同意工期顺延或者承包人提出合理抗辩的除外。

4. 质量争议产生的竣工日期争议

建设工程竣工前，当事人对工程质量发生争议，工程质量经鉴定合格的，鉴定期间为顺延工期期间。

5.6.5　建设工程合同价款争议的处理

当事人对建设工程的计价标准或者计价方法有约定的，按照约定结算工程价款。

1. 变更价款

因设计变更导致建设工程的工程量或者质量标准发生变化，当事人对该部分工程价款不能协商一致的，可以参照签订建设工程施工合同时当地建设行政主管部门发布的计价方法或者计价标准结算工程价款。

当事人对工程量有争议的，按照施工过程中形成的签证等书面文件确认。承包人能够证明发包人同意其施工，但未能提供签证文件证明工程量发生的，可以按照当事人提供的其他证据确认实际发生的工程量。

2. 竣工结算

当事人约定，发包人收到竣工结算文件后，在约定期限内不予答复，视为认可竣工结算文件的，按照约定处理。承包人请求按照竣工结算文件结算工程价款的，人民法院应予支持。

当事人签订的建设工程施工合同与招标文件、投标文件、中标通知书载明的工程范围、建设工期、工程质量、工程价款不一致，一方当事人请求将招标文件、投标文件、中标通知书作为结算工程价款的依据的，人民法院应予支持。

3. 工程质量保证金

有下列情形之一，承包人请求发包人返还工程质量保证金的，人民法院应予支持。

（1）当事人约定的工程质量保证金返还期限届满。

（2）当事人未约定工程质量保证金返还期限的，自建设工程通过竣工验收之日起满二年。

（3）因发包人原因建设工程未按约定期限进行竣工验收的，自承包人提交工程竣工验收报告 90 日后，当事人约定的工程质量保证金返还期限届满；当事人未约定工程质量保证金返还期限的，自承包人提交工程竣工验收报告 90 日后起满两年。

发包人返还工程质量保证金后，不影响承包人根据合同约定或者法律规定履行工程保修义务。

4. 垫资与利息

（1）当事人对垫资和垫资利息有约定，承包人请求按照约定返还垫资及其利息的，人民法院应予支持，但是约定的利息计算标准高于垫资时的同类贷款利率或者同期贷款市场报价利率的部分除外。

（2）当事人对垫资没有约定的，按照工程欠款处理。

（3）当事人对垫资利息没有约定，承包人请求支付利息的，人民法院不予支持。

（4）当事人对欠付工程价款利息计付标准有约定的，按照约定处理；没有约定的，按照同期同类贷款利率或者同期贷款市场报价利率计息。

（5）利息从应付工程价款之日开始计付。当事人对付款时间没有约定或者约定不明的，下列时间视为应付款时间。

① 建设工程已实际交付的，为交付之日。

② 建设工程未交付的，为提交竣工结算文件之日。

③ 建设工程未交付，工程价款也未结算的，为当事人起诉之日。

5.6.6 "黑白合同"纠纷的处理

发包人将依法不属于必须招标的建设工程进行招标后，与承包人另行订立的建设工程施工合同背离中标合同的实质性内容，当事人请求以中标合同作为结算建设工程价款依据的，人民法院应予支持，但发包人与承包人因客观情况发生了在招投标时难以预见的变化而另行订立建设工程施工合同的除外。

当事人就同一建设工程订立的数份建设工程施工合同均无效，但建设工程质量合格，一方当事人请求参照实际履行的合同关于工程价款的约定折价补偿承包人的，人民法院应予支持。

实际履行的合同难以确定，当事人请求参照最后签订的合同关于工程价款的约定折价补偿承包人的，人民法院应予支持。

 技能点训练

1. 训练目的

训练学生处理建设工程施工合同纠纷的能力。

2. 训练内容

学习建设工程施工合同纠纷案例，培养用法律条款和《司法解释》处理施工合同纠纷的能力。

典型案例

A公司与B公司建设工程施工合同纠纷案

A公司与B公司建设工程施工合同纠纷一案，审理查明如下。

2014年11月10日，A公司与B公司签订了一份《建设工程施工合同》，合同约定，B公司将其××园二期住宅小区8#、9#、10#、11#楼的土建、安装工程发包给A公司进行施工建设，合同价款暂定为8000万元，合同履行期限是385天。该工程于2015年3月开工。2015年4月15日，A公司与B公司又对该工程签订了补充协议，该补充协议签订后，B公司向A公司先后支付1000万元工程款，A公司开始施工。后由于相关手续问题，B公司先后于2015年7月9日和7月16日两次以书面形式要求A公司暂停施工，至2015年8月26日后再次恢复施工。由于双方在签订上述合同时未履行招投标程序，2015年9月22日，双方补办招投标程序，A公司中标。

2015年10月15日，A公司与B公司再次签订了《××园小区二期工程建设工程施工合同》，该合同除了新增加的7#楼及地下车库外，其他工程标的物均与原合同相同。该合同约定，工程承包范围为施工图以内全部土建、水暖、电气、通风空调安装工程（不含电梯、消防、机械土方及地基工程）；开工日期为2015年10月1日，竣工日期为2016年8月31日，总工期335天；工程质量标准以分项工程一次验收为合格，总体工程验收确保优良标准；合同价款为10388.845万元（按实结算），资金来源为自筹。双方均在合同上签字盖章。合同后附通用合同条款及专用合同条款部分，其中专用合同条款第×条第×项约定，合同价款采用施工图纸预算加技术核定、现场签证、设计变更的方式，工程以实际完成量经发包人及监理确认后办理结算；专用合同条款第×条约定了工程款（进度款）支付的方式和时间，承包人施工从基础垫层至主体混凝土结构封顶，每幢楼主体结构封顶后10天内支付已完工程量的70%，工程交付使用前支付已完成工程量的85%，工程竣工验收，收到承包人提供的工程结算后60天内审定结算，双方确认后28天内支付工程款至总价的95%，留5%为保修金，保修二年期满后30日内一次性付清；专用合同条款第×条第×项约定了违约惩罚，工程质量达不到承包人承诺的优良标准时，承包人向发包人支付违约金20万元，如工程不能按附表中的建设工期完成，承包人每迟延一天向发包人支付违约金10万元；合同还约定了其他事项。

2015年12月27日，A公司完成了8#、9#、10#、11#楼主体结构封顶工程。2015年12月29日，A公司向B公司报送建筑安装工程预算表，说明已完成主体工程价款总计为77880282.37元。B公司认为A公司所报数额过高，实际工程预算应为5178万元，且工程预算应当先报监理单位审核，监理单位审核后发现有质量问题，故书面答复对A公司报送的预算表不予认可。2016年2月，双方产生地基基础分部工程质量验收记录，确认地基基础部分验收合格，A公司、B公司及监理单位（××建设监理有限公司）、设计单位（××建筑设计有限公司）、××工程勘察院均签字盖章确认。2016年3月，监理单位发现部分楼板有裂缝，随后向A公司下达工程暂停令，要求停工整改。2016年4月，市建筑工程质量检测站接受B公司委托，对监理单位发现的楼板裂缝问题进行了检测，检测结果是部分楼板存在裂缝等质量问题，部分楼板厚度不符合设计要求，板类构件负弯保护层厚度不符合设计要求。A公司、B公司对此检测结果均予认可。2016年6月28日，市建设工程质量监督站向市建设管理委员会上报，出具《关于B公司8#、9#、10#、11#楼工程质量事故上报的报告》，认为该工程存在质量隐患，为质量事故。2016年7月29日，A公司、B公司及监理单位三家委托设计单位对楼板裂缝、板厚等质量问题进行处理方案设计，由A公司对质量问题进行修复。2016年8月15日，A公司、B公司、监理单位、设计单位四家对8#、9#、10#、11#楼楼板面静载试验检测进行总结，结论为"测量结果均满足结构规范要求及设计要求"。2016年8月18日，设计单位在对楼板的处理方案中，认为"该类型的结构楼板安全性是有保障的，达到设计要求"。2016年9月8日，针对部分楼面裂缝产生的工程质量问题处理记录中载明："按方案处理后，各处理工序均合格，处理结果达到了设计要求"，A公司、B公司、监理单位、设计单位均签字盖章确认。随后出具的主体结构工程质量验收记录确认主体结构工程质量验收合格，A公司、B公司、监理单位、设计单位和省建筑设计研究院均签字盖章确认。

2016年9月21日，市建设工程质量监督站同意A公司恢复施工，但A公司认为B公司未足额支付工程款，故未重新施工。至此，A公司共完成8#、9#、10#、11#楼主体结构工程及10#、11#楼地下车库、换热站和××园一期车库出入口工程（换热站和××园一期车库出入口工程双方未签订书面合同）。截至2016年10月12日，B公司共向A公司以各种形式支付工程款计3513余万元。2017年2月10日，B公司以书面形式通知A公司解除合同，认为A公司存在违法分包现象，施工各楼均出现严重质量问题，且工期严重延误，A公司需支付工期延误的违约金及质量赔偿金，故要求解除合同并声明"其余应付款我公司均以此款抵销"。

2017年3月29日和4月19日，市建设工程质量监督站两次发出抽查工程质量问题整改通知，称部分框梁发生裂缝，要求立即停工检查并将处理意见上报。2017年4月25日，市建设管理委员会就解决××园小区二期工程项目框梁裂缝、A公司占据工地造成施工拖延及合同纠纷等有关问题召开协调会，市建设管理委员会、A公司、B公司、市建设工程质量监督站、监理单位相关负责人参加，并形成会议纪要，其主要内容为：①对于框梁裂缝等质量问题，应委托具有相应资质的检测单位立即进行检测，设计单位依据检测结果做出技术方案处理，此项工作由B公司牵头，A公司、监理单位参与，市建设工程质量监督站监督施行；②A公司于2017年4月30日前退出施工现场，由B公司按照法定程序另行选择相应资质的施工队伍；③对已完成工程量进行盘点，可委托相应单位对已完成工程量进行审核确认；④对于合同双方履约中的纠纷，建议提起诉讼解决。

2017年6月7日，市建设工程质量监督站又发出整改通知，主要内容为：①尽快评出检测报告，必须取得设计单位认可方可进行下一步施工，对前期的工程质量缺陷必须认真处理，否则不得进行下一步施工；②就介入工程的施工，监理单位必须到建设行政主管部门完善相关的备案手续；③下一步施工前必须召开参建各方的首次监督工作会议，否则不予开工。2017年6月28日，市建筑工程质量检测站接受B公司委托，针对8#、9#、10#、11#楼进行了质量检测，检测项目包括板厚和层高检测、钢筋保护层扫描及现浇板裂缝测试，检测报告结论为：①框梁裂缝为变形裂缝，影响结构的耐久性，为严重缺陷，应予以处理；②部分阳台栏板压顶扶手质量问题为混凝土施工振捣不到位、表层受冻及混凝土钢筋间距存在偏差，为一般缺陷，但存在安全隐患，建议进行处理。之后，A公司退出工地，××市第一建筑公司进驻，继续进行施工。

对于A公司和B公司的合同纠纷，由于双方多次协商未果，A公司于2017年4月向省高级人民法院提起诉讼，B公司于2017年6月1日提起反诉。原一审期间，一审法院委托省高级人民法院司法鉴定中心对所涉工程造价进行鉴定，××工程造价咨询有限公司于2018年10月14日出具鉴定报告，双方据此各自提出异议，后经反复调整，2019年10月24日，××工程造价咨询有限公司出具最终鉴定报告，鉴定结论为：A公司承建的××园二期住宅小区8#、9#、10#、11#楼及换热站的建筑工程、土建及安装工程总造价为58948700.63元（含B公司签认未盖章部分55327.95元）；其中，8#、9#、10#、11#楼工程造价为57234593.01元（2015年12月前完成的主体工程造价鉴定为52441260.92元），换热站工程造价为1406245.85元，一期车库出入口工程造价为102189.82元，签证部分为150344元，以上共计58893372.68元。B公司向一审法院提出要求就工程质量问题及修复费用一并鉴定，一审法院又委托鉴定中心对本案所争议的工程质量问题及修复费用进行鉴定，但B公司认为市建设工程质量检测站出具的报告已认定了质量问题，也不存在重新申请鉴定的情形，故不应再做鉴定，修复费用应在工程造价中一并认定，且鉴定机构与取费标准均未明确，故拒绝缴纳鉴定费用。因此，本案未进行工程质量问题及修复费用的鉴定。

关于B公司已付款数目认定问题，经一审组织双方核对，无争议部分包括：①抵车款200万元；②现款2005万元；③断桩及拉运费44430元；④代付混凝土款8727620元；⑤代付劳保统筹款3415057.85元；⑥代付车养路费1320元；⑦代付外墙砖款及装卸费200216元；⑧垃圾清运费7000元；⑨甲方所供材料计款236029.1元；以上共计34681672.95元。有争议部分包括：①关于B公司主张的垫付水电费部分，A公司主张应以638881.74元计算，已付186899.55元，尚欠451982.19元，B公司主张尚欠638881.74元；②关于B公司主张的工程质量罚款50000元，A公司不予认可；③市建设工程质量检测站的楼板裂缝检测费1300000元，框梁裂缝检测费839158.5元，合计2139158.5元，A公司不予认可。A公司起诉请求：①确认建设工程施工合同无效；②判令B公司支付A公司工程款、利息损失及停工损失53233865元；③本案诉讼费、检测费由B公司承担。B公司答辩称，A公司的诉讼请求无事实与法律依据，请求一审法院依法予以驳回。B公司反诉请求：①判令A公司向B公司支付工期延误的违约金11540万元；②判令A公司承担给B公司造成的损失；③诉讼费、保全费、律师费由A公司承担。A公司答辩称，B公司的反诉请求无事实与法律依据，请求一审法院依法驳回B公司的反诉请求。

经一审法院审理，本案争议焦点及处理具体如下。

（1）双方签订的三份建设工程施工合同是否有效。

从原一审查明的事实可知，2014年11月10日，A公司与B公司就涉案工程签订了《建设工程施工合同》，2015年4月15日，A公司与B公司对该工程签订了补充协议。由于双方在签订上述合同时未履行招标程序，2015年9月22日，双方补办了招标程序，并于2015年10月15日再次签订《××园小区二期工程建设工程施工合同》。

一审法院认为，根据《招标投标法》第三条和《司法解释》第一条的规定，大型基础设施、公用事业等关系社会公共利益、公众安全的项目必须进行招标；建设工程必须进行招标而未招标的应认定为建设工程施工合同无效。本案涉案工程开工前未进行公开招标，事后虽然补办了招投标程序，但实际并未向社会公开招标，属于"明招暗定"行为，违反了《招标投标法》的规定，应当认定涉案合同无效。

（2）B公司尚欠A公司工程款数额。

关于A公司已完成工程造价，原一审委托鉴定结论为：A公司施工的××园二期住宅小区8#、9#、10#、11#楼，换热站，一期车库出入口等工程造价总计58893372.68元，一审法院对此数额予以认定。另有鉴定报告中体现的55327.95元，因B公司签认未盖章，一审法院不予认定。关于B公司已付工程款数额，原一审主持双方核对，认定如下：①无争议的已付工程款数额为34681672.95元；②因工程确有质量问题，故B公司已实际支付的楼板裂缝检测费和框梁裂缝检测费共计2139158.5元，以及工程质量罚款50000元，应由A公司承担；③依据省建筑装饰工程费用定额，A公司应支付B公司垫付水电费部分尚欠款额认定为451982.19元；以上三项共计37322813.64元。故B公司尚欠A公司工程款数额为21570559.04元。

（3）违约责任的认定及承担问题。

从原一审查明的事实可知，2015年12月27日，A公司完成主体结构封顶工程后，出现了一系列工程质量问题。其具体过程为：2016年3月，监理单位发现部分楼板有裂缝，向A公司下达工程暂停令，要求停工整改；2016年4月，市建筑工程质量检测站对监理单位发现的楼板裂缝问题进行检测，检测结果是部分楼板有裂缝等质量问题，部分楼板厚度不符合设计要求，板类构件负弯保护层厚度不符合设计要求，市建筑工程质量监督站向A公司下达停工令，并向市建设管理委员会上报，认定为质量事故，A公司对市建筑工程质量检测站的检测结果均予认可，并协商B公司进行了修复处理；2016年9月，在楼板裂缝问题得到处理后，市建筑工程质量监督站才同意恢复施工，但A公司未继续施工，造成工程持续拖延；并且在2017年3月29日和4月19日，市建筑工程质量监督站又两次因部分框梁裂缝问题要求立即停工整改，造成施工无法继续进行。市建设管理委员会主持召开的协调会的会议纪要也证明了以上事实，可见，A公司施工产生的楼板裂缝和框梁裂缝等质量问题是造成工期拖延的主要原因，也直接导致了B公司以书面形式要求解除合同的后果。

关于A公司所称由于B公司严重拖欠工程款而造成无法施工的抗辩理由，一审法院认为，双方在合同中对工程款数额及支付进度均有明确约定，即主体结构封顶后，B公司向A公司支付已完成工程量的70%。首先，鉴定结论确认的主体工程造价为52441260.92元，而A公司在主体工程完工后向B公司报送的工程价款却达到77880282.37元，此数额明显偏高，故B公司当然有理由拒绝依此数额支付。其次，从付款进度及数额来看，付款应当以工程质量达到合格标准为前提，而主体工程封顶后，即产生了一系列质量问题。在完成修复至 2016 年 9 月主体工程验收后，B 公司已付工程款数额达到 3513 余万元，加上其已承担的裂缝检测费用，实际已付工程款数额达到 3643 余万元，这一数额与最终鉴定报告所确认的主体工程造价 52441260.92 元的 70% 即 3670 余万元基本接近，其差额不足以造成无法继续施工的后果。故 A 公司所主张的是因 B 公司严重拖欠工程款而造成无法施工的抗辩理由缺乏证据支持。

法院认为，本案涉案合同虽然无效，但根据《民法典》第五百六十七条的规定，合同的权利义务关系终止，不影响合同中结算和清理条款的效力。违约金条款属于清算条款，所以违约金条款在无效合同中仍可以适用。《民法典》第五百零七条也规定，合同不生效、无效、被撤销或者终止的，不影响合同中有关解决争议方法的条款的效力。综上，因 A 公司施工产生的质量问题造成了工期的严重延误，依照合同中每迟延一天支付10 万元违约金的约定，A 公司应当向 B 公司支付迟延竣工违约金。迟延期限应当从合同约定的竣工日期 2016 年 8 月 31 日起算至 B 公司提出解除合同的 2017 年 2 月 10 日止，为 163 天，违约金数额应认定为 1630 万元。

项目6 综合实训

思维导图

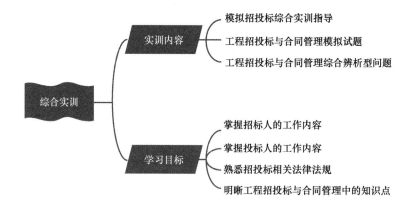

模拟招投标综合实训指导

1. 课程设计目的

本实训通过实际工程招投标文件的编写，招投标过程模拟演练，让学生系统、综合地运用所学的工程招投标、施工组织、建筑工程计量与计价的基本理论和基本技能，加深、巩固学生对所学知识的理解，指导学生能比较完整地编制工程招标文件、投标文件、施工合同文件，培养学生工程招投标工作的实际操作能力。

2. 课程设计安排

将学生分为 2 个大组、6 个小组，每组 6～8 位同学，组长 1 名。分组情况按指导教师意见确定。各组完成课程设计具体内容如下。

（1）第一大组：为招标小组，编制一份完整的建设工程施工招标文件，并完成招标方相应的各项工作。

（2）第二大组：为投标小组，分成 5 个小组，各小组分别代表不同的施工企业，编制和第一大组对应的某单位办公楼土建工程施工投标文件，并参加投标竞争。

3. 课程设计题目

（1）某单位办公楼土建工程公开招标。

（2）某单位办公楼土建工程施工合同。

4. 课程设计内容

（1）招标小组工作内容。

① 发布招标公告。

② 编制工程量清单。

③ 编制招标文件。

④ 准备资格预审。

⑤ 资格预审，发布招标文件。

⑥ 答疑，编制招标控制价。

⑦ 发布招标控制价。

⑧ 开标、评标。

⑨ 发布中标通知书。

⑩ 签订承包合同。

（2）投标小组工作内容。

① 获取招标信息。

② 调研，熟悉图纸。

③ 获取投标报名表，填资格预审资料，申请资格预审。

④ 获取招标文件，勘察现场。

⑤ 参加答疑，编制施工组织设计。

⑥ 编制投标报价。

⑦ 编制投标文件、投标。

⑧ 优胜组签订合同。

5. 课程设计时间及进度安排（表 6 - 1）

表 6 - 1　课程设计时间及进度安排表

序号	时间/天	招标小组	投标小组	备注
1	1	发布招标公告	获取招标信息	
2	3～5	编制工程量清单，编制招标文件	调研，熟悉图纸	
3	1	准备资格预审	获取投标报名表，填资格预审资料，申请资格预审	
4	1	资格预审，发布招标文件	获取招标文件，勘察现场	
5	3～5	答疑，编制招标控制价	参加答疑，编制施工组织设计	
6	3～5	—	编制投标报价	
7	1	发布招标控制价	编制投标文件、投标	
8	1	开标、评标	—	
9	1	发布中标通知书	—	
10	1	签订承包合同	优胜组签订合同	
11	2～3	答辩	答辩	
12		教师总结：		

6. 设计原始资料

（1）一套某单位办公楼土建工程施工图纸。

（2）有关的标准图集、图册。

（3）《全国统一建筑安装工程工期定额》。

（4）《建设工程施工合同（示范文本）》。

（5）《××省建筑与装饰工程计价表》及《建设工程工程量清单计价规范》。

（6）国家有关招投标的规定。

（7）现行调价文件。

（8）现行费用规定。

7. 设计成果

（1）招标小组设计成果。

一份完整的建设工程施工招标文件与招标控制价表，具体包括以下内容。

① 封面。

② 总说明。

③ 分部分项工程量清单与计价表。

④ 措施项目清单与计价表。

⑤ 其他项目工程量清单与计价表。

⑥ 工程量计算表。

（2）投标小组设计成果。

一份完整的投标文件，具体包括以下内容。

① 投标书。

② 投标书附录。

③ 投标保证书。

④ 法定代表人资格证明书。

⑤ 授权委托书。

⑥ 投标报价。

⑦ 施工组织设计（施工方案）。

⑧ 工程量计算表。

8. 设计期间的基本要求（略）

9. 成绩评价

课程设计的成绩由对日常考核、设计成果考核、小组考核三方面的综合评价组成。请将成绩填入表6-2中。

表6-2　成绩综合评价表

序号	姓名	日常考核（25%）	设计成果考核（50%）	小组考核（25%）	综合评价
1					
2					
3					
...					

其他实训内容见本书附册。

参 考 文 献

《标准文件》编制组，2007. 中华人民共和国标准施工招标文件：2007 年版 [M]. 北京：中国计划出版社．

《标准文件》编制组，2007. 中华人民共和国标准施工招标资格预审文件：2007 年版 [M]. 北京：中国计划出版社．

《全国一级建造师考试教材精编》编委会，2017. 专业工程管理与实务：建筑工程 [M]. 天津：天津科学技术出版社．

何红峰，2014. 工程建设中的合同法与招标投标法 [M].3 版．北京：中国计划出版社．

江苏省住房和城乡建设厅，2014. 江苏省建筑与装饰工程计价定额：上下 [M]. 南京：江苏凤凰科学技术出版社．

刘仲莹，2007. 建设工程招标投标 [M]. 南京：东南大学出版社．

卢谦，2005. 建设工程招标投标与合同管理 [M].2 版．北京：中国水利水电出版社．

危道军，2018. 招投标与合同管理实务 [M].4 版．北京：高等教育出版社．

徐刚，2019. 建设工程造价案例分析 [M]. 北京：中国计划出版社．

阳光时代律师事务所，2012. 工程建设项目招标投标法律实务问题解答与案例评析 [M]. 北京：中国建筑工业出版社．

杨锐，王兆，2018. 建设工程招投标与合同管理 [M]. 北京：人民邮电出版社．

杨锐，王兆，王颢，2013. 工程招投标与合同管理实务 [M]. 北京：机械工业出版社．

北大社·高职高专土建专业规划教材

精美课件

在线答题

图文案例

教学视频

课程思政

三维模型

专业基础类

土建施工类

市政路桥类

工程管理类

建筑设计类

房地产与建筑设备类

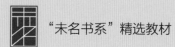

"未名书系" 精选教材

系列特点

+ 更好：精选"互联网+"精品教材修订升级

+ 更新：更新法规、更新案例、更新资料数据

+ 更多：更多视频、更多图片、更多三维模型

北京大学出版社

地址：北京市海淀区成府路205号

邮编：100871

编辑部：（010）62750667

发行部：（010）62750672

技术支持：pup_6@163.com

http://www.pup6.cn

教材预览、申请样书
微信公众号：教学服务第一线

"北京大学出版社"
微信公众号

ISBN 978-7-301-33456-0

9 787301 334560 >

定价：50.00元